가스 기능사 필기

노진식 저

다락원

아주 오랜 세월동안 가스 관련 교육기관을 운영하면서 가스분야가 학교의 교과목 중 전공이 될 경우가 드물어, 수험생 여러분이 공부하는 데 힘들어하는 것을 현장에서 느꼈습니다.

전공이 아닌 분이어도 50세 이상의 수험생 및 다양한 계층의 수험생이 편하게 접근을 하여 자격을 취득할 수 있는 방법이 없을까 고민을 하던 중, 이 책을 발간하게 되었습니다.

이 책은 '가스기능사 필기시험'을 준비하는 수험생들이 짧은 시간에 필기시험에 합격할 수 있도록 구성하였습니다.

1. 출제기준 맞춤형 필기 교재

한국산업인력공단 새 출제기준에 맞춰 각 기준에 해당하는 핵심이론과 출제예상문제를 구성하였습니다. 학습률을 높일 수 있도록 이론과 문제를 배치하였기에 단기간 학습이 가능합니다.

2. CBT 시험에 강하다!

실제 출제된 과년도 기출문제를 수록, 반복하여 문제를 풀어봄으로써 출제경향을 파악하고 랜덤으로 출제되는 CBT 시험에 대비할 수 있습니다. 저자의 키포인트 해설을 통해 반드시 기억해야 하는 내용을 확인할 수 있습니다.

이해도 상승을 위하여 책의 문구 하나, 단어 하나에 세심한 열정을 기울였다고 생각하지만, 그래도 학습에 어려움이 있을 것이라 느낍니다.

본 수험서로 학습하다가 어려움에 봉착했을 때, 주저없이 원큐패스 카페로 문의주시면 성심성의껏 답변드릴 것을 약속합니다.

미래의 전망이 매우 밝은 가스분야의 이론 지식을 충분히 습득하고 자격증도 취득해서 가스산업의 역군으로 대한민국의 초석이 되어 나라의 발전에 일조하여 주시길 바랍니다.

이 책에 대한 문의사항은
원큐패스 카페(http://cafe.naver.com/1qpass)로 하시면 친절히 대답해 드립니다.

시험안내

자격종목
가스기능사

응시방법
한국산업인력공단 홈페이지
회원가입 → 원서접수 신청 → 자격선택 → 종목선택 → 응시유형 → 추가입력 → 장소선택 → 결제하기

시험일정

구분	필기원서접수(인터넷)	필기시험	필기합격(예정자)발표
정기 1회	1월 경	2월 경	2월 경
정기 2회	3월 경	4월 경	4월 경
정기 3회	6월 경	7월 경	7월 경
정기 4회	9월 경	10월 경	10월 경

*자세한 일정은 Q-net(http://q-net.or.kr)에서 확인

합격기준
100점 만점에 60점 이상

합격률

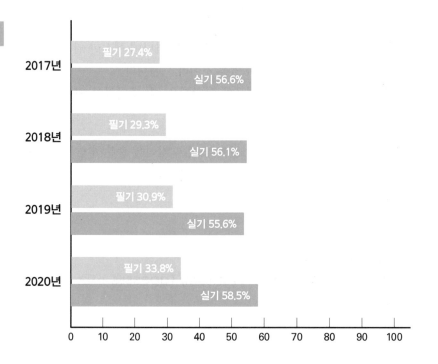

자격종목 : 가스기능사

필기검정방법 : 객관식

문제수 : 60

시험시간 : 1시간(60분)

직무내용 : 가스 제조·저장·충전·공급 및 사용 시설과 용기, 기구 등의 제조 및 수리시설을 시공, 조작, 검사하기 위한 기술적 사항의 관리, 생산 공정에서 가스 생산기계 및 장비를 운전하고 충전하기 위해 예방조치 등의 업무를 수행한다.

가스안전관리

1. **가스의 성질** – 가연성 가스 / 독성 가스 / 기타 가스
2. **가스제조 공급 및 충전** – 고압가스 일반제조시설 / 고압가스 특정제조시설 / 고압가스 충전시설 / 액화석유가스 충전시설 / 도시가스 제조 및 공급시설 / 도시가스 충전시설 / 수소 제조 및 충전시설
3. **가스저장 및 사용 시설** – 고압가스 저장시설 / 고압가스 사용시설 / 액화석유가스 저장시설 / 액화석유가스 사용시설 / 도시가스 사용시설 / 수소 사용시설
4. **고압가스 특정설비, 가스용품, 냉동기, 히트펌프, 용기 등의 제조 및 검사** – 특정설비 제조 및 검사 / 가스용품 제조 및 검사 / 냉동기 제조 및 검사 / 히트펌프 제조 및 검사 / 용기 제조 및 검사
5. **가스판매, 운반, 취급** – 고압가스, 액화석유가스 판매시설 / 고압가스, 액화석유가스 운반 / 고압가스, 액화석유가스 취급
6. **가스화재 및 폭발예방** – 폭발범위 / 폭발의 종류 / 폭발의 피해 영향 / 폭발 방지대책 / 위험성 평가 / 방폭구조 / 위험장소 / 부식의 종류 및 방지대책

가스장치 및 가스설비

1. **가스장치** – 기화장치 및 정압기 / 가스장치 요소 / 가스용기 및 탱크 / 압축기 및 펌프 / 가스 장치 재료
2. **저온장치** – 공기액화분리장치 / 저온장치 및 재료
3. **가스설비** – 고압가스설비 / 액화석유가스설비 / 도시가스설비
4. **가스계측기** – 온도계 및 압력계측기 / 액면 및 유량계측기 / 가스분석기 / 가스누출검지기 / 제어기기

가스일반

1. **가스의 기초** – 압력 / 온도 / 열량 / 밀도, 비중 / 가스의 기초 이론 / 이상기체의 성질
2. **가스의 연소** – 연소현상 / 연소의 종류와 특성 / 가스의 종류 및 특성 / 가스의 시험 및 분석 / 연소계산
3. **가스의 성질, 제조방법 및 용도** – 고압가스 / 액화석유가스 / 도시가스

Q 시험 일정이 궁금합니다.

A 시험 일정은 매년 상이하므로, 큐넷 홈페이지(www.q-net.or.kr)를 참고하거나 다락원 원큐패스카페(http://cafe.naver.com/1qpass)를 이용하면 편리합니다. 원서접수기간, 필기시험일정 등을 확인할 수 있습니다.

Q 자격증을 따고 싶은데 시험 응시방법을 잘 모르겠습니다.

A 시험 응시방법은 간단합니다.

[홈페이지에 접속하여 회원가입]
국가기술자격시험은 보통 한국산업인력공단과 한국기술자격검정원 홈페이지에서 응시하면 됩니다.
그 외에도 한국보건의료인국가시험원, 대한상공회의소 등이 있으니 응시하고자 하는 시험의 주관사를 먼저 아는 것이 중요합니다.

[사진 등록]
회원가입한 내역으로 원서를 등록하기 때문에, 규격에 맞는 본인 확인이 가능한 사진으로 등록해야 합니다.
• 접수가능사진 : 6개월 이내 촬영한 (3×4cm) 칼라사진, 상반신 정면, 탈모, 무 배경
• 접수불가능사진 : 스냅 사진, 선글라스, 스티커 사진, 측면 사진, 모자 착용, 혼란한 배경 사진, 기타 신분확인이 불가한 사진

원서접수 신청을 클릭한 후, 자격선택 → 종목선택 → 응시유형 → 추가입력 → 장소선택 → 결제하기 순으로 진행하면 됩니다.

Q 시험장에서 따로 유의해야 할 점이 있나요?

A 시험당일 신분증을 지참하지 않은 경우에는 당해 시험이 정지(퇴실) 및 무효 처리되므로, 신분증을 반드시 지참하기 바랍니다.

[규정 신분증]
① 주민등록증(주민등록증발급신청확인서 포함) ② 운전면허증(경찰청에서 발행된 것) ③ 여권(기간이 만료되기 전의 것) ④ 공무원증(장교·부사관·군무원신분증 포함) ⑤ 장애인등록증(복지카드) ⑥ 국가유공자증 ⑦ 외국인등록증(외국인에 한함, 외국인등록증발급신청확인서 불인정)

※ 더 자세한 신분증 범위 기준에 관한 사항은 큐넷 홈페이지(www.q-net.or.kr) 참조

[대체 신분증] – 규정 신분증 발급이 불가·제약이 있는 사람에 한함
• 주민등록증 발급 나이에 이르지 않은 사람
 – 학생증(사진·생년월일·성명·학교장직인이 표기·날인된 것)
 – 재학증명서(NEIS에서 발행(사진포함)하고 발급기관 확인·직인이 날인된 것)
 – 신분확인증명서("별지서식"에 따라 학교장 확인·직인이 날인된 것)
 – 청소년증(청소년증발급신청확인서 포함)
 – 국가자격증(국가공인 및 민간자격증 불인정)
• 미취학아동 등
 – 우리공단 발행 "자격시험용 임시신분증" (임시신분증 발급은 우리 공단 소속기관에 문의)
 – 국가자격증(국가공인 및 민간자격증 불인정)
• 사병 등 군인
 – 신분확인증명서("별지서식"에 따라 소속부대장이 증명·날인한 것)
※ 상기 규정·대체 신분증은 일체 훼손·변형이 없는 경우만 유효·인정
 – 사진 또는 외지(코팅지)와 내지가 탈착·분리되어 있는 등 변형이 있는 것, 훼손으로 사진·인적사항 등을 인식할 수 없는 것 등은 인정하지 않음

이 책의 구성

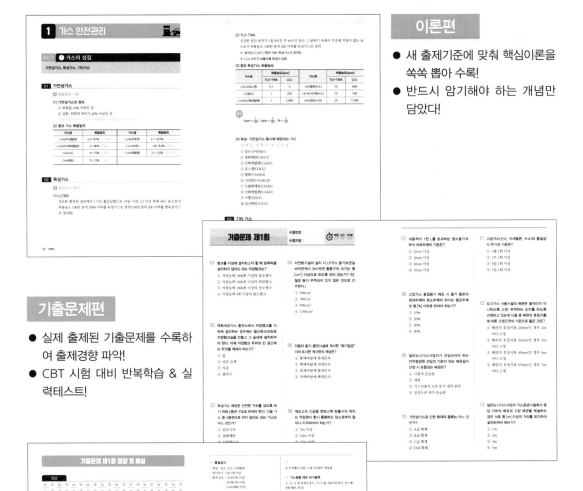

이 책의 활용법

STEP 1

핵심이론 학습하기

출제기준에 맞춰 정리한 핵심이론을 통해 꼭 암기해야 하는 내용을 학습한다.

STEP 2

출제예상문제 풀기

핵심이론 학습 후 연계된 문제를 바로 풀어보며 이론을 복습한다.

STEP 3

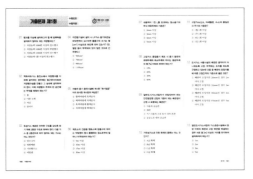

기출문제로 출제경향 파악하기

과년도 기출문제를 반복적으로 풀며 실제 시험 유형을 익힌다.

STEP 4

키포인트 해설 확인하기

기출문제를 모두 푼 후 정답과 해설을 확인한다. 한눈에 이해할 수 있는 키포인트 해설을 통해 자주 나오는 내용은 암기한다.

차례

이론편

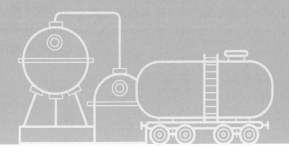

1 가스 안전관리

출제기준 ❶ 가스의 성질

가연성가스, 독성가스, 기타가스

01 가연성가스

1 폭발범위 기준

(1) 가연성가스의 정의

① 하한값 10% 이하인 것
② 상한, 하한의 차이가 20% 이상인 것

※ NH_3(암모니아), CH_3Br은 폭발범위와 관계없이 가연성가스임

(2) 중요 가스 폭발범위

가스명	폭발범위	가스명	폭발범위
C_2H_2(아세틸렌)	2.5~81% (이오팔일)	C_3H_8(프로판)	2.1~9.5% (이일구오)
C_2H_4O(산화에틸렌)	3~80% (삼팔공)	C_4H_{10}(부탄)	1.8~8.4% (일팔사)
H_2(수소)	4~75% (사칠오)	C_2H_4(에틸렌)	3.1~32% (삼일삼이)
CH_4(메탄)	5~15% (오일오)		

02 독성가스

1 독성가스 정의

(1) LC(50)

성숙한 흰쥐의 집단에서 1시간 흡입실험으로 14일 이내 1/2 이상 죽게 되는 농도로서 허용농도 100만 분의 5000 이하를 독성가스로 정의(100만 분의 200 이하를 맹독성가스라 정의함)

(2) TLV-TWA

건강한 성인 남자가 1일 8시간 주 40시간 동안 그 분위기 속에서 건강에 지장이 없는 농도로서 허용농도 100만 분의 200 이하를 독성가스로 정의

※ 법규상 LC_{50}이 기준이 되는 독성가스의 정의임

※ LC_{50} 수치가 낮을수록 독성이 강함

(3) 중요 독성가스 허용농도

가스명	허용농도(ppm)		가스명	허용농도(ppm)	
	TLV-TWA	LC_{50}		TLV-TWA	LC_{50}
$COCl_2$(포스겐)	0.1	5	H_2S(황화수소)	10	444
Cl_2(염소)	1	293	HCN(시안화수소)	10	140
C_2H_4O(산화에틸렌)	1	2,900	NH_3(암모니아)	25	7,338

$1ppm = \dfrac{1}{10^6}$, $1ppb = \dfrac{1}{10^9}$, $1\% = \dfrac{1}{10^2}$

(4) 독성·가연성가스 동시에 해당되는 가스

① 암모니아(NH_3)
② 염화메탄(CH_3Cl)
③ 벤젠(C_6H_6)
④ 황화수소(H_2S)
⑤ 시안화수소(HCN)
⑥ 브롬화메탄(CH_3Br)
⑦ 산화에틸렌(C_2H_4O)
⑧ 아황산(SO_2)
⑨ 일산화탄소(CO)

03 기타 가스

독성가스, 가연성 이외의 가스로서 N_2, CO_2, He(헬륨), Ne(네온), Ar(아르곤) 등이 있다.

01 가연성가스의 정의가 올바른 항목은?
① 폭발한계 하한이 10% 이하인 것
② 허용농도가 5000ppm 이하인 것
③ 폭발한계 하한이 10% 이하, 상한과 하한의 차이가 20% 이상인 것
④ 폭발한계 상한이 20% 이상인 것

01
답 : ③

02 가스의 폭발범위 중 틀린 것은?
① C_2H_2(2.5~81%) ② C_2H_4O(3~70%)
③ H_2(4~75%) ④ NH_3(15~28%)

02 산화에틸렌의 폭발범위 : 3~80%
답 : ②

03 폭발범위가 가장 넓은 가스는?
① 아세틸렌 ② 수소
③ 프로판 ④ 부탄

03 ① 2.5~81% ② 4~75%
③ 2.1~9.5% ④ 1.8~8.4%
가연성가스는 폭발하한이 낮을수록, 폭발범위가 넓을수록 위험하다.
답 : ①

04 독성가스의 정의로 허용농도가 100만 분의 얼마 이하인 것이 독성가스인가?
① 1000 ② 2000
③ 3000 ④ 5000

04 LC_{50} : 100만 분의 5000 이하
TLV-TWA : 100만 분의 200 이하
※ 법규상 LC_{50}이 기준
답 : ④

05 독성이 가장 강한 가스는?
① $COCl_2$ ② Cl_2
③ H_2S ④ NH_3

05 LC_{50} 기준 허용농도
① 5ppm ② 293ppm
③ 444ppm ④ 7338ppm
TLV-TWA 기준 허용농도
① 0.1ppm ② 1ppm
③ 10ppm ④ 25ppm
답 : ①

06 독성인 동시에 가연성가스에 해당되는 것이 아닌 것은?
① 염화메탄 ② 포스겐
③ 시안화수소 ④ 브롬화메탄

06 포스겐은 독성가스
답 : ②

07 독성에도, 가연성에도 포함되지 않는 가스는?

① Cl_2　　　　　② C_2H_4O

③ N_2　　　　　④ CO

08 다음 가스 중 TLV-TWA 농도기준 독성이 가장 큰 것은?

① 일산화탄소

② 산화질소

③ 시안화수소

④ 염소

09 다음 가스 중 폭발범위가 넓은 것부터 좁은 것으로 순서가 나열 된 것은?

① H_2, C_2H_2, CH_4, CO

② CH_4, CO, C_2H_2, H_2

③ C_2H_2, H_2, CO, CH_4

④ C_2H_2, CO, H_2, CH_4

07　　　　　답 : ③

08 허용농도(ppm)
① CO : 50
② NO : 25
③ HCN : 10
④ Cl_2 : 1
　　　　　답 : ④

09 폭발범위(%)
C_2H_2(2.5~81)
H_2(4~75)
CO(12.5~74)
CH_4(5~15)
　　　　　답 : ③

01 일반 고압가스 제조시설

1 처리능력

공정흐름도 물질수지 기준으로 액화가스 무게(kg), 압축가스 용적(m³)이며 0℃, 0Pa(게이지) 상태이다.

2 1종 · 2종 보호시설

보호시설		해당 시설
1종	사람이 상주·방문·유동이 많은 장소	학교, 유치원, 어린이집, 놀이방, 어린이 놀이터, 학원, 병원, 도서관, 청소년 수련시설, 경로당, 공중목욕탕, 호텔, 여관, 극장, 교회, 공회당 ※ 평소 사람이 많이 상주·방문·유동이 많은 곳
	300인 이상(수용인원)	예식장, 장례식장, 전시장
	20인 이상(수용인원)	아동복지시설, 장애인복지시설
	건축물 면적 1000m² 이상인 곳	문화재
2종	건축물 면적 100m² 이상 1000m² 미만	주택

3 보호시설과 안전거리

(1) 가스 종류와 저장능력별 안전거리

처리저장능력	독성·가연성		산소		기타	
액화(kg) 압축(m³)	1종	2종	1종	2종	1종	2종
1만 이하	17m	12m	8m		5m	
1만 초과 2만 이하	21m	14m	9m		7m	
2만 초과 3만 이하	24m	16m	11m		8m	
3만 초과 4만 이하	27m	18m	13m		9m	
4만 초과 5만 이하	30m	20m	14m		10m	

(2) 독·가연성의 저장능력별 안전거리

처리저장능력	1종	2종
5만 초과 99만 이하	30m	20m
가연성 저온저장탱크의 경우	$\frac{3}{25}\sqrt{x+10,000}$	$\frac{2}{25}\sqrt{x+10,000}$
99만 초과	30m	20m
가연성 저온저장탱크의 경우	120m	80m

※ x : 처리저장능력의 수치(m³, kg)

4 저장능력 산정

(1) 압축가스 저장탱크 및 용기

$$Q = (10p+1)V_1$$

$\left[\begin{array}{l} Q : 저장능력(m^3) \\ V_1 : 내용적(m^3) \\ p : 35℃의 최고충전압력(MPa) \end{array}\right.$

(2) 액화가스

① 저장탱크 : $W = 0.9dV_2$

② 3t 미만 소형 저장탱크 $W = 0.85dV_2$

③ 용기 : $W = \dfrac{V_2}{C}$

$\left[\begin{array}{l} W : 저장능력(kg) \\ d : 액화가스비중(kg/L) \\ V_2 : 내용적(L), C : 충전상수 \end{array}\right.$

※ 충전상수(C) : C_3H_8(2.35), C_4H_{10}(2.05), NH_3(1.86), CO_2(1.47)

(3) 냉동능력(톤)(1RT)

① 원심식 압축기 : 1.2kw

② 흡수식 냉동설비 : 6,640kcal/hr

③ 한국 1냉동톤(IRT) = 3,320kcal/hr

5 방호벽

종류 \ 구분		두께	높이
철근콘크리트		12cm 이상	
콘크리트블록		15cm 이상	2m 이상
강판재	후강판	6mm 이상	
	박강판	3.2mm 이상	

6 화기와 우회 이격거리

① 가스설비 저장설비 : 2m 이상

② 산소·가연성가스설비 저장설비 : 8m 이상

7 설비와 이격거리

① 가연성과 가연성 설비 : 5m 이상

② 가연성과 산소가스설비 : 10m 이상

③ 유동방지 시설은 높이 2m 이상 내화성의 벽, 우회 수평거리 8m 이상 유지

01 처리능력의 온도 압력의 상태가 올바른 항목은?

① 0℃ 0Pa (abs)

② 0℃ 0Pa (gage)

③ 0℃ 1Pa (abs)

④ 0℃ 1Pa (gage)

02 1종 보호시설에 해당하지 않는 항목은?

① 300인 이상 예식장, 장례식장, 전시장

② 건축물 면적 1000m² 이상인 곳

③ 학교, 극장, 교회, 공회당

④ 주택

03 염소가스 저장능력이 35000kg인 경우 1종·2종 보호시설과의 안전거리로 맞는 항목은?

① 17m, 12m

② 21m, 14m

③ 27m, 18m

④ 30m, 20m

04 산소가스 저장능력이 25000m³인 경우 1종·2종 보호시설과의 안전거리는?

① 12m, 8m

② 14m, 9m

③ 16m, 11m

④ 18m, 13m

05 질소가스 Fp=15MPa이며 V(내용적)=40L일 때, 용기 100개 저장 시 저장능력(m³)을 계산하면?

① 600

② 604

③ 700

④ 705

06 C₃H₈ 47L의 용기 저장량(kg)은?(단, C=2.35이다)

① 10

② 20

③ 30

④ 40

01 처리능력은 게이지 압력이다.
abs : 절대압력
gage : 게이지압력

답 : ②

02

답 : ④

03 독성, 처리저장능력 3만 초과 4만 이하 : 27m, 18m

답 : ③

04 산소, 처리저장능력 2만 초과 3만 이하 : 16m, 11m

답 : ③

05 V = 40L×100
= 4000L
= 4m³이므로,
Q = (10p+1) V
= (10×15+1)×4
= 604m³

답 : ②

06 $W = \dfrac{V}{C} = \dfrac{47}{2.35} = 20kg$

답 : ②

07 액화산소탱크의 내용적이 25000L인 경우 액비중(d)=1.14 이다. 이때의 저장능력(kg)을 계산하면?

① 20000   ② 25000

③ 25650   ④ 30000

08 보기의 방호벽 두께가 알맞게 나열된 것은?

보기	㉮ 철근콘크리트 ( )cm ㉯ 콘크리트블록 ( )cm ㉰ 후강판 ( )cm

① 15, 12, 6   ② 12, 15, 6

③ 12, 15, 3.2   ④ 15, 12, 3.2

09 아래의 설명 중 맞지 않는 것은?

① 산소, 가연성 설비 등의 화기와 우회거리는 8m이다.

② 가연성 설비와 가연성 설비와의 이격거리는 5m이다.

③ 가연성과 산소설비의 이격거리는 8m이다.

④ 유동방지시설은 2m 이상의 내화성의 벽으로 시공, 우회 수평거리는 8m 이상이어야 한다.

07 $W = 0.9dv$
$= 0.9 \times 1.14 \times 25000$
$= 25650kg$
답 : ③

08 방호벽의 높이는 2m
답 : ②

09 이격거리는 10m 이상
답 : ③

8 배관의 해저 설치

 ① 배관은 다른 배관과 교차하지 아니할 것
 ② 다른 배관과 수평거리 30m 거리 유지

9 하천수로 횡단 시

 ① 이중관 설치가스 : 염소, 포스겐, 불소, 아크릴알데히드, 아황산, 시안화수소, 황화수소
 ② 상기 이외의 독성 · 가연성은 방호구조물에 설치
 ③ 독성가스배관 중 이중관으로 설치하는 가스 : 아황산, 암모니아, 염소, 염화메탄, 산
  화에틸렌, 시안화수소, 포스겐, 황화수소
 ④ 이중관의 규격 : 외층관의 내경＝내층관 외경×1.2배 이상

10 수취기, 압력계 온도계

 ① 산소 천연메탄 수송배관과 압축기 사이에 수취기 설치
 ② 압축가스배관에는 압력계, 액화가스배관에는 압력계 온도계 설치

11 경보장치의 경보가 울리는 경우

 ① 압력이 상용압력 1.05배 초과 시 (상용이 4MPa 이상 시 0.2MPa를 더한 압력)
 ② 정상압력보다 15% 이상 강하 시
 ③ 정상유량보다 7% 이상 변동 시
 ④ 긴급차단밸브 고장, 폐쇄 시

12 압축기 펌프, 긴급차단장치를 정지 또는 폐쇄하여야 하는 경우

 ① 상용압력 1.1배 초과 시
 ② 정상압력보다 30% 이상 강하 시
 ③ 정상유량보다 15% 이상 증가 시
 ④ 가스누출경보기 작동 시

13 과압안전장치 선정

 ① 안전밸브 : 기체증기의 압력상승 방지를 위하여
 ② 파열판 : 급격한 압력상승, 독성가스 유출, 유체부식성 등 안전밸브설치 부적당시 설치
 ③ 릴리프밸브 안전밸브 : 펌프 및 배관에서 액체 압력상승 방지를 위함
 ④ 자동압력제어장치 : ①~③의 안전장치와 병행 설치가능

14 과압안전장치의 방출관 위치

① 가연성 저장탱크 : 지상에서 5m 이상 탱크정상부에서 2m 이상 중 높은 위치
② 독성가스 설비 : 중화설비 내
③ 가연성·독성 이외 고압가스 설비 : 건축물 시설물 높이 이상의 높이에 화기가 없는 안전한 위치(산소 불활성은 제외)

15 가스폭발의 종류와 해당가스의 안정제

가스종류 \ 항목	폭발의 종류	안정제
C_2H_2	분해	N_2, CH_4, CO, C_2H_4
C_2H_4O	분해, 중합	N_2, CO_2, 수증기
HCN	중합	황산, 아황산, 동, 동망, 염화칼슘, 오산화인

16 에어졸 용기

① 내용적 : 1L 미만
② 용기재료 : 강, 경금속
③ 누설시험 온도 : 46℃ 이상 50℃ 미만
④ 불꽃길이시험 온도 : 24℃ 이상 26℃ 이하
⑤ 인체에 사용 시 20cm 이상 떨어져 사용할 것

17 품질검사 대상가스

종류 \ 구분	시약	검사방법	순도
O_2	동암모니아	오르자트법	99.5% 이상
H_2	피로카롤시약 하이드로썰파이드시약	오르자트법	98.5% 이상
C_2H_2	발연황산시약	오르자트법	98% 이상
	브롬시약	뷰렛법	
	질산은시약	정성시험	

※ 검사는 1일 1회 이상 가스제조장에서 하고 안전관리 부총괄자와 책임자가 함께 서명 날인한다.

18 독성가스의 누설검사 시험지

가스명	시험지	변색상태	가스명	시험지	변색상태
NH_3	적색리트머스	청변	H_2S	연당지	흑변
CO	염화파라듐지	흑변	HCN	질산구리벤젠지	청변
$COCl_2$	하리슨시험지	심등색	C_2H_2	염화제1동착염지	적변
Cl_2	KI전분지	청변			

19 도시가스 배관 보호포, 보호판

보호포			보호판		
종류	일반형, 탐지형		두께	중압 이하 배관	4mm 이상
색상	저압 배관	황색		고압 배관	6mm 이상
	중압 이상 배관	적색	보호판을 설치하는 경우	• 중압 이상 배관 설치 시 • 배관의 매설 심도를 확보할 수 없는 경우 • 타 시설물과 이격거리를 확보하지 못하였을 때	
설치 위치	중압 배관	보호판 상부에서 30cm 이상			
	매설길이 1m 이상 배관	배관 정상부에서 60cm 이상			
	매설길이 1m 미만 배관	배관 정상부에서 40cm 이상	설치위치	• 배관 정상부에서 30cm 이상	
	공동주택복지안	배관 정상부에서 40cm 이상	기타사항	• 직경 30mm 이상 50mm 이하 구멍을 3m 간격으로 뚫어 누설가스 지면으로 확산시킴	

01 가스배관을 해저에 설치하여야 하는 내용이다. (   )에 적합한 숫자는 얼마인가?

> **보기**
> • 배관은 다른 배관과 교차하지 아니할 것
> • 다른 배관과 수평거리 (   )m 거리를 유지할 것

① 10　　　　　　　② 20
③ 30　　　　　　　④ 40

01　　　　　　　　　**답 : ③**

02 하천수로 횡단 시 이중관으로 설치하여야 할 독성가스가 아닌 것은?

① 염소　　　　　　② 포스겐
③ 아황산　　　　　④ 일산화탄소

02　　　　　　　　　**답 : ④**

03 독성가스 중 이중관으로 설치하여야 하는 가스의 종류에 해당하는 것은?

① 염소　　　　　　② 브롬화메탄
③ 수소　　　　　　④ 이산화탄소

03　　　　　　　　　**답 : ①**

04 보기의 이중관의 규격으로 올바른 것은?

> **보기**　외층관 내경 = 내층관 외경×(   )배 이상

① 2　　　　　　　　② 1.5
③ 1.2　　　　　　　④ 1.1

04　　　　　　　　　**답 : ③**

05 액화가스 배관에 설치되어야 할 계기류의 종류가 맞는 것은?

① 압력계　　　　　② 액면계
③ 압력계, 온도계　④ 압력계, 유량계

05 압축가스 배관에는 압력계를, 액화가스 배관에는 압력계와 온도계를 설치할 것

답 : ③

06 도시가스 배관의 압력이 4.2MPa이다. 압력이 상승하여 경보가 울리는 압력은 얼마인가?

① 2.2MPa 초과 시　② 3.4MPa 초과 시
③ 3.5MPa 초과 시　④ 4.4MPa 초과 시

06 경보농도 = 상용압력 1.05배 초과 시
단, 상용압력 4MPa 이상시 0.2MPa를 더한 압력 초과 시 경보하므로 4.2+0.2 = 4.4MPa 초과 시 경보

답 : ④

07 고압가스 설비 내 압축기 펌프 및 긴급차단장치를 정지 또는 폐쇄하여야 하는 경우에 속하지 않는 것은?

① 상용압력이 정상압력보다 1.1배 초과 시
② 정상압력보다 20% 이상 강하 시
③ 정상유량보다 15% 이상 증가 시
④ 가스누출경보기 작동 시

07 정상압력보다 30% 이상 강하 시

답 : ②

08 고압가스 설비 내 과압안전장치에 속하지 않는 것은?

① 안전밸브
② 파열판
③ 릴리프밸브, 안전밸브
④ 긴급차단밸브

08 ①~③ 이외에 자동압력제어장치가 있다.

답 : ④

09 과압안전장치 방출관의 설치위치가 틀린 것은?

① 가연성의 경우 지상에서 5m 이상, 탱크정상부에서 2m 이상 중 높은 위치
② 독성가스의 경우 중화설비 내
③ 가연성, 독성 이외의 경우 건축물 높이 이상의 높이에 화기가 없는 안전한 위치
④ 산소, 불활성의 경우 건축물 높이 이상의 높이에 화기가 없는 안전한 위치

09 산소, 불활성의 경우 과압안전장치를 설치하지 않아도 된다.

답 : ④

10 아세틸렌가스를 2.5MPa 이상 압축 시 첨가하는 희석제의 종류에 해당하지 않는 것은?

① N_2 ② CH_4
③ CO   ④ C_2H_6

10 희석제
질소, 메탄, 일산화탄소, 에틸렌

답 : ④

11 HCN은 중합폭발이 있다. 중합방지제가 아닌 항목은?

① 황산   ② 아황산
③ 동   ④ 질소

11 ①~③ 이외에 동망, 염화칼슘, 오산화인 등이 있으며, 충전 후 60일이 경과 시 수분 2% 함유하면 중합폭발이 일어나므로 순도가 98% 이상이어야 하고, 충전 후 60일 경과 시 다른 용기에 다시 충전하여야 한다.

답 : ④

12 보기 중 에어졸 용기에 대한 내용으로 틀린 것은?

> **보기**
> ㉮ 내용적 : 1L 미만
> ㉯ 용기재료 : 강·경금속
> ㉰ 누설시험 온도 : 46~50℃ 미만
> ㉱ 불꽃길이시험 온도 : 24℃ 이상 30℃ 이하

① ㉮   ② ㉯
③ ㉰   ④ ㉱

13 아래 가스 중 품질검사 대상가스가 아닌 것은?
① HCN   ② H_2
③ O_2 ④ C_2H_2

14 품질검사 대상가스의 순도가 맞는 것은?(O_2, H_2, C_2H_2의 순서이다)
① 99.5%, 99%, 98%
② 99.5%, 98.5%, 98%
③ 99%, 98%, 97%
④ 99%, 99%, 98%

15 품질검사 대상가스 중 C_2H_2가스의 검사시약의 종류에 해당하지 않는 것은?
① 발연황산   ② 브롬시약
③ 질산은시약   ④ 동암모니아시약

16 독성가스 누설검사 시험지와 변색상태가 올바른 것은?
① NH_3(적색리트머스) – 적변
② Cl_2(하리슨시험지) – 청변
③ CO(염화파라듐지) – 흑변
④ H_2S(연당지) – 적변

17 도시가스 배관을 보호하기 위한 보호포의 종류에 해당하는 것은?
① 매설형, 표준형
② 일반형, 탐지형
③ 공사설치형, 일반형
④ 탐지형, 매설형

12 불꽃길이시험 온도 : 24℃ 이상 26℃ 이하
답 : ④

13 **답 : ①**

14 **답 : ②**

15 O_2 : 동암모니아시약
H_2 : 피로카롤 하이드로썰파이드시약
답 : ④

16 ① 적변 → 청변
② 하리슨시험지 → KI 전분지
④ 적변 → 흑변
답 : ③

17 **답 : ②**

18 도시가스 배관을 보호하기 위하여 설치하는 보호판을 배관 정상부에서 몇 cm 이상으로 설치하여야 하는가?

① 10cm

② 20cm

③ 30cm

④ 40cm

19 도시가스 배관에 보호판을 설치 시 고압배관의 경우 보호판의 두께는 몇 mm 이상인가?

① 6mm

② 7mm

③ 8mm

④ 10mm

20 도시가스 배관에 보호판을 설치하여야 하는 경우에 해당되지 않는 것은?

① 중압 이하 배관을 매설 시

② 배관의 매설 심도를 확보하지 못하였을 경우

③ 타 시설물과 이격거리를 확보하지 못하였을 경우

④ 위급한 공사를 진행하여야 할 경우

18 　답 : ③

19 중압 이하의 배관의 경우는 4mm 이상임

답 : ①

20 　답 : ④

20 역류방지밸브, 역화방지장치 설치장소

(1) 역류방지밸브

① 가연성가스를 압축하는 압축기와 충전용 주관 사이

② 아세틸렌을 압축하는 압축기의 유분리기와 고압건조기 사이

③ 암모니아 또는 메탄올의 합성탑 정제탑과 압축기 사이 배관

④ 특정 고압가스 사용시설의 독성가스 감압설비와 그 반응 설비간의 배관

(2) 역화방지장치

① 가연성가스를 압축하는 압축기와 오토클래이브 사이 배관

② 아세틸렌의 고압건조기와 충전용 교체밸브 사이 배관

③ 특정 고압가스 사용시설의 산소, 수소 아세틸렌 화염 사용시설

21 긴급차단장치

① 설치목적 : 제조설비 내 이상사태 시 차단되어 재해확대를 방지하는 장치

② 적용시설 : 배관 및 내용적 5000L 이상의 저장탱크에 설치

③ 작동동력원 : 기압, 유압, 전기압, 스프링압

④ 작동 레버 설치 위치 : 탱크 외면 5m 이상 떨어진 곳 3장소 정도
(단, 특정제조 및 가스도매사업법에 의한 장치는 10m 이상 떨어진 곳)

⑤ 원격조작 온도 : 110℃

22 배관의 표지판

(1) 고압가스 안전관리법

① 지상배관 : 1000m 마다 설치

② 지하배관 : 500m 마다 설치

(2) 도시가스사업법

① 가스도매사업 : 500m 마다 설치

② 일반도시가스사업

• 제조소 공급소 내 : 500m 마다 설치

• 제조소 공급소 밖 : 200m 마다 설치

23 가스제조설비 정전기 제거

① 접지저항치 : 총합 100Ω 이하, 피뢰설비 설치 시 10Ω 이하

② 본딩용 접지접속선의 단면적 : 5.5mm² 이상 (단선 제외)

③ 단독으로 접지하여야 하는 경우 : 탑류, 저장탱크, 열교환기, 회전기계, 벤트스택

01 다음 중 고압가스 설비에 역류·역화방지장치 설치로 올바른 것은?

① 가연성가스를 압축하는 압축기와 충전용 주관 사이에는 역류방지밸브를 설치하여야 한다.

② 아세틸렌은 압축하는 압축기의 유분리와 고압건조기 사이에는 역화방지장치를 설치하여야 한다.

③ 아세틸렌의 고압건조기와 충전용 교체밸브 사이 배관에는 역류방지밸브를 설치하여야 한다.

④ 암모니아 메탄올의 정제탑과 압축기 사이 배관에는 역화방지장치를 설치하여야 한다.

02 저장탱크에 긴급차단장치를 설치 시 내용적이 얼마 이상이어야 하는가?

① 1000L ② 2000L
③ 3000L ④ 5000L

03 긴급차단장치를 작동하는 동력원이 아닌 것은?

① 유압 ② 공기압
③ 스프링압 ④ 탱크 내 액압

04 긴급차단장치가 외부화재로 인하여 원격조작되는 온도는 몇 ℃인가?

① 100℃ 이상 ② 110℃ 이상
③ 120℃ 이상 ④ 130℃ 이상

01 ② 역류방지밸브
③ 역화방지장치
④ 역류방지밸브

답 : ①

02 **답 : ④**

03 ①~③ 이외에 전기압 등이 있다.

답 : ④

04 **답 : ②**

05 가스배관을 지하에 매설 시 표지판을 설치하여야 하는 간격으로 올바른 것은?

① 일반도시가스 배관의 경우 : 500m 마다

② 제조소공급소 내에 있는 가스도매사업의 배관 : 200m 마다

③ 제조소공급소 밖에 있는 가스도매사업의 배관 : 500m 마다

④ 일반고압가스 배관이 지상에 설치되어 있을 때 : 500m 마다

06 가스제조설비의 정전기 제거에 대한 내용이다. 접지저항치의 총합은 몇 Ω 이하인가?

① 50Ω   ② 100Ω

③ 150Ω   ④ 200Ω

07 가스제조설비의 정전기 제거에 대한 내용 중 틀린 것은?

① 본딩용 접지접속선의 단면적은 5.5mm² 이상으로 단선으로 설치한다.

② 단독접지 대상에는 탑류, 회전기계 등이 해당된다.

③ 접지저항치의 총합은 100Ω 이하이다.

④ 접지저항치에 피뢰설비가 있을 때에는 10Ω 이하이다.

08 고압설비의 내부반응 감시장치에 해당하지 않는 항목은?

① 온도 감시장치   ② 압력 감시장치

③ 액면 감시장치   ④ 가스밀도조성 감시장치

---

05 ① 제조소 공급소 내 : 500m
제조소 공급소 밖 : 200m
② 500m
③ 500m
④ 1000m

답 : ③

06 총합은 100Ω 이하
피뢰설비 설치 시 10Ω 이하

답 : ②

07 단선은 제외됨

답 : ①

08 액면 감시장치→유량 감시장치

답 : ③

02 특정 고압가스 제조시설

1 시설별 이격거리

① 안전구역 내 고압가스설비와 다른 안전구역에 인접하는 고압가스설비 : 30m 이상
② 제조설비 당해 제조소 경계 : 20m 이상
③ 가연성가스 저장탱크 처리능력 20만m³의 압축기 : 30m 이상

2 인터록기구

설비 내 이상사태 발생 시 자동으로 원재료의 공급을 차단시키는 장치

3 가스누출검지 경보장치

① 종류 : 접촉연소식(주로 가연성에 사용), 격막갈바니전지방식, 반도체방식
② 경보농도 : 누설 시 감지·경보하여 누설을 알리는 농도값
 • 가연성 : 폭발하한의 1/4 이하

　⑩ 수소는 4~75%이므로 $4 \times \frac{1}{4} = 1\%$,　∴ 1% 이하에서 경보

 • 독성 : TLV−TWA 기준농도 이하(NH_3 실내 사용 시 50ppm 이하)
③ 경보기의 정밀도 경보농도 설정치에 대하여 가연성 25% 이하, 독성±30%
④ 검지에서 발신까지 30초 이내(단, NH_3, CO는 1분 이내)
⑤ 경보가 울린 후 농도가 변하여도 계속 경보하고 대책을 강구한 후 경보가 정지되어야 한다.

4 벤트스택·플레어스택

(1) **벤트스택** : 가스를 연소시키지 않고 대기 중에 방출시키는 파이프 또는 탑
 ① 착지농도
 • 가연성 : 폭발하한 미만
 • 독성 : TLV−TWA 기준농도 미만
 ② 방출구 위치(근무자 및 사람이 항상 통행하는 장소에서)
 • 긴급용 및 공급시설 : 10m 이상
 • 그밖의 벤트스택 : 5m 이상

(2) **플레어스택** : 가스를 연소에 의하여 처리(복사열 : 4000kcal/m²h)

5 방류둑

저장탱크에서 액상가스 누설 시 누설가스가 외부로 흘러나가지 않도록 쌓아올린 둑

(1) 적용 저장능력(t)

① 가연성 500t 이상 : 고법특정제조시설 및 도시가스의 가스도매사업
② 가연성 1000t 이상 : 고법일반제조시설 및 도시가스의 일반도시가스사업 액화석유
가스사업법
③ 산소는 1000t 이상 방류둑 설치
④ 독성은 5t 이상 방류둑 설치

(2) 방류둑 구조 및 기타사항

용량	독·가연성	저장능력 상당용적
	산소	저장능력 상당용적의 60% 이상
구조		• 성토 각도 : 45° 이하 • 정상부 폭 : 30cm 이상 • 출입구 50m마다 1곳 이상 설치

※ 방류둑의 용량 : 액가스 누설되었을 때 둑에서 차단할 수 있는 능력

6 배관의 이격거리

(1) 지하매설

① 건축물 : 1.5m 이상
② 지하가 터널 : 10m 이상
③ 독성가스 혼입 수도시설 : 300m 이상
④ 다른 시설물 : 0.3m 이상

(2) 지상설치 시 배관 주위 유지하는 공지의 폭

상용압력	공지의 폭
0.2MPa 미만	5m 이상
0.2~1MPa 미만	9m 이상
1MPa 이상	15m 이상

(3) 매설깊이

① 지면 : 1m 이상
② 도로폭 8m 이상 공도 횡단부지하 : 1.2m 이상
③ 산·들 : 1m 이상
④ 산들이외 그 밖의 지역 : 1.2m 이상

7 저장탱크 부압파괴방지 장치

(1) 정의

가연성 저온저장탱크에 내부압력이 외부압력보다 낮아져 탱크가 파괴되는 것을 방지

(2) 부압파괴방지 설비의 종류

① 압력계

② 압력경보설비

③ 진공안전밸브

④ 균압관 압력과 연동하는 긴급차단장치를 설치한 냉동제어 설비 및 송액 설비

(3) 내부반응 감시장치

1 설치목적

설비 내 2차 반응으로 폭발 등의 위험을 방지하기 위하여

2 종류

① 온도 감시장치   ② 압력 감시장치

③ 유량 감시장치   ④ 가스밀도조성 감시장치

(4) 고압가스 냉동설비의 과압차단장치

1 과압차단장치

냉매설비 안 냉매가스 압력이 상용압력을 초과 시 즉시 상용압력 이하로 되돌릴 수 있는 장치

2 종류

① 고압차단장치   ② 안전밸브

③ 파열판   ④ 용전

⑤ 압력릴리프 장치

(5) 냉동설비의 강제 환기장치

환기구 면적이 확보되지 않았을 경우 냉동능력 1톤당 $2m^3/min$ 능력의 환기장치설치

8 저장설비

(1) 재료

① 가연성·산소의 가스설비, 충전실, 저장실의 벽 : 불연재료

② 지붕 : 불연, 난연의 가벼운 재료

(2) 5m³ 이상 저장탱크 가스홀더

가스방출장치 설치

(3) 저장탱크 간 거리

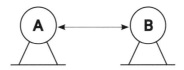

① A의 직경 D_1, B의 직경 D_2 에서

$(D_1+D_2) \times \dfrac{1}{4}$이 1m 보다 클 때는 그 길이를, 1m 보다 작을 때는 1m 이상을 유지

② 거리유지 불가능 시 물분무장치 설치

물분무장치의 탱크 표면적 1m² 당 분당 물의 방사량					
탱크간 거리가 1m 또는 최대 직경 1/4 중 큰 쪽과 거리를 유지하지 못한 경우			두 저장탱크 최대 직경 합산한 길이의 1/4을 유지하지 못한 경우		
일반탱크	준내화 구조탱크	내화 구조탱크	일반탱크	준내화 구조탱크	내화 구조탱크
8L/min	6.5L/min	4L/min	7L/min	4.5L/min	2L/min

(4) 저장탱크 설치

1 지하설치

① 천장, 벽, 바닥 두께 30cm 이상 철근콘트리트로 만든 방

② 저장탱크 주위 : 마른 모래를 채움

③ 탱크 정상부 지면과의 거리 : 60cm 이상

④ 탱크 상호 간 : 1m 이상 유지

⑤ 가스방출관 : 지면에서 5m 이상 유지

2 지상설치

① 천장, 벽, 바닥 두께 30cm 이상 철근콘크리트로 만든 방

② 가연성·독성 저장탱크실 처리설비실에는 가스누출검지 경보장치 설치

③ 탱크 정상부 탱크실 천장과 60cm 이상

④ 안전밸브의 가스방출관은 지면에서 5m 이상, 탱크 정상부에서 2m 이상 중 높은 위치에 설치

3 저장탱크의 과충전방지조치(충전량 90% 이하) 대상가스

아황산, 암모니아, 염소, 염화메탄, 산화에틸렌, 시안화수소, 포스겐, 황화수소

01 고압가스 특정제조에서 설비별 이격거리에 대한 규정으로 틀린 것은?

① 안전구역 내에 있는 고압가스설비와 다른 안전구역에 인접하는 고압가스 설비와는 30m 이상을 유지한다.

② 제조설비와 당해 제조소 경계와는 20m 이상 유지를 한다.

③ 가연성가스 저장탱크의 처리능력이 20만m^3 이상의 압축기와 30m 이상을 유지한다.

④ 가연성 설비와 산소가스의 설비와는 5m 이상 유지한다.

01 ④ 10m 이상 유지

답 : ④

02 가스누출검지장치의 경보농도 설정값이 틀린 것은?

① 가연성가스 폭발하한값 1/4 이하이다.

② NH_3 TLV-TWA 기준농도로 실내 사용 시 25ppm 이하이다.

③ Cl_2 TLV-TWA 기준농도 1ppm 이하이다.

④ C_2H_2은 하한이 2.5%이므로 0.625%이다.

02 실내 사용시 50ppm 이하

답 : ②

03 고압가스설비 중 플레어스택의 복사열은 몇 kcal/m^2h인가?

① 1000

② 2000

③ 3000

④ 4000

03

답 : ④

04 벤트스택에 대한 내용 중 틀린 것은?

① 방출구의 위치는 사람이 항상 통행하는 장소로부터 긴급용은 10m 이상, 그 밖의 벤트스택은 5m 이상 떨어진 위치에 있어야 한다.

② 가연성인 경우 착지농도는 폭발하한값 미만이어야 한다.

③ 독성가스인 경우 착지농도는 LC_{50} 기준농도 미만이어야 한다.

④ Cl_2의 경우 착지농도는 1ppm 미만이어야 한다.

04 독성가스인 경우 착지농도는 TLV-TWA 기준농도 미만

답 : ③

05 다음 중 방류둑 설치에 관한 저장능력으로 틀린 것은?

① 가연성 1000t 이상

② 산소 1000t 이상

③ 가스도매사업 내의 도시가스 저장능력 500t 이상

④ 질소 1000t 이상

06 방류둑 구조에 대한 설명 중 틀린 것은?

① 방류둑 정상부의 폭은 20cm 이상이다.

② 성토의 각도는 45° 이하이다.

③ 둘레 50m 마다 출입구 1곳 이상을 설치한다.

④ 방류둑의 용량은 산소의 경우 저장능력 상당용적의 60% 이상이다.

07 배관의 이격거리가 올바른 것은?

① 건축물과는 1.5m 이상 유지를 한다.

② 지하도로 터널과 20m 이상을 유지하여야 한다.

③ 독성가스배관으로서 수도시설에 혼입될 우려가 있는 경우 200m 이상을 유지하여야 한다.

④ 다른 시설물과 0.5m 이상을 유지하여야 한다.

08 배관의 지하매설에 관한 내용 중 틀린 것은?

① 지면과 1m 이상에 매설한다.

② 산·들과는 1m 이상을 유지하여야 한다.

③ 산·들 이외의 그 밖의 지역에는 1.5m 이상을 유지하여야 한다.

④ 도로폭 8m 이상의 공도 횡단부 지하는 1.2m 이상 유지하여야 한다.

09 상용압력에 따른 배관의 주변에 유지하여야 하는 공지의 폭이 올바르지 않은 것은?

① 상용압력 0.2MPa 이상 시 5m 이상 유지

② 상용압력 0.2MPa 이상 1MPa 미만은 9m 이상 유지

③ 상용압력 1MPa 이상 시 15m 이상 유지

④ 산업통상자원부장관이 정하여 고시하는 지역은 상용압력에 따른 공지의 폭을 1/2 이상으로 할 수 있다.

---

05 방류둑 적용대상가스
- 독성 : 5t 이상
- 가연성
  (특정 제조, 가스도매사업 : 500t 이상)
  (일반 제조, LPG 일반도시가스 : 1000t 이상)
- 산소 : 1000t 이상

답 : ④

06 정상부의 폭은 30cm 이상

답 : ①

07 ② 10m 이상 유지
③ 300m 이상 유지
④ 0.3m 이상 유지

답 : ①

08 ③ 산·들 이외의 지역 1.2m 이상 유지

답 : ③

09 ④ 1/3 이상

답 : ④

10 가연성 저온저장탱크에서 내부압력이 외부압력보다 낮아져 탱크가 파괴되는 것을 방지하는 설비의 종류에 해당되지 않는 것은?

① 압력계
② 온도계
③ 압력경보설비
④ 진공안전밸브

11 냉동설비 내 강제환기장치를 설치할 경우 냉동능력 1톤당 몇 m³/min 능력의 환기장치를 설치하여야 하는가?

① 0.5　　　　　　　② 1
③ 2　　　　　　　　④ 3

12 물분무장치가 없는 탱크의 직경이 각각 4m, 6m인 경우 두 탱크의 이격거리는 몇 m 인가?

① 2m　　　　　　　② 2.5m
③ 3m　　　　　　　④ 5m

13 두 탱크의 거리가 1m 또는 최대 직경의 1/4 중 큰 쪽과 거리를 유지하지 못한 물분무장치 준내화구조의 1m² 당 물의 방사량은?

① 8L/min　　　　　② 6.5L/min
③ 5L/min　　　　　④ 4L/min

14 가스저장탱크를 지하에 설치 시 규정에 위배되는 것은?

① 천장, 벽, 바닥은 두께 30cm 이상 콘크리트 블록으로 만든 방에 설치한다.
② 저장탱크 주위에는 마른 모래를 채운다.
③ 탱크정상부와 지면과의 거리는 60cm 이상으로 한다.
④ 안전밸브의 가스방출관은 지면에서 5m 이상으로 한다.

10 　　　　　　　　답 : ②

11 　　　　　　　　답 : ③

12 $(4+6) \times \dfrac{1}{4} = 2.5m$

계산값이 1m 보다 작을 때는 1m 이상을 유지, 지하에 탱크를 설치 시 두 탱크의 이격거리는 1m 이상

답 : ②

13 일반구조의 탱크 : 8L/min
준내화구조의 탱크 : 6.5L/min
내화구조의 탱크 : 4L/min

답 : ②

14 ① 콘크리트 블록 → 철근콘크리트

답 : ①

03 고압가스 충전시설

1 로딩암

① 지면에 고정설치

② 이동형은 로딩암이 장착된 트롤리(trolly)를 지면에 고정설치

※ 로딩암은 배관부와 구동부로 구성한다.

2 독성가스의 제독제

(단위 : kg)

가스별	제독제	보유량
염소	가성소다수용액	670
	탄산소다수용액	870
	소석회	620
포스겐	가성소다수용액	390
	소석회	360
황화수소	가성소다수용액	1,140
	탄산소다수용액	1,500
시안화수소	가성소다수용액	250
아황산가스	가성소다수용액	530
	탄산소다수용액	700
	물	다량
암모니아 산화에틸렌 염화메탄	물	다량

3 통신설비 설치

고압가스사업소 안에는 긴급사태가 발생한 경우에 이를 신속히 전파할 수 있도록 사업소의 규모·구조에 적합한 통신설비를 설치한다.

사항별(통신범위)	설치(구비)하는 통신설비
1. 안전관리자가 상주하는 사업소와 현장사업소와의 사이 또는 현장사무소 상호 간	① 구내전화 ② 구내방송설비 ③ 인터폰 ④ 페이징설비
2. 사업소 안 전체	① 구내방송설비 ② 사이렌 ③ 휴대용 확성기 ④ 페이징설비 ⑤ 메가폰
3. 종업원 상호 간(사업소 안 임의의 장소)	① 페이징설비 ② 휴대용 확성기 ③ 트랜시버 ④ 메가폰

※ 메가폰은 사업소 면적 1500m^2 이하인 경우에 사용

4 저장탱크 침하상태 측정, 탱크의 용량

압축가스 100m³, 액화가스 1톤 이상의 탱크

5 공기압축기의 윤활유

① 잔류탄소의 질량 1% 이하 : 인화점 200℃ 이상, 8시간 교반하여 분해되지 않을 것
② 잔류탄소의 질량 1% 초과 1.5% 이하 : 인화점 230℃, 12시간 교반하여 분해되지 않을 것

6 차량고정탱크의 차량정지목 설치의 탱크용량

① 고압가스 : 2000L 이상
② LPG : 5000L 이상

7 음향 검사 실시 후 불량 시 내부조명 검사를 하는 용기 종류

액화암모니아, 액화탄산가스, 액화염소

8 가스 제조 시 압축금지 대상가스

① 가연성 중 산소 4% 이상
② 산소 중 가연성 4% 이상
③ 아세틸렌·에틸렌 수소 중 산소 2% 이상
④ 산소 중 아세틸렌·에틸렌 수소 2% 이상

9 안전밸브 조정 주기

① 압축기 최종단 설치한 것 : 1년 1회 이상
② 그 밖의 안전밸브 : 2년 1회 이상

10 독성가스 설비의 청소 수리 시 치환방법

① 가스설비의 내부가스를 그 압력이 대기압 가까이 될 때까지 다른 저장탱크 등에 회수한 후 잔류가스를 대기압이 될 때까지 재해설비로 유도하여 재해시킨다.
② ①의 처리를 한 후에는 해당 가스와 반응하지 아니하는 불활성가스 또는 물 그 밖의 액체 등으로 서서히 치환한다. 이 경우 방출하는 가스는 재해설비에 유도하여 재해시킨다.
③ 치환결과를 가스검지기 등으로 측정하고 해당 독성가스 농도가 TLV−TWA 기준 농도 이하로 될 때까지 치환을 계속한다.

11 치환을 생략해도 되는 경우

① 가스설비의 내용적이 1m³ 이하인 것
② 출입구의 밸브가 확실히 폐지되어있고 내용적이 5m³ 이상의 가스설비에 이르는 사이에 2개 이상의 밸브를 설치한 것
③ 사람이 그 설비의 밖에서 작업하는것
④ 화기를 사용하지 아니하는 작업
⑤ 설비의 간단한 청소 또는 가스켓의 교환 그 밖에 이들에 준비하는 경미한 작업인 것

※ 가연성가스 치환 시 농도 : 폭발하한의 1/4 이하, 공기 중 산소의 농도 18% 이상 22% 이하

12 독성가스 배관의 접합

압력계, 액면계, 온도계 계기류 부착 시 용접 (호칭경 25mm 이하는 제외)

13 배관의 신축흡수

곡관(bent pipe) 사용, 압력 2MPa 이하인 경우로 곡관 사용, 불가능 시에는 벨로즈형, 신축이음 가능

01 고압가스 충전 시 사용되는 이동형 로딩암에 설치되어야 하는
기구는?
① 브라켓 ② 트롤리
③ 압축기 ④ 펌프

01 답 : ②

02 포스겐의 제독제로 적합한 것은?
① 가성소다수용액, 탄산소다수용액
② 가성소다수용액, 소석회
③ 가성소다수용액, 물
④ 탄산소다수용액, 물

02 답 : ②

03 물로서 중화가 불가능한 독성가스는?
① 암모니아 ② 염화메탄
③ 아황산 ④ 염소

03 물로서 중화가 가능한 가스
① , ② , ③ 및 산화에틸렌
답 : ④

04 안전관리자가 상주하는 사업소와 현장사업소 사이 현장사무
소 상호 간의 통신설비에 해당되지 않는 것은?
① 구내전화 ② 구내방송설비
③ 페이징설비 ④ 메가폰

04 ① ~ ③ 이외에 인터폰 등이
있다.
답 : ④

05 사업소 전체 면적이 몇 m² 이하이어야 메가폰의 통신설비 사
용이 가능한가?
① 1000 ② 1500
③ 2000 ④ 2500

05 답 : ②

06 1년 1회 이상 저장탱크의 침하상태를 측정하여야 하는 탱크
의 용량에 해당되지 않는 것은?
① 수소 300m³ 이상 ② 암모니아 3000kg 이상
③ 산소 100m³ ④ 염소 500kg 이상

06 탱크용량 압축가스 100m³ 이상,
액화가스 1000kg 이상은 탱
크의 침하상태 정도를 1년 1
회 이상 측정한다.
답 : ④

07 LPG 차량 고정탱크에 가스 이송 시 설치하는 차량정지목은 탱크용량이 몇 L 이상 시 설치하여야 하는가?

① 1000L ② 2000L
③ 3000L ④ 5000L

07   답 : ④

08 공기압축기의 윤활유의 잔류탄소 질량이 1% 이하인 경우 인화점과 교반하여 분해되지 않는 시간이 올바른 것은?

① 200℃ 이상, 8시간
② 210℃ 이상, 8시간
③ 230℃ 이상, 8시간
④ 230℃ 이상, 12시간

08   답 : ①

09 용기검사 중 음향검사를 실시 후 불량 시 내부조명검사를 하여야 하는 용기의 종류에 해당하지 않는 것은?

① 액화암모니아
② 액화염소
③ 액화탄산가스
④ 액화산화에틸렌

09   답 : ④

10 제조 중 압축이 가능한 항목은?

① C_3H_8 96%, O_2 4%
② C_2H_2 98%, O_2 2%
③ O_2 98%, H_2 2%
④ C_2H_2 99%, O_2 1%

10   답 : ④

11 (   )에 맞는 보기를 고르시오.

보기 압축기 최종단의 안전밸브는 (㉮)년 1회 이상, 그 밖의 안전밸브는 (㉯)년 1회 이상 작동상태를 점검 조정하여야 한다.

① 1, 1 ② 2, 1
③ 1, 2 ④ 2, 2

11 압축금지의 경우
  • 산소 중(가연성) 4% 이상 시
  • 가연성 중(산소) 4% 이상 시
  • 수소·아세틸렌·에틸렌 중 (산소) 2% 이상 시
  • 산소 중(수소·아세틸렌· 에틸렌) 2% 이상 시
    답 : ③

12 설비 내 청소 수리 시 내부가스를 치환하지 않아도 되는 경우가 아닌 항목은?

① 설비내용적이 1m³ 이하인 경우
② 출입구 밸브가 확실히 폐지되어 있고, 내용적 1m³ 이상의 설비에 2개 이상의 밸브를 설치한 것
③ 사람이 설비 밖에서 작업을 하는 경우
④ 화기를 사용하지 않는 작업인 경우

12 내용적 5m³ 이상 설비에 2개 이상의 밸브를 설치한 것

답 : ②

13 설비 내 가스를 치환 시 각 가스별 유지 농도가 틀린 것은?

① 수소 1% 이하
② Cl_2 TLV-TWA 기준 1ppm 이하
③ NH_3 TLV-TWA 기준 25ppm 이하
④ 산소 18% 이상 20% 이하

13 산소 18% 이상 22% 이하

답 : ④

14 아래 항목 중 규정상 맞지 않는 것은?

① 고압가스 중 독성가스 배관에 온도, 압력계를 부착 시 용접으로 시공하였다.
② 배관의 신축이음 시 곡관으로 이음하였다.
③ 배관의 신축이음 시 사용압력 2MPa 이하인 경우에 벨로우즈형으로 이음하였다.
④ 공기압축기 윤활유에서 잔류탄소의 질량이 1.5% 이상인 경우 인화점이 200℃ 이상이어야 한다.

14 ④ 230℃ 이상

답 : ④

04 LPG 충전시설

1 보호시설과의 안전거리

저장능력	제1종 보호시설	제2종 보호시설
10톤 이하	17m	12m
10톤 초과 20톤 이하	21m	14m
20톤 초과 30톤 이하	24m	16m
30톤 초과 40톤 이하	27m	18m
40톤 초과	30m	20m

[비고] 지하에 저장설비를 설치하는 경우에는 상기 보호시설과의 안전거리의 2분의 1로 할 수 있다.

2 충전시설 중 저장설비 외면에서 사업소 경계까지 거리

사업소의 부지는 한 면이 폭 8m 이상의 도로에 접하도록 한다. (판매·충전사업자의 영업소 용기저장소와 사업소의 부지는 한 면이 폭 4m 이상의 도로에 접하도록 한다)

저장능력	사업소 경계와의 거리
10톤 이하	24m
10톤 초과 20톤 이하	27m
20톤 초과 30톤 이하	30m
30톤 초과 40톤 이하	33m
40톤 초과 200톤 이하	36m
200톤 초과	39m

[비고] 같은 사업소에 두 개 이상의 저장설비가 있는 경우에는 그 설비별로 각각 안전거리를 유지한다.

※ 액화석유가스 충전시설 중 충전설비의 외면으로부터 사업소 경계까지 유지해야 할 거리는 24m 이상으로 한다.

3 냉각용 살수장치

① 조작위치 : 저장탱크, 가스설비실 탱크이입 장소로부터 5m 이상 떨어진 위치
② 살수능력(저장탱크 표면적 $1m^2$ 당)

탱크전표면	준내화구조
5L/min	2.5L/min

③ 구형저장탱크살수장치는 확산관식으로 한다.

4 저장탱크 지하설치

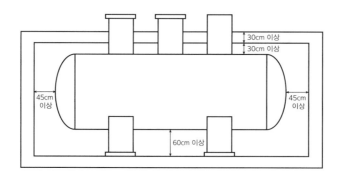

① 저장탱크실에 설치한다.
② 저장탱크실은 천장, 벽, 바닥의 두께가 30cm 이상 방수조치를 한 철근 콘크리트 구조로 한다.
③ 탱크실의 재료 : 레드믹서콘크리트
④ 저장탱크 2개 설치 시 상호 간 1m 이상 유지
⑤ 저장탱크의 지상에 경계표지할 것
⑥ 사각형 점검구 0.8m×1m, 원형 점검구 직경 0.8m 이상

5 소형저장탱크 설치

소형저장탱크의 충전질량 (kg)	탱크간 거리 (m)	가스충전구로부터 건축물개구부에 대한 거리 (m)
1000 미만	0.3 이상	0.5 이상
1000 이상 2000 미만	0.5 이상	3.0 이상
2000 이상	0.5 이상	3.5 이상

(1) 설치
① 동일장소 설치 시 6기 이하
② 충전질량 합계 5000kg 미만
③ 지면보다 5cm 이상 높게 일체형 콘크리트 기초 위에 설치

(2) 소형저장탱크 보호대
① 재질 : 철근콘크리트 또는 강관재
② 높이 : 80cm 이상
③ 두께 : 12cm 이상 철근콘크리트 100A 이상 강관제
④ 충전질량 1000kg 이상 탱크주변 ABC용 B-12 이상 분말소화기 2개 이상 비치
⑤ 말뚝형태 보호대 : 1.5m 이하 간격으로 두 개 이상 설치

(3) 폭발방지 설치

① 설치대상 : 주거 상업지역 10t 이상 탱크에 설치
② 재료 : 다공성 알미늄 박판을 알미늄합금 박판에 일정간격으로 슬릿을 내고 이것을 팽창 다공성 벌집형으로 한다.
③ 폭발방지장치 표시 : 저장탱크 외부 가스명 밑에 가스명 크기 1/2 이상 폭발방지장치 설치 표시

(4) 로딩암 설치

① 자동차고정 탱크에 가스 이입 시 로딩암을 외부에 설치
② 내부에 설치시는 환기구를 2방향 설치
③ 환기구 면적의 합계가 바닥면적의 6% 이상으로 함

6 자동차에 충전 시 고정충전설비의 보호대

(1) 재질 : 철근콘크리트 및 강관제

(2) 높이 : 80cm 이상

(3) 두께

① 철근콘크리트 구조 : 12cm 이상
② 배관용 탄소강관 : 100A 이상

충전소의 구조
- 충전기 상부 캐노피 설치 그 면적은 공지면적의 1/2 이하
- 배관이 캐노피 통과 시 1개 이상 점검구 설치
- 충전기 호스길이 5m 이내 끝에는 정전기 제거장치 설치
- 가스주입기는 원터치형으로 한다.

7 과압안전장치 작동압력

(1) 스프링식 안전밸브

액화가스 상용 해당 설비 내 내용적 98%까지 팽창하게 되는 온도에 대응하는 해당설비 안의 압력에서 작동하도록 한다.

(2) 프로판 설비 안전밸브 설정압력

1.8MPa 이하, 부탄용 가스설비에 부착되어 있는 안전밸브 설정압력은 1.08MPa 이하로 한다.

(3) 가스방출관 위치

① 저장탱크 : 지면에서 5m 이상 탱크정상부에서 2m 중 높은 위치
② 지하저장탱크 : 지면에서 5m 이상
③ 소형저장탱크 : 지면에서 2.5m 이상 탱크정상부에서 1m 중 높은 위치

8 용기보관실, 소형저장탱크 설치

① 저장능력 100kg 이상 시 용기보관실을 설치, 100kg 미만 시 직사광선 빗물을 받지 않도록 조치

② 저장능력 500kg 이상 시 소형저장탱크(저장능력 3t 미만)를 설치한다.

9 가스사고 발생 시 사고의 통보 내용에 포함되어야 하는 사항

① 통보자의 소속, 지위, 성명 및 연락처

② 사고발생일시

③ 사고발생장소

④ 사고내용(가스종류, 양, 확산거리 포함)

⑤ 시설현황(시설의 종류, 위치 등을 포함)

⑥ 인명재산의 피해현황

01 LPG 충전시설 중 저장능력에 따른 저장설비 외면에서 사업소 경계와의 거리가 틀린 것은?

① 10t, 24m
② 20t, 27m
③ 30t, 30m
④ 40t, 35m

01 ④ 33m

답 : ④

02 LPG 충전시설 중 충전설비 외면에서 사업소 경계까지 유지하여야 할 거리는?

① 17m
② 24m
③ 27m
④ 30m

02 답 : ②

03 아래 설명 중 틀린 것은?

① LPG 충전시설의 사업소 부지는 한 면이 폭 8m 이상의 도로에 접하도록 하여야 한다.
② LPG 판매 및 충전사업자의 영업소 용기저장소와 사업소의 부지는 한 면이 폭 4m 이상의 도로에 접하도록 하여야 한다.
③ LPG 충전시설의 탱크외면에 설치되는 냉각용 살수장치의 조작위치는 탱크이입장소로부터 10m 이상 떨어진 장소이어야 한다.
④ LPG 충전시설의 구형저장탱크의 살수장치는 확산판식으로 하여야 한다.

03 ③ 5m 이상

답 : ③

04 LPG 충전시설의 저장탱크에 대한 설명으로 틀린 것은?

① 저장탱크실의 재료는 철근콘크리트의 레드믹서 콘크리트이어야 한다.
② 지하에 설치한 저장탱크의 지상에 경계표지를 하여야 한다.
③ 지하저장탱크의 사각형 점검구의 규격은 (가로×세로) 0.8m×1m 이어야 한다.
④ 지하저장탱크의 원형점검구의 규격은 직경 0.5m 이상이어야 한다.

04 원형점검구 : 직경 0.8m 이상

답 : ④

05 LPG 소형저장탱크에 대한 설명으로 옳은 것은?

① 동일장소에 설치 시 5기 이하 충전질량 합계는 5000kg 미만이어야 한다.

② 설치 시 지면보다 5cm 이상 높게 설치한다.

③ 소형저장탱크란 탱크크기가 저장능력 3t 미만의 탱크이다.

④ 소형저장탱크를 설치하여야 하는 저장량은 500kg 이상이다.

05 ① 동일장소 설치 시 6기 이하

답 : ①

06 LPG 소형저장탱크의 보호대 및 탱크설치에 관련된 항목 중 틀린 것은?

① 소형저장탱크의 보호대를 철근콘크리트로 설치 시 두께가 12cm 이상이어야 한다.

② 소형저장탱크의 보호대를 강관재로 설치 시, 직경이 100A 이상이어야 한다.

③ 충전질량 100kg 이상의 소형저장탱크를 설치 시, ABC용 B-12 이상의 분말소화재를 1개 이상 비치하여야 한다.

④ 소형저장탱크 안전밸브의 가스방출관의 설치위치는 지면에서 2.5m 이상 탱크 정상부에서 1m 이상 중 높은 위치에 설치하여야 한다.

06 ③ 2개 이상 비치

답 : ③

07 LPG 충전시설의 폭발방지장치 설치규정 중 옳지 않은 것은?

① 설치대상은 주거 상업지역 10t 이상 탱크를 지하에 설치하는 경우에 해당된다.

② 폭발방지장치 재료는 다공성 벌집형이다.

③ 표시는 저장탱크 외부가스명, 하부가스명 크기 1/2 이상으로 폭발방지장치를 설치하였음을 표시하여야 한다.

④ 차량고정 LPG탱크에도 폭발방지장치를 설치하여야 한다.

07 ① 주거상업지역 10t 이상 탱크에 폭발방지장치 설치(지하설치탱크는 제외)

답 : ①

08 LP가스 이송 시 설치되는 로딩암의 항목 중 틀린 것은?

① 로딩암은 가능한 외부에 설치하여야 한다.

② 내부에 설치 시 환기구를 2방향으로 설치하여야 한다.

③ LP가스 이송 시 정전기 제거 접지 접속선을 설치하여야 한다.

④ 로딩암을 내부에 설치 시 환기구 면적의 합계가 바닥면적의 3% 이상이어야 한다.

08 ④ 바닥면적의 6% 이상

답 : ④

09 LP가스 자동차 충전의 고정충전 설비 보호대에 관한 내용 중 틀린 것은?

① 보호대의 높이는 50cm 이상
② 재질은 철근콘크리트 및 배관용 탄소강관이다.
③ 철근콘크리트 두께는 12cm 이상이다.
④ 배관용 탄소강관의 관경은 100A 이상이다.

09 보호대의 높이는 45cm 이상
답 : ①

10 LP가스 충전소의 구조에서 올바른 것은?

① 충전기 상부에는 닫집모양의 차양을 설치한다.
② 충전호스 길이는 3m 이내이다.
③ 가스주입구는 투터치형으로 한다.
④ 충전기 상부에는 캐노피를 설치, 그 면적은 공지면적의 1/2 이하이어야 한다.

10 ① 캐노피 설치
② 5m 이내
③ 원터치형
답 : ④

11 지상 LP가스 저장탱크의 정상부가 지면에서 4m일 때 이 탱크에 설치되는 가스방출관의 설치위치는 지면에서 몇 m 이상인가?

① 2m   ② 3m
③ 5m   ④ 6m

11 가스방출관의 설치위치는 지면에서 5m, 탱크 정상부에서 2m 중 높은 위치이므로 탱크 정상부 4m+2m = 6m
답 : ④

12 LP가스 용기 및 소형저장탱크의 설치에 관한 내용 중 틀린 것은?

① 저장능력 100kg 이상 설치 시는 용기보관실에 용기를 설치하여야 한다.
② 저장능력 100kg 미만 시 용기가 직사광선, 빗물을 받지 않도록 하여야 한다.
③ 저장능력 500kg 이상 시는 50kg 용기 10개를 설치하여야 한다.
④ 소형저장탱크 크기는 3t 미만을 말한다.

12 ③ 저장능력 500kg 이상 시는 소형저장탱크를 설치하여야 한다.
답 : ③

13 가스사고 발생 시 통보하여야 할 내용이 아닌 것은?

① 통보자의 소속, 지위, 성명, 연락처
② 사고발생일시
③ 사고발생장소
④ 사고원인

13
답 : ④

01 내진설계

1 적용대상가스 시설물(저장탱크, 가스홀더 등)

(1) 고압가스

① 독성, 가연성 : 저장능력 5t, 500m³ 이상

(2) 액화석유가스

3t 이상

(3) 도시가스

① 제조시설 : 3t, 300m³ 이상

② 충전시설 : 5t, 500m³ 이상

2 도시가스 배관의 내진등급

① 내진 특등급 : 가스도매사업자의 배관

② 내진 1등급 : 0.5MPa 이상, 일반도시가스 사업자의 배관

③ 내진 2등급 : 0.5MPa 미만, 일반도시가스 사업자의 배관

02 도시가스 공급시설 배관의 Tp(내압시험압력), Ap(기밀시험압력)

1 Tp(내압시험압력)

① 수압 : Tp = 최고 사용압력×1.5배

② 공기·질소 : Tp = 최고 사용압력×1.25배

③ 일시에 승압하지 않고 상용압력 50%까지 승압 후 상용압력 10%씩 단계적으로 승압

2 Ap(기밀시험압력)

① 압력 : 최고 사용압력×1.1배 또는 8.4Kpa 중 높은 압력

② 시험가스 : 공기, 불활성가스

③ 판정 : 가스농도 0.2% 이하에서 작동하는 검지기를 사용, 검지기가 작동되지 않아야 한다.

03 도시가스 배관 손상방지

1 굴착공사 시 주의사항

① 배관의 확인 : 지하매설탐지장치(파이프로케이어) 등으로 확인
② 인력굴착지점 : 가스배관 주위 1m 이내 인력굴착 실시
③ 배관 수평거리 2m 이내 파일박기를 할 때 배관의 위치에 알맞는 표지관을 설치
④ 줄파기 작업 시 줄파기 심도 1.5m 이상

2 도시가스 배관의 전산화 항목

① 배관 정압기의 설치도면
② 시방서
③ 시공자, 시공년월일

04 고정식 압축도시가스 충전

1 자동차 충전기 충전호스길이

8m 이하

2 긴급분리장치의 분리되는 힘

660.4N

3 가스누출경보장치 설치장소

① 압축설비 주변 1개 이상 ② 충전설비 내부 1개 이상
③ 펌프 주변 1개 이상 ④ 배관접속부 10m 마다 1개 이상
⑤ 압축가스 설비 주변 2개 이상

05 도시가스 제조공정

1 열분해공정

원유, 중유, 나프타 등 분자량이 큰 탄화수소를 800~900℃로 분해하여 10000kcal/Nm³의 고열량으로 제조하는 공정

2 부분연소공정

메탄에서 원유까지 탄화수소를 가스화 제조 사용, 산소공기·무증기 등을 이용하여 CH_4, H_2, CO, CO_2로 변환하는 방법

3 수소화분해공정

탄소 수소비가 큰 탄화수소 및 나프타 등 탄소 수소비가 낮은 탄화수소를 메탄으로 변화시키는 방법

4 접촉분해공정

사용온도 400~800℃에서 탄화수소와 수증기를 반응, 수소, CO, CO₂, CH₄ 등의 저급 탄화수소를 변화시키는 방법

5 사이클링식 접촉분해공정

연속속도의 빠름과 열량 $3000kcal/Nm^3$ 전후의 가스를 제조하기 위해 이용되는 저열량의 가스를 제조하는 장치

06 도시가스 노출배관에 대한 시설 설치기준

1 노출배관 15m 이상 시 점검통로 조명시설 설치기준
① 점검통로 폭 : 80cm 이상
② 점검통로 조명도 : 70Lux 이상

2 노출배관 길이 20m 이상 시 가스누출 경보장치 설치
① 설치간격 20m 마다
② 작업장에는 경광등을 설치
※ 배관길이 100m 이상의 굴착공사 시에는 협의서를 작성하여야 한다.

07 도시가스 배관의 설치기준

① 본관 공급관은 건축물 기초 밑에 설치하지 말 것
② 공동주택 부지 내 배관매설 시 0.6m 이상의 깊이를 유지
③ 폭 8m 이상 도로는 1.2m 이상 깊이를 유지
④ 폭 8m 미만 4m 이상은 1m 이상 깊이를 유지
⑤ 중압 이하 배관, 고압배관은 매설 시 간격 2m 이상 유지
⑥ 도로가 평탄한 경우 배관의 기울기 1/500~1/1000을 유지

08 교량에 배관설치 시 호칭경에 따른 지지간격

호칭경(A)	지지간격(m)
100	8
150	10
200	12
300	16
400	19
500	22
600	25

09 도시가스의 압력

고압	1MPa 이상
중압	0.1MPa 이상 1MPa 미만 (액화가스가 기화되고 다른 물질과 혼합되지 않은 경우 0.01MPa 이상 0.2MPa 미만)
저압	0.1MPa 미만 (단, 액화가스가 기화되고 다른 물질과 혼합되지 않은 경우 0.01MPa 미만)

10 액화천연가스 사업소 경계와의 거리

$$L = C\sqrt[3]{143000W}$$

L : 사업소 경계까지 유지거리(m)
C : 상수 (저압지하식 저장탱크는 0.240, 그 밖의 저장처리설비는 0.576)
W : 저장탱크는 저장능력(톤)의 제곱근

액화천연가스의 저장처리설비(1일 처리능력 52500m³ 이하인 펌프압축기 기화장치 제외)는 그 외면으로부터 사업소경계까지의 계산식에 해당되며 50m 이상일 때는 그 거리를, 50m 이하일 경우는 50m를 유지한다.

11 도시가스 공급시설 배관의 가스공급차단장치

① 고압·중압배관에서 분기되는 배관 : 분기점 부근 및 위급 시 신속히 차단 가능한 차단
장치 설치
② 도로와 평행하여 매설되어 있는 배관으로부터 가스사용자가 소유하거나 점유한 토지에
이르는 배관은 호칭지름 65mm(가스용 폴리에틸렌관은 공칭외경 75mm) 초과하는 배
관에 가스차단장치 설치

12 도시가스 공급시설 배관의 긴급차단장치

① 가스공급을 차단할 수 있는 구역 : 수요가구 20만 이하(구역 설정 후 수요가구 증가 시는
25만 미만으로 할 수 있다)
② 긴급차단장치의 비상훈련합동사항 점검주기 : 6월 1회 이상

01 가스시설의 내진설계 시공에 관한 설명 중 틀린 것은?

① 독성·가연성 저장능력 5t, 500m³ 이상일 때 내진설계로 시공하여야 한다.

② 3t 이상 LPG 탱크에 내진설계로 시공하여야 한다.

③ 도시가스 제조시설에 설치되어 있는 3t, 300m³ 이상의 저장탱크 가스홀더 설치 시 내진설계로 시공하여야 한다.

④ 도시가스 충전시설의 저장탱크 가스홀더 설치 시 3t, 300m³ 이상 시 내진설계로 시공하여야 한다.

01 ④ 도시가스 충전시설의 경우 5t, 500m³ 이상 시 내진설계로 시공하여야 한다.

답 : ④

02 도시가스 배관의 내진등급 중 특등급에 해당하는 배관은?

① 0.5MPa 이상 일반도시가스사업자 배관

② 0.5MPa 미만 일반도시가스사업자 배관

③ 0.5MPa 이상 도시가스 충전사업자 배관

④ 가스도매사업자의 모든 배관

02 **답 : ④**

03 도시가스 공급시설에서 배관의 Tp(내압시험압력)값으로 올바른 것은?

① 최고 사용압력

② 최고 사용압력의 1.1배 이상

③ 최고 사용압력의 1.2배 이상

④ 최고 사용압력의 1.5배 이상

03 **답 : ④**

04 도시가스 배관의 내압시험 시 상용압력의 50%까지 승압 후 상용압력의 몇 %씩 단계적으로 승압하여야 하는가?

① 10%

② 20%

③ 30%

④ 50%

04 **답 : ①**

05 도시가스 배관의 기밀시험압력은 최고 사용압력의 1.1배 또는
( )KPa 중 높은 압력으로 정하여야 한다. ( )에 적합한
숫자는?

① 6.5　　　　　　　　② 8.4

③ 9.5　　　　　　　　④ 10

05　　　　　　　　　　　답 : ②

06 도시가스 배관의 기밀시험 시 가스의 농도 몇 % 이하에서 작
동하는 검지기를 사용하여야 하는가?

① 0.1%　　　　　　　② 0.2%

③ 0.3%　　　　　　　④ 0.5%

06　　　　　　　　　　　답 : ②

07 도시가스 배관의 손상방지 기준으로 옳지 않은 것은?

① 배관굴착 시 지하매설탐지장비인 파이프로케이어 등으
로 확인하여야 한다.

② 배관주위 굴착 시 1m 이내에는 인력으로 굴착하여야 한다.

③ 배관 수평거리 2m 이내 파일박기를 할 때 표지판을 설치
하여야 한다.

④ 줄파기 작업 시 줄파기 심도가 2m 이상 되어야 한다.

07　④ 줄파기 심도는 1.5m 이상
답 : ④

08 도시가스 배관의 전산화 항목에 포함되지 않는 것은?

① 시방서

② 시공자

③ 시공년월일

④ 저장탱크 가스홀더의 설치도면

08　④ 배관 정압기의 설치도면
답 : ④

09 고정식 압축도시가스 충전호스의 길이는?

① 4m 이하　　　　　　② 5m 이하

③ 7m 이하　　　　　　④ 8m 이하

09　　　　　　　　　　　답 : ④

10 도시가스 충전시설의 가스누출경보장치의 설치장소가 아닌
것은?

① 압축설비 주변 1개 이상

② 충전설비 내부 1개 이상

③ 압축가스설비 주변 2개 이상

④ 배관접속부 20m 마다 1개 이상

10　④ 10m 마다 1개 이상
답 : ④

11 분자량이 큰 탄화수소를 800~900℃로 분해, 10000kcal/Nm³의 열량으로 제조하는 도시가스의 프로세스에 해당되는 것은?

① 열분해 공정
② 부분연소 공정
③ 수소화분해 공정
④ 접촉분해 공정

11

답 : ①

12 도시가스 공사 중 노출된 배관의 안전기준 항목으로 틀린 것은?

① 노출배관 15m 이상 시 점검통로에는 조명시설을 설치하여야 한다.
② 점검통로 조명도는 70Lux 이상이어야 한다.
③ 노출배관 30m 마다 가스누출경보장치를 설치한다.
④ 노출배관의 작업장에는 경광등을 설치하여야 한다.

12 ③ 20m 마다 누출경보장치 설치

답 : ③

13 도시가스 배관 굴착공사 시 협의서를 작성할 때 몇 m 이상 굴착공사 시 작성하여야 하는가?

① 50m
② 100m
③ 150m
④ 200m

13

답 : ②

14 도시배관의 설치기준의 항목에 맞지 않는 것은?

① 공동주택 부지 내 배관을 매설 시 1m 이상의 길이를 유지하여야 한다.
② 폭 8m 이상의 도로에는 1.2m 이상의 길이를 유지할 것
③ 중압 이하 배관과 고압배관을 매설 시 2m 이상의 간격을 유지할 것
④ 도로가 평탄할 경우 배관의 기울기는 $\frac{1}{500} \sim \frac{1}{1000}$을 유지하여야 한다.

14 ① 0.6m 이상 유지

답 : ①

15 호칭경 100A 이상 배관을 교량에 설치 시 지지간격은 몇 m 인가?

① 5m
② 8m
③ 10m
④ 15m

15

답 : ②

16 도시가스의 압력에서 중압은 얼마인가?(단, 액화가스가 기화
   되고 다른 물질과 혼합되지 않은 경우를 제외한다.)
   ① 1MPa 이상
   ② 0.1MPa 이상 1MPa 미만
   ③ 0.01MPa 이상 0.2MPa 미만
   ④ 0.1MPa 미만

16   답 : ②

17 도로와 평행하여 매설되어 있는 배관으로부터 가스사용자가
   소유·점유한 토지에 가스차단장치를 설치하여야 하는 가스용
   폴리에틸렌관의 공칭외경은?
   ① 65mm 초과
   ② 75mm 초과
   ③ 90mm 초과
   ④ 100mm 초과

17 공칭외경은 75mm, 호칭지름
   으로는 65mm, 위급시 가스
   차단장치 설치
                                               답 : ②

18 도시가스 공급을 차단할 수 있는 긴급차단장치는 수요가구가
   몇 가구 이하 기준으로 설치하여야 하는가?
   ① 10만 가구   ② 20만 가구
   ③ 30만 가구   ④ 40만 가구

18 긴급차단장치에 가스공급을
   차단할 수 있는 구역의 설정
   은 수요가구 20만 가구 이하
   (설정 후 수요가구가 20만 가
   구 초과 시는 25만 미만으로
   할 수 있다)
                                               답 : ②

01 고압가스 저장시설

1 독성가스 표지

(1) 식별표지

독성(○○)가스 저장소

① 문자크기(가로×세로) : 10cm×10cm
② 식별거리 : 30m 이상
③ 바탕색 : 백색
④ 글자색 : 흑색
⑤ 가스명칭은 적색으로 표시

(2) 위험표지

독성가스 누설(주의)

① 문자크기(가로×세로) : 5cm×5cm
② 식별거리 : 10m 이상
③ 바탕색 : 백색
④ 글자색 : 흑색
⑤ '(주의)' 글자는 적색으로 표시

2 저장 시 가연성가스 유동방지시설 기준

(1) 유동방지시설 기준
① 높이 : 2m 이상 내화성의 벽
② 가스설비 및 화기와 우회 수평거리 8m 이상
③ 가연성·독성 충전용기 보관설비와 화기와 직선거리 2m 이상

(2) 화기와 우회거리
① 가연성, 산소 : 8m 이상
② 그 밖의 가스 : 2m 이상

3 용기의 보관
① 충전용기, 잔가스용기 및 가연성, 산소, 독성가스 용기는 구분하여 보관
② 용기보관장소 2m 이내 화기·인화·발화성 물질은 두지 아니할 것

③ 충전용기는 40℃ 이하를 유지, 직사광선을 받지 않도록 할 것
④ 가연성 용기보관장소는 방폭형 휴대용 손전등 이외 등화를 휴대하지 않을 것
⑤ 5L 초과 용기는 넘어짐 및 밸브 손상방지 조치를 할 것
⑥ 독성가스 및 공기보다 무거운 가연성 용기 보관 시 가스누출검지 경보장치를 설치

02 LPG 저장시설

1 LPG 저장소(충전용기 집적에 의한 저장)

(1) 실외저장소 주위 : 경계책 설치

(2) 경계책과 용기보관장소 : 20m 이상 거리 유지

(3) 충전용기, 잔가스용기 보관장소 : 1.5m 이상 유지

(4) 용기단위 집적량 : 30톤 초과 금지

2 다중이용시설

종합병원, 청소년 수련시설, 경마장, 관광호텔, 여객자동차터미널, 공항여객청사, 백화점, 쇼핑센터

3 부취제(냄새나는 물질의 LPG, 도시가스 첨가)

(1) 부취제의 종류 : TBM(양파썩는냄새), THT(석탄가스냄새), DMS(마늘냄새)

(2) 냄새의 강도 : TBM 〉 THT 〉 DMS

(3) 토양의 투과성 : DMS 〉 TBM 〉 THT

(4) 주입농도 : $\frac{1}{1000}$ 정도

(5) 부취제의 구비조건
① 경제적일 것 ② 화학적으로 안정할 것
③ 완전 연소할 것 ④ 물에 녹지않을 것
⑤ 독성이 없을 것 ⑥ 보통존재 냄새와 구별될 것

(6) 냄새농도 측정법
① 오더미터법 ② 주사기법
③ 냄새주머니법 ④ 무취실법

(7) 부취제를 엎질렀을 때 냄새의 감소법
① 연소법 ② 화학적 산화처리
③ 활성탄에 의한 흡착법

01 독성가스 저장소에서 설치하는 식별표지판의 식별거리와 위험표지판의 식별거리는 각각 몇 m 이상 인가?

① 30m, 20m
② 30m, 10m
③ 30m, 30m
④ 20m, 10m

01 식별 : 30m 이상
위험 : 10m 이상

답 : ②

02 독성가스 위험, 식별 표지판에서 적색문자로 표시되는 문구는?

① 위험 : 주의 글자, 식별 : 가스명칭
② 위험 : 가스명칭, 식별 : 가스명칭
③ 위험 : 회사명, 식별 : 연락처
④ 위험 : 독성 글자, 식별 : 주의 글자

02

답 : ①

03 LPG, 산소가스 설비와 화기의 우회거리는 몇 m 이상이어야 하는가?

① 2m
② 5m
③ 8m
④ 10m

03

답 : ③

04 용기 보관의 주의사항에 관한 내용 중 올바르지 않은 것은?

① 용기보관장소 2m 이내 인화·발화성 물질을 두지 아니할 것
② 충전용기는 40℃ 이하를 유지할 것
③ 가연성의 용기보관장소에는 방폭형 휴대용 손전등 이외의 등화는 휴대하지 않을 것
④ 20L 초과 용기는 넘어짐 및 밸브손상을 방지하는 조치를 할 것

04 5L 초과 용기에 손상방지 조치를 할 것

답 : ④

05 LPG 저장소의 충전용기 집적에 의한 저장의 내용 중 틀린 것은?

① 경계책과 용기 보관장소는 15m 이상 거리를 유지할 것
② 충전용기, 잔가스용기 보관장소는 1.5m 이상을 유지할 것
③ 용기단위 집적량은 30t을 초과하는 것을 금지할 것
④ 실외저장소 주위에는 경계책을 설치할 것

05 ① 경계책 용기보관장소 20m 이상 유지

답 : ①

06 다중이용시설에 포함되지 않는 항목은?

06   답 : ④

① 종합병원   ② 관광호텔

③ 백화점   ④ 공연장

07 부취제를 엎질렀을 때 냄새감소법의 종류가 아닌 것은?

07   답 : ②

① 연소법   ② 중화법

③ 화학적 산화처리   ④ 활성탄에 의한 흡착법

08 부취제 종류가 아닌 것은?

08   답 : ①

① TAA   ② THT

③ TBM   ④ DMS

09 부취제의 구비조건과 거리가 먼 것은?

09   답 : ③

① 화학적으로 안정될 것

② 보통존재 냄새와 구별될 것

③ 물에 잘 흡수될 것

④ 완전 연소할 것

01 액화석유가스 사용시설

1 LPG 사용시설 화기와 우회거리

저장능력	화기와 우회거리(m)
1톤 미만	2m
1톤 이상 3톤 미만	5m
3톤 이상	8m

2 특정 고압가스 사용 시 사용신고를 해야 하는 경우

① 액화가스 250kg 이상 사용 시
② 압축가스 50m³ 이상 사용 시
③ 배관으로 특정 고압가스(천연가스 제외) 사용 시
④ 자동차 연료로 사용 시
⑤ 압축모노실란, 압축디보레인 등 특정 고압가스를 사용 시

02 도시가스 공동주택 압력조정기 설치기준

① 중압 이상 : 150세대 미만 시 설치
② 저압 : 250세대 미만인 경우 설치

03 가스사용시설에서 PE관을 노출배관으로 사용할 수 있는 경우

지상배관 연결을 위하여 금속관을 사용하여 보호조치를 한 경우로서 지면에서 30cm 이하로 노출하여 시공하는 경우

04 가스공급시설의 임시사용 확인사항

① 도시가스의 공급이 가능한지 여부
② 가스공급시설 사용 시 안전에 저해되는 부분이 있는지 여부
③ 도시가스 수급상태 고려 시 해당지역에 도시가스 공급이 필요한지 여부

05　도시가스 사용시설 사용량

$$월\ 예정\ 사용량(Q) = \frac{\{(A \times 240) + (B \times 90)\}}{11000}$$

Q : 월 예정 사용량(m³)
A : 산업용으로 사용하는 연소기 명판에 기재된 가스소비량 합계(kcal/hr)
B : 산업용이 아닌 연소기 명판에 기재된 가스소비량 합계(kcal/hr)

06　가스용 PE관의 접합

1 금속관과의 접합 시

금속관과의 접합 시에는 이형질 이음관(T/F)을 사용

2 PE관의 접합방법

열융착	전기융착
① 맞대기융착 　• 공칭외경 90mm 이상 직관연결 시 사용 　• 이음부연결 오차는 배관 두께의 10% 이하 ② 소켓융착 ③ 새들융착	① 소켓융착 ② 새들융착

3 PE관의 굴곡허용반경

PE관의 굴곡허용반경은 외경의 20배 이상
(단, 굴곡반경이 20배 미만 시 엘보를 사용한다.)

07　도시가스 연소성을 판단하는 지수

$$WI = \frac{H}{\sqrt{d}}$$

WI : 웨버지수
H : 도시가스 총 발열량(kcal/m³)
$\sqrt{d}$: 도시가스의 공기에 대한 비중

08 도시가스 지하의 정압기실

① 흡입구, 배기구의 관경 : 100mm 이상
② 환기구의 방향 : 2방향 분산설치
③ 배기구 위치 : 공기보다 가벼운 경우 천장에서 30cm, 공기보다 무거운 경우 지면에서 30cm
④ 배기가스 방출구 : 공기보다 가벼운 경우 지면에서 3m 이상, 공기보다 무거운 경우 지면에서 5m 이상(전기시설물의 접촉 우려 시 3m 이상)

09 도시가스 배관의 종류

① 본관
② 공급관
③ 사용자공급관
④ 내관

10 도시가스 배관의 전산화 항목

① 배관 정압기의 설치도면
② 호칭경 재질 등에 관한 시방서
③ 시공자, 시공년월일

11 가스 보일러

(1) 가스 보일러 설치 : 가스 보일러는 전용 보일러실에 설치한다.

(2) 전용 보일러실에 설치하지 않아도 되는 종류
　① 밀폐식 보일러
　② 옥외 설치 시
　③ 전용 급기통을 부착시키는 구조로 검사에 합격한 강제식 보일러
　※ 전용 보일러실에는 환기팬을 설치하지 않는다.

(3) 반밀폐형 자연배기식 보일러
　① 배기통 굴곡수는 4개 이하
　② 배기통 입상높이는 10m 이하, 10m 초과 시는 보온조치
　③ 배기통 가로길이는 5m 이하

12 도시가스 배관

1 비파괴검사 대상 배관

① PE관을 제외한 지하매설배관
② 최고 사용압력이 중압 이상의 노출 배관
③ 최고 사용압력이 저압인 호칭지름 50A 이상의 노출배관

2 비파괴검사 생략 배관

① PE 배관
② 저압으로 노출된 사용자공급관
③ 호칭지름 80mm 미만인 저압배관

3 비파괴검사 방법

50A 초과 배관은 맞대기용접을 하고, 용접부는 RT(방사선)를 한다. 그 이외의 용접부는 RT(방사선), UT(초음파), MT(자분탐상), PT(침투탐상) 검사 중 하나를 실시한다.

13 PE관 SDR

SDR($\frac{D}{t}$)	압력
11 이하(1호관)	0.4 MPa 이하
17 이하(1호관)	0.25 MPa 이하
21 이하(1호관)	0.2 MPa 이하

D : 외경, t : 관의 두께

01 액화석유가스 저장능력에 따른 화기와의 우회거리가 맞는 것은?

① 1톤 미만 : 3m ② 1톤 이상 3톤 미만 : 8m

③ 3톤 이상 : 8m ④ 3톤 이상 : 10m

01 1톤 미만 : 2m
1~3톤 : 5m
3톤 이상 : 8m

답 : ③

02 특정 고압가스의 사용신고를 하지 않아도 되는 경우는?

① 액화가스 250kg 이상 사용 시

② 자동차 연료로 사용 시

③ 압축가스 30m³ 이상 사용 시

④ 압축모노실란, 압축디보레인 등 특정 고압가스를 사용 시

02 압축가스 50m³ 이상 사용 시
신고대상

답 : ③

03 도시가스 공동주택에 중압 이상인 압력조정기를 설치 시 그 세대가 몇 세대이어야 하는가?

① 100세대 미만 ② 150세대 미만

③ 200세대 미만 ④ 250세대 미만

03 저압인 경우 250세대 미만

답 : ②

04 도시가스 사용시설에서 PE관을 노출배관으로 사용할 수 있는 경우가 아닌 것은?

① 지상배관과 연결을 위하여

② 금속관을 사용, 보호조치를 한 경우

③ 지면에서 30cm 이하로 노출하여 시공하는 경우

④ 배관의 고정장치인 브라켓트로 고정을 확실하게 한 경우

04 답 : ④

05 도시가스의 월 사용 예정량에 대한 식 중, A가 의미하는 것은 무엇인가?

05 답 : ②

> **보기**
> $$Q = \frac{\{(A \times 240)+(B \times 90)\}}{11000}$$

① 월 사용량(m³)

② 산업용으로 사용하는 연소기 명판에 기재된 가스소비량 의 합계(kcal/hr)

③ 산업용이 아닌 명판에 기재된 가스소비량의 합계(kcal/hr)

④ 도시가스의 발열량(kcal/Nm³)

06 가스용 PE관을 금속관과 접합 시 사용되는 것은?

① 플렌지   ② 소켓

③ T/F관   ④ 레듀샤

06 T/F(이형질이음관)

답 : ③

07 다음 중 PE관의 열융착 접합 방법이 아닌 것은?

① 맞대기 융착   ② 소켓 융착

③ 새들 융착   ④ 전기 융착

07 열융착(맞대기, 소켓, 새들)
전기융착(소켓, 새들)

답 : ④

08 공칭외경 90mm 이상 직관연결 시 사용되는 PE관의 융착방법은?

① 맞대기 융착   ② 소켓 융착

③ 새들 융착   ④ 전기 융착

08

답 : ①

09 PE관 연결 시 굴곡허용반경은 외경의 몇 배 이상인가?

① 10배   ② 20배

③ 30배   ④ 40배

09

답 : ②

10 도시가스 연소성을 판단하는 지수로서 $WI = \dfrac{H}{\sqrt{d}}$ 이다. 여기서 H는 무엇인가?

① 도시가스 총발열량(kcal/Nm³)

② 도시가스 비중

③ 도시가스의 종류

④ 도시가스의 정수

10

답 : ①

11 공기보다 가벼운 지하 정압기실에 대한 내용 중 틀린 것은?

① 흡입구, 배기구의 관경은 100mm 이상이어야 한다.

② 배기구의 위치는 천장에서 30cm 이상인 장소이어야 한다.

③ 배기가스 방출구는 지면에서 3m 이상이어야 한다.

④ 안전밸브와 연결된 가스방출관은 지면에서 3m 이상이어야 한다.

11 가스방출관은 지면에서 5m 이상
(단, 전기시설물의 접촉 우려 시 3m 이상)

답 : ④

12 도시가스 배관의 종류가 아닌 것은?

① 본관

② 공급관

③ 공급자 공급관

④ 사용자 공급관

12 ①, ②, ④ 이외에 내관이 있음

답 : ③

13 가스 보일러 설치 시 전용 보일러실에 설치하지 않아도 되는 보일러에 해당하지 않는 것은?

① 밀폐식 보일러

② 반밀폐식 보일러

③ 보일러를 옥외에 설치 시

④ 전용급기통을 부착시키는 구조로 검사에 합격한 강제식 보일러

13

답 : ②

14 전용 보일러실에 설치하면 안 되는 것은?

① 가스누출검지장치   ② 가스계량기

③ 환기 팬   ④ 배관용 밸브

14

답 : ③

15 반밀폐형 자연배기식 보일러의 배기통 입상높이는?

① 5m   ② 8m

③ 10m   ④ 15m

15

답 : ③

16 도시가스 배관 중 비파괴 검사를 하지 않아도 되는 배관은?

① PE관이 아닌 지하매설 배관

② 최고 사용압력 중압 이상 노출배관

③ 최고 사용압력 저압 50A 이상 노출배관

④ 저압으로 노출된 사용자공급관

16 비파괴검사를 하지 않아도 되는 경우
• 저압으로 노출된 사용자 공급관
• PE관
• 80A 미만 저압배관

답 : ④

17 가스용 PE관의 SDR값이 올바른 것은?

① 0.4MPa 이하(SDR 11 이하)

② 0.3MPa 이하(SDR 17 이하)

③ 0.25MPa 이하(SDR 11 이하)

④ 0.2MPa 이하(SDR 17 이하)

17 0.4(11 이하)
0.25(17 이하)
0.2(21 이하)

답 : ①

④ 고압가스 특정설비, 가스용품, 냉동기, 히트펌프, 용기 등의 제조 및 검사

특정설비, 가스용품, 냉동기, 히트펌프, 용기

01 LNG 저장탱크의 종류

① 지상식 : 지표면 위 설치 탱크
② 지중식 : 지표면 동등 2개 이하 설치 탱크
③ 지하식 : 지하설치 콘크리트 지분을 흙으로 덮은 탱크
④ 1차 탱크 : 정상운전 시 액화천연가스를 저장하는 탱크로서 단일방호, 이중방호, 완전방호, 맴브레인식의 안쪽 탱크를 말함
⑤ 2차 탱크 : 액화천연가스를 담을 수 있는 이중방호, 완전방호, 맴브레인식 저장 탱크의 바깥쪽을 말함

02 탱크의 설계

① 정상에서 안전하게 작동해야 함
② 피로파손에 대하여 안정성 확보해야 함
③ 국부손상에도 유연성이 있어야 함
④ 응력집중이 되지 않도록 설계해야 함
⑤ 상태감시 유지보수가 용이해야 함
⑥ 2차 탱크 콘크리트 구조물은 탱크 수명을 보증해야 함
⑦ 맴브레인 설계 시 정적하중·반복하중을 고려, 충분한 피로강도를 가진 것으로 함

03 용기

1 용기의 안전점검 및 유지관리 항목

① 용기의 내외면을 점검(부식, 금, 주름 여부 확인)
② 도색 및 표시 확인
③ 용기 스티커 확인
④ 열 영향을 받았는지 여부 확인
⑤ 캡 및 프로텍터 부착 여부 확인
⑥ 재검사 도래 여부 확인
⑦ 아랫부분 부식 상태 확인
⑧ 충전구 나사, 안전 밸브, 그랜드너트, 밸브 핸들 적정여부 확인

2 용기각인사항(단위)

① V : 용기내용적(L)

② W : 초저온 용기 이외에 밸브부속품을 포함하지 아니한 용기 질량(w)

③ Tw : 아세틸렌 용기에 용기질량, 다공물질, 용제 및 밸브의 질량을 합한 질량(kg)

④ Tp : 내압시험압력(MPa)

⑤ Fp : 최고충전압력(MPa)

⑥ t : 500L 초과 용기의 동판의 두께(mm)

※ 단위는 각인하지 않는다.

3 용기의 C, P, S의 함유량

종류 　　　　성분	C	P	S
용접용기	0.33% 이하	0.04% 이하	0.05% 이하
무이음용기	0.55% 이하	0.04% 이하	0.05% 이하

4 용기 종류별 부속품의 기호

① AG : C_2H_2 가스를 충전하는 용기의 부속품

② PG : 압축가스를 충전하는 용기의 부속품

③ LG : LPG 이외의 액화가스를 충전하는 용기의 부속품

④ LPG : 액화석유가스를 충전하는 용기의 부속품

⑤ LT : 초저온·저온용기의 부속품

04 용기의 내압시험

1 신규검사

항구증가율 10% 이하가 합격

2 재검사

① 질량검사 95% 이상, 항구증가율 10% 이하가 합격

② 질량검사 90% 이상 95% 미만, 항구증가율 6% 이하가 합격

3 항구증가율

$$항구증가율 = \frac{영구증가량}{전증가량} \times 100(\%)$$

05 용기의 도색

공업용 용기				의료용 용기	
종류	용기색	종류	용기색	종류	용기색
Cl_2	갈색	O_2	녹색	O_2	백색
NH_3	백색	CO_2	청색	CO_2	회색
LPG	회색	N_2	회색	He	갈색
H_2	주황색			C_2H_4	자색
C_2H_2	황색			N_2	흑색

※ 용기 글자색 : C_2H_2 (흑색)　　Cl_2, O_2, CO_2 (백색)　　NH_3 (흑색)　　의료용 O_2 (녹색)

※ 의료용 용기는 용기에 두 줄의 띠로 의료용을 표시

06 초저온 용기의 단열성능시험

1 시험용 가스

① 액화질소(비등점 -196℃)

② 액화산소(비등점 -183℃)

③ 액화아르곤(비등점 -186℃)

2 침투열량에 대한 합격기준

① 내용적 1000L 이상 : 침투열량 0.002kcal/hr℃L 이하

② 내용적 1000L 미만 : 침투열량 0.0005kcal/hr℃L 이하

07 용접용기 동판

1 두께 계산식

$$t = \frac{PD}{2S\eta - 1.2p} + c$$

t : 두께(mm)　　　　　P : 최고충전압력(MPa)
D : 동판내경(mm)　　 S : 허용응력(N/mm²)
η : 용접효율　　　　　c : 부식여유치(mm)

용기	내용적	부식여유치
암모니아	1000L 이하	1mm
	1000L 초과	2mm
염소	1000L 이하	3mm
	1000L 초과	5mm

2 용기 동판의 최대두께, 최소두께의 차이

① 용접용기 : 평균 두께의 10% 이하
② 무이음용기 : 평균 두께의 20% 이하

08 가스용품

1 콕의 종류 및 기능

① 퓨즈콕 : 가스유로를 개폐, 과류차단 안전기구가 부착된 것으로 배관과 호스, 호스와 호스, 배관과 배관, 배관과 카플러를 연결하는 구조
② 상자콕 : 가스유로를 핸들 누름·당김 등의 조작으로 개폐, 과류차단 안전기구가 부착된 것으로 배관과 카플러를 연결하는 구조
③ 주물연소기용 노즐콕 : 주물연소기용 부품으로 볼로 개폐
④ 업무용 대형 연소기용 노즐콕

※ 콕의 열림방향은 시계 반대방향이며 주물연소기용 노즐콕은 시계 방향이 열림 방향

2 염화비닐호스 종류와 규격

종별	안지름
1종	6.3mm
2종	9.5mm
3종	12.7mm

3 허가대상 가스용품

① 압력조정기
② 가스누출 자동차단장치
③ 정압기용 필터(내장된 것은 제외)
④ 매몰형 정압기
⑤ 호스
⑥ 배관용 볼밸브, 글로브밸브
⑦ 콕(퓨즈, 상자, 주물연소기용 노즐)
⑧ 배관이음관
⑨ 강제혼합식 가스버너
⑩ 연소기(가스소비량 232.6kw 이하인 것)

4 도시가스용 정압기

(1) 정압기 기능 : 감압기능, 정압기능, 폐쇄기능

(2) 종류

① 지구정압기 : 일반도시가스사업자의 소유시설로 가스도매사업자로부터 공급받은 도시가스 압력을 1차적으로 낮추는 정압기
② 지역정압기 : 지구정압기 또는 가스도매사업자로부터 공급받은 도시가스 압력을 낮추어 다수의 사용자에게 가스를 공급하기 위한 정압기
③ 캐비닛형 구조정압기 : 정압기, 배관, 안전장치 등이 일체로 구성된 정압기

5 도시가스용 압력조정기

도시가스 정압기 이외에 설치되는 압력조정기로서 입구측 호칭지름이 50A 이하이며 최대표시 유량 300Nm³/hr 이하인 것

6 정압기용 압력조정기

도시가스 정압기에 설치되는 압력조정기
① 중압용 : 출구압력 0.1~1.0MPa 미만
② 준저압 : 출구압력 4~100KPa 미만
③ 저압 : 출구압력 1~4KPa 미만

09 LP가스 압력조정기

1 압력조정기 종류에 따른 조정압력 범위

종류		입구압력(MPa)	조정압력(KPa)
1단 감압식 저압 조정기		0.07~1.56	2.3~3.3KPa
1단 감압식 준저압 조정기		0.1~1.56	5.0~30KPa 이내에서 제조자가 설정한 기준압력의 ±20%
2단 감압식 1차용	용량 100kg 이하	0.1~1.56	57~83KPa
	용량 100kg 초과	0.3~1.56	
2단 감압식 2차용		0.01~0.1	2.3~3.3KPa

3 조정압력이 3.3KPa 이하인 안전장치 작동압력

① 작동표준압력 : 7KPa
② 작동개시압력 : 5.6~8.4KPa
③ 작동정지압력 : 5.04~8.4KPa

01 LNG 저장탱크의 종류에 해당되지 않는 것은?

① 지상식   ② 지중식

③ 지하식   ④ 평형식

01   답 : ④

02 LNG 탱크 중 이중방호, 완전방호, 맴브레인식 저장탱크의 바깥쪽을 이르는 탱크의 명칭은?

① 지상식 LNG 저장탱크

② 1차 탱크

③ 2차 탱크

④ 지중식 LNG 저장탱크

02   답 : ③

03 용기의 안전점검 및 유지관리 사항이 아닌 것은?

① 용기의 도색 및 표시를 확인한다.

② 아랫부분의 부식상태를 확인한다.

③ 완성검사 도래여부를 확인한다.

④ 충전구나사, 안전밸브, 그랜드너트, 밸브 핸들 적정여부를 확인한다.

03   ③재검사 도래여부를 확인한다.

      답 : ③

04 용기의 각인사항 중 틀린 것은?

① V : 용기의 내용적(L)

② Tp : 내압시험압력(MPa)

③ Tw : 초저온용기 이외의 용기에 있어 밸브 부속품을 포함하지 아니하는 용기의 질량(kg)

④ Fp : 최고충전압력(MPa)

04   Tw : 아세틸렌 용기에 있어 용기질량, 다공물질, 용제밸브의 질량을 합한 질량(kg)

      답 : ③

05 무이음 용기의 C, P, S 함유량(%)이 올바른 것은?

① C : 0.55% 이하, P : 0.04% 이하, S : 0.05% 이하

② C : 0.33% 이하, P : 0.04% 이하, S : 0.05% 이하

③ C : 0.22% 이하, P : 0.04% 이하, S : 0.05% 이하

④ C : 0.50% 이하, P : 0.05% 이하, S : 0.04% 이하

05   답 : ①

06 용기부속품의 기호 중 AG의 의미가 올바른 것은?

① 초저온, 저온용기의 부속품

② 압축가스를 충전하는 용기의 부속품

③ 아세틸렌가스를 충전하는 용기의 부속품

④ 액화가스를 충전하는 용기의 부속품

06

답 : ③

07 용기의 검사 중 내압시험에 관한 규정으로 올바른 것은?

① 신규검사 시 항구증가율이 8% 이하가 합격이다.

② 재검사 시 질량검사가 95% 이상 시 항구증가율 10% 이하가 합격이다.

③ 재검사 시 질량검사가 90% 이상 95% 이하일 때 항구증가율이 8% 이하가 합격이다.

④ 신규검사에서 항구증가율이 6% 이하가 합격이다.

07
• 신규검사 : 항구증가율이 10% 이하가 합격

• 재검사
 - 질량검사 95% 이상 시 10% 이하가 합격
 - 질량검사 90~95% 이상 시 6% 이하가 합격

답 : ②

08 전증가량이 100cc, 항구증가량이 5cc 일 때 항구증가율은 얼마인가?

① 1%   ② 2%

③ 3%   ④ 5%

08
$\frac{5}{100} \times 100 = 5\%$

답 : ④

09 용기의 도색이 틀린 것은?

① Cl_2 : 갈색

② C_2H_2 : 주황색

③ NH_3 : 백색

④ O_2 : 녹색

09
② C_2H_2 : 황색

답 : ②

10 의료용 용기의 N_2 용기의 도색은?

① 백색   ② 청색

③ 흑색   ④ 녹색

10

답 : ③

11 용접용기 동판의 최대 두께와 최소 두께의 차이는 평균 두께의 몇 % 이하인가?

① 10%   ② 20%

③ 30%   ④ 40%

11
무이음 용기의 경우는 20% 이하

답 : ①

12 초저온 용기의 단열성능시험용 가스가 아닌 것은?

① 액화질소　　　　② 액화산소

③ 액화아르곤　　　④ 액화탄산가스

12
답 : ④

13 내용적이 800L인 액화산소 용기의 시간당 침입열량은 얼마 이하이어야 하는가?

① 0.0001kcal/hr℃L　　② 0.002kcal/hr℃L

③ 0.0005kcal/hr℃L　　④ 0.0008kcal/hr℃L

13
답 : ③

14 NH₃ 1500L 용기 제작 시 부식여유치는 몇 mm이어야 하는가?

① 1mm　　　　② 2mm

③ 3mm　　　　④ 5mm

14
답 : ②

15 보기 설명에 알맞은 콕의 종류는?

> **보기** 가스유로를 개폐, 과류차단안전기구가 부착된 것으로 배관과 호스, 호스와 호스, 배관과 배관, 배관과 카플러를 연결하는 구조로 되어있는 콕

① 퓨즈콕

② 상자콕

③ 주물연소기용 노즐콕

④ 업무용 대형 연소기용 노즐콕

15 상자콕 : 배관과 카플러를 연결하는 구조
답 : ①

16 2종에 해당되는 염화비닐호스의 안지름에 해당되는 것은?

① 6.3mm　　　② 9.5mm

③ 12.7mm　　④ 15mm

16
답 : ②

17 도시가스용 정압기의 기능이 아닌 것은?

① 감압기능　　　② 정압기능

③ 승압기능　　　④ 폐쇄기능

17
답 : ③

18 정압기의 종류가 아닌 것은?

① 지구정압기
② 지역정압기
③ 캐비닛형 구조정압기
④ 사용자 전용정압기

18

답 : ④

19 도시가스용 압력조정기란 도시가스 정압기 이외에 설치되는 압력조정기로서 입구측 호칭지름이 (   )A 이며 최대 표시유량(   ) Nm³/hr 이하인 것을 말한다. (   )에 들어갈 숫자가 순서대로 맞는 것을 고르시오.

① 10, 300
② 20, 300
③ 50, 300
④ 100, 300

19

답 : ③

20 정압기용 압력조정기의 압력이 저압일 때 출구압력 값으로 올바른 것은?

① 0.1MPa 미만
② 0.1~10MPa 미만
③ 4~100KPa 미만
④ 1~4KPa 미만

20 출구 압력
  • 중압 : 0.1~1.0MPa 미만
  • 준저압 : 4~100KPa 미만

답 : ④

21 1단 감압식 저압조정기의 조정압력으로 맞는 것은?

① 0.07~1.56KPa
② 2.3~3.3KPa
③ 5~30KPa
④ 57~83KPa

21

답 : ②

22 조정압력이 3.3KPa 이하인 안전장치 작동정지압력은?

① 7KPa
② 5.6~8.4KPa
③ 5.04~8.4KPa
④ 8~10KPa

22 ① 작동표준압력
   ② 작동개시압력

답 : ③

고압가스·액화석유가스의 판매, 운반, 취급

01 고압가스 용기 적재, 운반

1 독성가스

① 용기는 세워서 적재한다.
② 차량의 최대적재량을 초과하지 않는다.
③ 충전용기는 단단하게 묶는다.
④ 밸브가 돌출한 용기는 고정식 프로텍터 또는 캡을 부착한다.
⑤ 용기 상하차시 완충판을 사용한다.
⑥ 독성가스 중 가연성·조연성은 동일차량에 적재하지 않는다.
⑦ 충전용기는 자전거, 오토바이로 운반하지 않는다.

2 독성가스 이외의 용기

① 염소와 아세틸렌, 암모니아, 수소는 동일차량으로 운반하지 않는다.
② 가연성·산소를 동일차량 운반 시 충전용기 밸브가 마주보지 않도록 한다.
③ 충전용기와 위험물을 동일차량에 적재하여 운반하지 않는다.
④ 충전용기는 자전거, 오토바이에 운반하지 않는다.

※ 단, 차량통행이 곤란할 경우 시도지사가 인정한 경우로서 운반전용 적재함을 장착한 경우 20kg 이하 용기 2개까지 자전거·오토바이 운반가능

02 차량에 고정된 탱크 운반기준

1 가연성(LPG 제외) 산소

가연성(LPG 제외) 산소는 18000L 이상 운반금지

2 독성(NH_3 제외)

독성(NH_3 제외)은 12000L 이상 운반금지

3 두 개 이상의 탱크를 동일차량에 운반 시

① 탱크마다 주밸브를 설치
② 탱크 상호 간, 탱크와 차량 간 고정부착 조치를 할 것
③ 충전관에는 안전밸브, 압력계, 긴급탈압밸브를 설치

4 차량의 뒷범퍼와 이격거리

① 후부취출식 탱크 : 40cm 이상

② 후부취출식 이외의 탱크 : 30cm 이상

③ 조작상자 : 20cm 이상

5 액면요동방지를 위하여 설치하는 기구

방파관

6 운반 시 휴대물품

① 가연성·산소 운반 시 : 소화설비 및 자재공구

② 독성 운반 시 : 보호구 자재 및 약제공구

7 운반 시 휴대서류

① 고압가스이동계획서   ② 고압가스관련자격증

③ 운전면허증   ④ 탱크테이블(용량환산표)

⑤ 차량운행일지   ⑥ 차량등록증

03 고압가스 운반차량의 경계표시

1 직사각형

① 가로 : 차폭의 30% 이상

② 세로 : 가로의 20% 이상

> **위험고압가스**

> **위험고압가스 · 독성가스**

2 정사각형

전체의 경계면적이 600cm² 이상

> **위험
> 고압가스
> 독성가스**

3 적색 삼각기

① 가로 : 40cm 이상

② 세로 : 30cm 이상

③ 삼각기의 바탕색은 적색, 글자색은 황색

> 위
> 험
> 고압가스

4 경계표지

독성가스의 경계표지의 경우 위험을 알리는 도형, 상호, 사업자, 전화번호, 운반기준 위반 행위를 신고할 수 있는 등록관청의 전화번호 안내문 등본을 게시

※경계표지는 차량 앞뒤 보기 쉬운 곳에, 위험고압가스 및 필요에 따라 독성가스를 표시, 삼각기를 운전석 외부에 게시(단, RTC의 경우 좌우에서 볼 수 있도록)

04 독성가스 운반 시 보호장비

1 1000kg(압축가스는 100m³) 이상 운반 시

① 방독마스크   ② 공기호흡기

③ 보호의   ④ 보호장갑

⑤ 보호장화

2 1000kg(압축가스는 100m³) 미만 운반 시

① 방독마스크   ② 보호의

③ 보호장갑   ④ 보호장화

05 운반책임자 동승

1 용기

가스의 종류		허용농도(ppm)	운반책임자 동승기준 운반용량
독성	압축가스	200 초과 5000 이하	100m³ 이상
		200 이하	10m³ 이상
	액화가스	200 초과 5000 이하	1000kg 이상
		200 이하	100kg 이상

가스의 종류		기준	운반책임자 동승기준 운반용량
가연성 조연성	압축가스	가연성	300m³ 이상
		조연성	600m³ 이상
	액화가스	가연성	3000kg 이상
		조연성	6000kg 이상

2 차량고정탱크

가스의 종류		운반책임자 동승기준 운반용량
압축가스	독성	100m³ 이상
	가연성	300m³ 이상
	조연성	600m³ 이상
액화가스	독성	1000kg 이상
	가연성	3000kg 이상
	조연성	6000kg 이상

※ 단, 운행거리 200km 초과시 운반 책임자를 동승

06 차량고정탱크 및 용기운반 시 주차기준

1 주차장소

① 1종 보호시설과 15m 이상 떨어진 곳
② 2종 보호시설 밀집지역으로 육교, 고가차도 아래는 피할 것
③ 교통량이 적고 부근에 화기가 없는 안전하고 지반이 좋은 장소
④ 주차브레이크를 확실하게 걸고 차바퀴에 차바퀴 고정목으로 고정할 것
⑤ 운전자와 운반책임자가 차량에서 이탈시 항상 눈에 띄는 장소에 있도록 할 것

2 주의사항

① 장시간 운행으로 가스온도가 상승하지 않도록 한다.
② 용기 또는 차량고정탱크가 40℃ 초과 우려 시 급유소를 이용하여 물을 뿌려 냉각한다.
③ 운반책임자의 자격을 가진 운전자는 운반도중 응급조치를 위한 긴급요청지원을 위하여 주변의 제조, 저장, 판매, 수입업자 및 경찰서, 소방서 위치를 파악한다.
④ 차량고정탱크 운반 시 주의사항을 기재한 서면을 운반책임자, 운전자에게 교부하고 휴대시킨다.

07 독성가스 운반 시 휴대 소석회의 양

① 적용 독성가스 종류 : 염소, 염화수소, 포스겐, 아황산
② 질량 1000kg 이상 운반 시 : 40kg 이상 휴대
③ 질량 1000kg 미만 운반 시 : 20kg 이상 휴대

08 판매시설의 유지면적

1 고압가스 판매시설(산소, 독성, 가연성)

① 용기보관실 : 10m² 이상
② 사무실 : 9m² 이상
③ 용기보관실 주위 부지 확보면적 및 수차장 면적 : 11.5m² 이상

2 액화석유가스 판매

① 용기보관실 : 19m² 이상
② 사무실 : 9m² 이상
③ 용기보관실 주위 부지 확보면적 및 주차장 면적 : 11.5m² 이상

3 LPG 판매시설의 용기보관실 유지관리

① 우회거리 2m 이내 화기취급을 금지한다.
② 휴대용 손전등은 방폭형으로 한다.
③ 계량기 등 작업에 필요한 것 이외는 두지 않는다.
④ 용기는 2단으로 쌓지 않는다. 단, 내용적 30L 미만은 2단으로 쌓을 수 있다.
⑤ 자동차에 고정된 탱크에서 소형저장탱크로 가스를 이송 시 가스충전 중의 표시를 하고, 자동차 정지목을 설치한다.

01 용기의 운반과 관련된 내용 중 틀린 것은?
 ① 염소와 아세틸렌, 암모니아, 수소는 동일차량에 적재하여 운반하지 않는다.
 ② 가연성, 산소는 동일차량에 적재하여 운반하지 않는다.
 ③ 충전용기와 위험물은 동일차량에 적재하여 운반하지 않는다.
 ④ 차량통행이 곤란한 경우 20kg 이하 용기 2개를 자전거, 오토바이에 적재하여 운반할 수 있다.

01 충전용기 밸브가 마주보지 않을 때 가연성, 산소를 동일차량에 적재하여 운반할 수 있다. 그 이외에 독성가스 중 가연성, 조연성을 동일차량에 적재하여 운반하지 않는다.
답 : ②

02 차량고정탱크로 운반 시 운반 가능한 경우는?
 ① 수소 – 18000L 이상
 ② 산소 – 18000L 이상
 ③ Cl_2 – 12000L 이상
 ④ LPG – 18000L 이상

02 NH3 : 12000L 이상
 LPG : 18000L 이상
 ※ 독성은 12000L 이상 운반 금지
 ※ 가연성은 18000L 이상 운반금지
답 : ④

03 차량고정탱크로 2개 이상 탱크를 동일차량에 운반 시 충전관에 설치하는 밸브 및 계기류는?
 ① 주밸브
 ② 압력계, 액면계
 ③ 긴급차단밸브, 안전밸브
 ④ 안전밸브, 압력계, 긴급탈압밸브

03 **답 : ④**

04 차량고정탱크에서 탱크 종류별 차량 뒷범퍼 이격거리로 올바른 것은?
 ① 후부취출식 탱크 : 30cm 이상
 ② 후부취출식 이외의 탱크 : 20cm 이상
 ③ 조작상자 : 30cm 이상
 ④ 후부취출식 탱크 : 40cm 이상

04 **답 : ④**

05 가연성, 산소 운반 시 휴대하여야 할 물품은?
 ① 소화설비 자재 공구 ② 보호구 자재
 ③ 제독제 공구 ④ 공기호흡기 및 방독마스크

05 **답 : ①**

06 차량고정탱크로 운반 시 휴대서류에 해당되지 않는 것은?

① 고압가스관련자격증　② 차량등록증

③ 운전면허증　④ 적재가스종류 확인서

06

답 : ④

07 고압가스 운반 시 직사각형의 경계표시 크기는?

① 경계면적 : 300cm² 이상

② 가로×세로 : 차폭의 20% 이상

③ 경계면적 : 600cm² 이상

④ 가로×세로 : 차폭의 30% 이상×가로의 20% 이상

07

답 : ④

08 고압가스 운반 시 적색 삼각기의 규격에서 가로×세로의 길이는?

① 가로 : 40cm 이상, 세로 : 30cm 이상

② 가로 : 30cm 이상, 세로 : 20cm 이상

③ 가로 : 20cm 이상, 세로 : 10cm 이상

④ 가로 : 50cm 이상, 세로 : 40cm 이상

08

답 : ①

09 1000kg(압축은 100m³) 미만의 독성가스 운반 시 휴대하지 않아도 되는 보호구는?

① 방독마스크　② 공기호흡기

③ 보호장갑　④ 보호장화

09 공기호흡기는 1000kg(압축 100m³) 이상 운반 시 휴대

답 : ②

10 용기 운반 시 운반책임자 동승에 관한 기준 중 틀린 것은?

① 독성압축가스는 200ppm 이하인 경우 10m³ 이상 동승

② 독성액화가스는 200ppm 초과인 경우 1000kg 이상 동승

③ 압축가연성가스는 300m³ 이상 동승

④ 액화조연성가스는 5000kg 이상 동승

10 액화조연성 : 6000kg 이상 동승

답 : ④

11 차량고정탱크로 가스 운반 시 동승기준으로 틀린 것은?(단, 200km 이상 운반을 기준으로 한다.)

① 독성 액화 1000kg 이상 동승

② 가연성 액화 3000kg 이상 동승

③ 가연성 압축 400m³ 이상 동승

④ 조연성 압축 600m³ 이상 동승

11 가연성 압축 : 300m³ 이상 동승

답 : ③

12 가스 운반 시 주차기준으로 틀린 것은?

① 1종 보호시설과 10m 이상 떨어진 곳

② 교통량이 적고 화기가 없는 안전한 곳

③ 운전자, 운반책임자가 동시 이탈 시 눈에 띄는 장소에 있을 것

④ 2종 보호시설 밀집지역으로 육교, 고가차도 아래는 피할 것

12 ① 1종과 15m 이상 떨어진 곳

답 : ①

13 가스 운반 시 주의사항으로 틀린 것은?

① 장시간 운행으로 운반가스에 온도 상승이 되지 않도록 하여야 한다.

② 용기·차량고정탱크가 50℃ 이상 초과 시 급유소를 이용, 물을 뿌려 냉각시킨다.

③ 운반책임자의 자격을 가진 운전자는 운반도중 응급상황을 대비하여 주변 경찰서, 소방서의 위치를 파악하여야 한다.

④ 차량고정탱크 운반 시 주의사항을 기재한 서면을 운반책임자, 운전자에게 교부하고 휴대시켜야 한다.

13 ② 40℃ 이상 초과 시

답 : ②

14 독성가스 질량 1000kg 이상 운반 시 휴대하여야 하는 소석회의 양은?(단, 염소, 염화수소, 포스겐, 아황산 등에 해당한다.)

① 10kg   ② 20kg

③ 30kg   ④ 40kg

14 답 : ④

15 LPG 판매시설의 용기보관실의 면적은?

① 10m^2 ② 15m^2

③ 19m^2 ④ 20m^2

15 고압가스 판매시설의 면적기준

	LPG	그 밖의 가스
사무실	9	9
용기보관실	19	10
주차장 및 부지확보 면적	11.5	11.5

답 : ③

16 LPG 판매시설 용기의 보관기준으로 틀린 것은?

① 화기와 우회거리는 2m 이상을 유지한다.

② 계량기 등 작업에 필요한 것 이외는 두지 않는다.

③ 용기는 2단으로 쌓지 않는다. 단, 50L 미만은 2단으로 쌓을 수 있다.

④ 소형저장탱크로 가스운반 시 자동차 정지목을 설치하여야 한다.

16 ③ 30L 미만은 2단으로 쌓을 수 있다.

답 : ③

2 가스일반

출제기준 **❶ 가스의 기초**

가스의 기초이론, 밀도, 비체적, 비중, 압력, 온도, 열량, 이상기체

---

01 고압가스의 분류

1 상태에 따른 분류

① 압축가스(O_2, H_2, N_2)

② 액화가스(Cl_2, NH_3)

③ 용해가스(C_2H_2)

2 연소성에 따른 분류

① 가연성(CH_4, C_3H_8, C_4H_{10})

② 조연성(O_2, 공기, O_3)

③ 불연성(N_2, CO_2, He)

---

02 기초물리학

1 물리학의 정의

(1) 밀도(kg/m^3) : 단위체적당 질량

(2) 비체적(m^3/kg) : 단위질량당 체적

(3) 압력(kg/cm^2) : 단위면적당 힘

※ 표준대기압 1atm = $1.0332kg/cm^2$ = 76cmHg = 14.7PSI = 101.325KPa

※ 절대압력 = 대기압력+게이지압력 = 대기압력– 진공압력

(4) 온도

① °F = ℃×1.8+32   ② ℃ = 5/9(F−32)

③ K = ℃+273

(5) 열량

① 1kcal : 물 1kg을 1℃ 높이는 데 필요한 열량

② 1BTU : 물 1Lb을 1°F 높이는 데 필요한 열량

③ 1CHU : 물 1Lb을 1℃ 높이는 데 필요한 열량

(6) 열역학의 법칙

① 제1법칙 : 에너지보존의 법칙

② 제2법칙 : 열의 방향성을 제시한 법칙(100% 효율을 가진 열기관은 존재하지 않는다)

③ 제0법칙 : 열평형의 법칙

(1) **보일의 법칙** : 온도 일정 시 부피는 압력에 반비례

$$P_1V_1 = P_2V_2$$

(2) **샤를의 법칙** : 압력 일정 시 부피는 절대온도에 비례

$$\frac{V_1}{T_1} = \frac{V_2}{T_2}$$

(3) **보일샤를의 법칙** : 이상기체의 부피는 절대압력에 반비례, 절대온도에 비례

$$\frac{P_1V_1}{T_1} = \frac{P_2V_2}{T_2}$$

P_1, V_1, T_1 : 처음상태의 압력, 부피, 온도

P_2, V_2, T_2 : 변화 후의 압력, 부피, 온도

(4) **이상기체의 성질**

① 보일·샤를 법칙을 만족한다.

② 냉각·압축하여도 액화하지 않는다.

③ 기체 분자간 인력·반발력은 없다.

④ 0K에서도 고체로 되지 않고 그 기체의 부피는 0이다.

(5) **액화를 기준으로 한 이상기체와 실제기체의 비교**

① 이상기체 : 액화하지 않는다.(고온, 저압)

② 실제기체 : 액화가 가능하다.(저온, 고압)

※ 이상기체가 실제기체처럼 행동하는 온도, 압력의 조건 : 저온, 고압

※ 실제기체가 이상기체처럼 행동하는 온도, 압력의 조건 : 고온, 저압

(6) **아보가드로 법칙**

모든 기체 1mol = 22.4ℓ = 분자량 만큼의 무게를 가진다.

(7) **돌턴의 분압 법칙**

$$\cdot P = \frac{P_1V_1 + P_2V_2}{V}$$

$$\cdot 분압 = 전압 \times \frac{성분몰수}{전몰수}$$

$$= 전압 \times \frac{성분부피}{전부피}$$

01 고압가스를 상태별로 분류하고 2가지를 예로 들었을 때, 틀린 것은?

① 압축가스 : O_2, H_2

② 용해가스 : C_2H_4, O_2

③ 액화가스 : C_3H_8, C_4H_{10}

④ 압축가스 : N_2, CH_4

01 용해가스 : C_2H_2

답 : ②

02 가연성가스가 아닌 것은?

① N_2 ② CH_4

③ C_3H_8 ④ NH_3

02 N_2 : 불연성

답 : ①

03 어떤 유체가 무게 10kg, 체적 $5m^3$일 때 밀도(kg/m^3)는 얼마인가?

① 1   ② 2

③ 3   ④ 4

03 밀도 : $10kg/5m^3 = 2kg/m^3$
비체적 : $5m^3/10kg$
           $= 0.5m^3/kg$

답 : ②

04 표준대기압 1atm과 다른 값은?

① $1.0332kg/cm^2$

② 14.7psi

③ 70cmHg

④ 101.325KPa

04 76cmHg

답 : ③

05 $2kg/cm^2g$ 압력은 몇 kg/cm^2 인가?

① 1.0332   ② 2.0332

③ 3.0332   ④ 4.0332

05 절대압력
  =대기압력+게이지압력
  =1.0332+2
  =$3.0332kg/cm^2$

답 : ③

06 $30cmHg \cdot V$는 몇 $kg/cm^2 \cdot a$ 인가?

① 0.5   ② 0.6

③ 0.7   ④ 1

06 절대압력
  = 대기압력-진공압력
  = 76-30 = 46cmHg
  → 단위를 kg/cm^2값으로 환산
  $46/76 \times 1.0332$
  = $0.62kg/cm^2$ a

답 : ②

07 온도의 관련식이 틀린 것은?

① $°F = 9/5℃+32$

② $℃ = 5/9(F-32)$

③ $K = ℃+273$

④ $R = °F+273$

07 R=°F+460

답 : ④

08 0℃는 몇 °F, 몇 K 인가?

① 32, 273

② 40, 273

③ 50, 460

④ 100, 460

08 $°F = ℃ × 1.8+32$
   $= 0 × 1.8+32 = 32$
   $K = ℃+273$
   $= 0+273 = 273$

답 : ①

09 −40℃는 몇 °F인가?

① −10

② −20

③ −30

④ −40

09 $°F = ℃ × 1.8+32$
   $= -40 × 1.8+32$
   $= -40°F$

답 : ④

10 물 1kg을 14.5℃에서 15.5℃까지 높이는 데 필요한 열량의 값은?

① 1kcal

② 1BTU

③ 1CHU

④ 1PCU

10

답 : ①

11 1kcal는 몇 BTU, 몇 CHU인가?

① 1.968, 2.205

② 2.968, 2.205

③ 3.968, 2.205

④ 4.968, 2.205

11 1kcal = 3.968BTU
   = 2.205CHU

답 : ③

12 열역학의 법칙을 설명한 것 중 열역학 제2법칙에 해당하는 것은?

① 에너지보존의 법칙으로 일과 열은 서로 변환이 가능하다.

② 열평형의 법칙이다.

③ 열의 방향성을 제시한 법칙으로 100% 효율의 열기관은 존재하지 않는 엔트로피와 관련된 법칙이다.

④ 온도가 서로 다른 물체를 혼합 시 일정시간 후 같은 온도가 된다.

12 ① 제1법칙
   ② 제0법칙
   ④ 제0법칙

답 : ③

13 0℃, 2kg/cm², 10L의 기체가 0℃, 5kg/cm²일 때의 부피는 몇 L인가?

① 1

② 2

③ 3

④ 4

13 $P_1V_1 = P_2V_2$에서

$$V_2 = \frac{P_1 V_1}{P_2} = \frac{2 \times 10}{5} = 4$$

답 : ④

---

14 0℃, 1atm의 기체의 부피가 5L이면 1atm, 10L의 온도는 몇 ℃인가?

① 100

② 200

③ 273

④ 546

14 $\dfrac{V_1}{T_1} = \dfrac{V_2}{T_2}$

$$\therefore T_2 = \frac{T_1 V_2}{V_1} = \frac{(273+0) \times 10}{5}$$

$$= 546K$$

$\therefore 546 - 273 = 273℃$

답 : ③

---

15 이상기체의 성질에 해당되지 않는 것은?

① 보일·샤를 법칙을 만족시킨다.

② 냉각·압축하면 쉽게 액화가스로 변한다.

③ 기체가 분자 간 인력, 반발력이 없다.

④ 0K에서도 고체로 되지 않고, 그 기체의 부피는 0이다.

15 이상기체는 액화하지 않는다.

답 : ②

---

16 실제기체가 이상기체처럼 행동하는 온도, 압력의 조건은?

① 온도는 높고 압력은 낮은 경우

② 온도와 압력이 모두 높은 경우

③ 온도와 압력이 모두 낮은 경우

④ 온도는 낮고 압력은 높은 경우

16 실제→이상기체처럼 행동 (고온·저압)
이상→실제기체처럼 행동 (저온·고압)

답 : ①

---

17 다음 중 밀도가 가장 큰 가스는?

① 프레온

② 부탄

③ 수소

④ 암모니아

17 기체밀도 : $Mg/22.4\ell$
프레온($CHFCl_2$) : $103g/22.4\ell$
C_4H_{10}(부탄) : $58g/22.4\ell$
H_2(수소) : $2g/22.4\ell$
NH_3(암모니아) : $17g/22.4\ell$

답 : ①

---

18 상온에서 비교적 용이하게 가스를 압축을 하여 액화상태로 용기에 충전할 수 없는 가스는?

① C_3H_8

② CH_4

③ C_4H_{10}

④ CO_2

18 CH_4은 기체상태로 충전되는 압축가스이다.

답 : ②

19 다음 가스 중 액화시키기 가장 어려운 가스는?

① H₂   ② He

③ N₂   ④ CH₄

19 비등점이 낮을수록 액화가 어렵다.
$H_2(-252)$, $He(-269)$, $N_2(-196)$, $CH_4(-162)℃$

답 : ②

20 비체적이 큰 순서대로 올바르게 나열된 것은?

① 프로판 – 메탄 – 질소 – 수소

② 프로탄 – 질소 – 수소 – 메탄

③ 수소 – 메탄 – 질소 – 프로판

④ 수소 – 질소 – 메탄 – 프로판

20 비체적은 22.4ℓ/mg이므로 분자량이 적을수록 비체적이 크다.
※분자량 : 프로판(44), 메탄(16), 질소(28), 수소(2)g

답 : ③

21 탄소강 용기에 기체상태로 충전되어 사용하는 것은?

① 프레온   ② 이산화탄소

③ 아르곤   ④ 프로필렌

21 기체상태 충전 → 압축가스

답 : ③

22 1.0332kg/cm²a은 게이지압력(kg/cm²g)으로 얼마인가? (단, 대기압은 1.0332kg/cm² 이다.)

① 1.0332   ② 0

③ 1   ④ 11.0332

22 게이지압력
= 절대압력–대기압력
= 1.0332–1.0332
= 0kg/cm²g

답 : ②

23 표준대기압에 해당되지 않는 것은?

① 760mmHg   ② 10332.2mmH₂O

③ 1.013bar   ④ 14.2psi

23 대기압 1기압 = 14.7PSI

답 : ④

24 다음 중 비중이 공기보다 무거워 바닥에 체류하는 가스로만 나열된 것은?

① 프로판, 염소, 포스겐

② 프로판, 수소, 아세틸렌

③ 염소, 암모니아, 아세틸렌

④ 염소, 포스겐, 암모니아

24 C_3H_8 = 44g
Cl_2 = 71g
$COCl_2$ = 99g

답 : ①

25 진공도 90%는 절대압력으로 얼마인가?(단, 대기압은 760 mmHg)

① 0.1033kg/cm²a   ② 1.148ata

③ 684mmHg   ④ 760mmAq

25 절대압력
= 대기압력−진공압력
= 760−(760×0.9)
= 76mmHg

∴ $\frac{76}{760}$ × 1.0332

= 0.1033kg/cm²

답 : ①

26 가스 밀도가 0.25인 기체의 비체적은?

① 0.25ℓ/g   ② 0.25kg/ℓ

③ 4.0ℓ/g   ④ 4.0kg/ℓ

26 가스의 비체적은 가스밀도의 역수이므로,

$\frac{1}{0.25}$ = 4.0ℓ/g

답 : ③

27 압력에 대한 정의는?

① 단위 체적에 작용되는 힘의 합

② 단위 체적에 작용되는 모멘트의 합

③ 단위 면적에 작용되는 힘의 합

④ 단위 길이에 작용되는 모멘트의 합

27   답 : ③

28 1atm과 다른 것은?

① 9.8N/m²   ② 101325Pa

③ 14.7LB/in²   ④ 10.332mAq

28 1atm = 101325N/m²

답 : ①

29 압력단위에 대한 설명 중 옳은 것은?

① 절대압력 = 게이지압력 + 대기압력

② 절대압력 = 대기압 + 진공압

③ 대기압은 진공압보다 낮다.

④ 1atm은 1033.2kg/cm²이다.

29   답 : ①

30 다음 설명 중 틀린 것은?

① 대기압보다 낮은 압력을 진공이라고 한다.

② 진공압은 mmHg·v로 나타낸다.

③ 절대압력=대기압−진공압이다.

④ 진공도의 단위는 %로 표시하며 대기압일 때 진공도는 100%라고 한다.

30 진공도 단위는 v로 표시한다.

답 : ④

31 온도가 일정할 때 일정량의 기체가 차지하는 체적은 절대압력에 반비례한다. 이것은 어떤 법칙인가?

① 보일의 법칙　　　② 샤를의 법칙
③ 보일샤를의 법칙　④ 아보가드로의 법칙

31
답 : ①

32 완전진공을 0으로 하여 측정한 압력을 의미하는 것은?

① 절대압력　　　② 게이지압력
③ 표준대기압　　④ 진공압력

32
답 : ①

33 수소 1g이 1ℓ 부피와 0℃의 조건에서 나타내는 압력은 약 몇 기압인가?

① 8 기압　　　② 11 기압
③ 13 기압　　④ 15 기압

33 $PV = \dfrac{W}{M} RT$에서,

$P = \dfrac{WRT}{VM}$

$= \dfrac{1 \times 0.082 \times 273}{1 \times 2}$

$= 11\text{atm}$

답 : ②

34 10g의 산소(이상기체라고 가정)는 100℃, 740mmHg에서는 몇 ℓ의 용적을 차지하겠는가?

① 3.47　　　② 4.64
③ 9.83　　　④ 2.92

34 $PV = \dfrac{W}{M} RT$에서

$V = \dfrac{WRT}{VM}$

$= \dfrac{1 \times 0.082 \times (273 + 100)}{\dfrac{740}{760} \times 32}$

$= 9.82\ell$

답 : ③

35 표준대기압 하에서 물 1kg을 1℃ 올리는 데 필요한 열량의 단위는 어느 것인가?

① kcal　　　② BTU
③ CHU　　　④ Joule

35
답 : ①

36 1J은 몇 cal의 열량에 해당하는가?

① 0.24　　　② 2.4
③ 4.2　　　　④ 42

36 1cal = 4.2J
    1J = 0.24cal
답 : ①

37 현열에 대한 설명으로 맞는 것은?

① 물질이 상태변화 없이 온도가 변할 때 필요한 열이다.

② 물질이 온도변화 없이 상태가 변할 때 필요한 열이다.

③ 물질이 상태, 온도 모두 변할 때 필요한 열이다.

④ 물질이 온도변화 없이 압력이 변할 때 필요한 열이다.

37 답 : ①

38 다음 보기의 세 종류 물질에 동일량의 열량을 흡수시켰을 때 그 최종 온도가 높은 것부터 낮은 것의 순서대로 올바르게 나열된 것은?(단, 최초 온도는 동일한 것으로 본다)

> **보기**
> a. 비열이 0.7인 물질 30kg
> b. 비열이 1인 물질 15kg
> c. 비열이 0.5인 물질 40kg

① a-b-c　　　② a-c-b

③ b-a-c　　　④ b-c-a

38 $Q = G \times C \times \Delta t$

$\Delta t = \dfrac{Q}{G \times C}$ 에서,

$G \times C$의 값이 적을수록 최종 온도가 높다.

∴ a : $0.7 \times 30 = 21$
　 b : $1 \times 15 = 15$
　 c : $0.5 \times 40 = 20$

답 : ④

39 다음은 온도 환산식이다. 옳게 표시된 것은?

① $K = ℃ - 273.15$　　② $K = \dfrac{5}{9}℉R$

③ $℃ = \dfrac{5}{9}(℉+32)$　　④ $℉ = ℉R + 460$

39 ① $K = ℃ + 273.15$

③ $℃ = \dfrac{5}{9}(℉-32)$

④ $℉K = ℉F + 460$

답 : ②

40 10kg의 물체를 온도 10℃에서 40℃까지 올리는 데 소요되는 열량은 약 몇 kcal인가?(단, 이 물체의 비열은 0.24kcal/kg·℃이다.)

① 24　　　② 72

③ 120　　　④ 300

40 $Q = GC\Delta t$

$= 10 \times 0.24 \times 30$

$= 72$kcal

답 : ②

41 절대온도 300K는 랭킨온도(℉R)로 약 몇 도인가?

① 27　　　② 167

③ 541　　　④ 572

41 $300 \times 1.8 = 540$

답 : ③

42 물 1g을 1℃ 올리는 데 필요한 열량은 얼마인가?

① 1cal　　　② 1J

③ 1BTU　　　④ 1erg

42 답 : ①

43 다음 중 물의 비등점을 °F로 나타내면?

① 32

② 100

③ 180

④ 212

44 표준상태에서 1000ℓ의 체적을 갖는 가스상태의 부탄은 몇 kg인가?

① 2.59kg

② 3.12kg

③ 4.98kg

④ 5.1kg

45 부탄(C_4H_{10})용기에서 액체 580g이 대기 중에 방출되었다. 표준상태에서 부피는 몇 ℓ가 되는가?

① 230ℓ

② 150ℓ

③ 224ℓ

④ 210ℓ

46 다음 중 액비중이 제일 작은 것은?

① 휘발유

② 산소

③ 염소

④ 프로판

47 기체의 밀도를 이용해서 분자량을 구할 수 있는 법칙과 관계가 가장 깊은 것은?

① 아보가드로의 법칙

② 헨리의 법칙

③ 반데르발스의 법칙

④ 일정성분비의 법칙

---

43 °F = ℃ × 1.8 + 32

= 100 × 1.8 + 32

= 212 °F

답 : ④

44 1000ℓ : xg

22.4ℓ : 58g

$$x = \frac{1000 \times 58}{22.4}$$

= 2589.28g

= 2.59kg

답 : ①

45 $\frac{580g}{58g} \times 22.4ℓ = 224ℓ$

답 : ③

46 액비중

산소(1.14), 염소(1.56), 프로판(0.5), 휘발유(0.7)

답 : ④

47 아보가드로법칙

모든 기체 1mol은 22.4ℓ 이며 분자량 만큼의 무게를 가진다.

답 : ①

❷ 가스의 연소

연소, 특성, 화재, 폭발

01 연소

1 정의
가연물이 산소와 결합, 빛과 열을 수반하는 산화반응

2 3대 요소
가연물, 산소공급원, 점화원

3 종류
① 표면연소 : 코크스, 목탄(고체)
② 분해연소 : 종이, 목재(고체)
③ 증발연소 : 알코올, 에테르(액체), 양초, 황(고체)
④ 확산연소 : 수소, 아세틸렌(기체)

4 착화온도
가연물이 점화원 없이 스스로 연소하는 최저 온도

Point

착화점이 낮아지는 경우
- 화학적으로 발열량이 높을수록
- 산소농도가 클수록
- 탄화수소에서 탄소수가 많을수록
- 반응활성도가 클수록
- 압력이 높을수록

02 폭굉·폭굉유도거리

1 폭굉
가스 중 음속보다 화염전파속도(폭발속도)가 큰 경우로 파면선단에 격렬한 파괴작용을 일으키는 원인

2 폭굉유도거리
최초의 완만한 연소가 폭굉으로 발전하는 거리

3 폭굉유도거리가 짧아지는 조건

　① 정상연소 속도가 큰 혼합가스일수록
　② 관 속에 방해물이 있거나 관경이 가늘수록
　③ 압력이 높을수록
　④ 점화원의 에너지가 클수록

4 화재의 종류

　① A급 화재 : 목재, 종이(백색)　　② B급 화재 : 유류, 가스(황색)
　③ C급 화재 : 전기(청색)　　　　④ D급 화재 : 금속(색 없음)

5 위험도(H)

$$H = \frac{U-L}{L}$$ 　　　U : 폭발한계 상한값
　　　L : 폭발한계 하한값

03　안전간격에 따른 폭발등급

1 안전간격

8L 구형용기안에 폭발성 혼합가스를 채우고 화염전달여부를 측정, 화염이 전파되지 않는 한계의 틈

2 안전간격에 따른 폭발등급

폭발등급	안전간격	해당가스
1등급	0.6mm 초과	메탄, 에탄, 프로판, 부탄, 암모니아 (폭발범위가 가장 좁아 가연성 중 안전한 가스)
2등급	0.4mm 초과 0.6mm 이하	에틸렌, 석탄가스 　* 2등급은 애석하다.
3등급	0.4mm 미만	아세틸렌, 이황화탄소, 수소, 수성가스(가장 위험한 가스)

04 1·2차 공기의 연소방법

① 분젠식 : 1차·2차 공기로 연소
② 적화식 : 2차 공기로 연소
③ 세미분젠식 : 적화식 분젠식의 중간형태
④ 전1차 공기식 : 1차 공기만으로 연소

[역화(백파이어)와 선화(리프팅)]

역화(백파이어)	• 가스의 연소가 유출보다 빨라 연소기 내부에서 연소 • 노즐구멍이 클 때 • 버너 과열 시 • 가스공급 압력이 낮을 때 • 콕의 개방이 충분하지 않을 때
선화(리프팅)	• 가스의 연소가 유출보다 느려 염공을 떠나 연소 • 노즐 구멍이 작을 때 • 염공이 작을 때 • 가스공급 압력이 높을 때 • 공기조절장치가 많이 열렸을 때

05 연소의 계산

1 탄화수소의 연소 반응식

$$C_mH_n + (m + \frac{n}{4}) O_2 \rightarrow mCO_2 + \frac{n}{2} H_2O$$

$$C_3H_8 + 5O_2 \rightarrow 3CO_2 + 4H_2O$$

$$C_4H_{10} + 6.5O_2 \rightarrow 4CO_2 + 5H_2O$$

2 폭발

급격한 압력의 발생, 해방의 결과로서 격렬하게 음향을 내어 파열·팽창하는 현상

3 폭발의 종류

① 화학적 폭발 : 폭발성 혼합가스에 의한 점화, 화약 폭발
② 압력 폭발 : 보일러의 폭발, 고압가스 용기 등의 고압력 형성에 의한 폭발
③ 분해 폭발 : 고압력에 의한 C_2H_2의 분해 폭발
④ 촉매 폭발 : 수소·염소가스 혼입 시 직사일광에 의한 폭발
⑤ 중합 폭발 : HCN의 중합열에 의한 폭발
⑥ 화합(아세틸라이트) 폭발 : C_2H_2이 Cu, Ag, Hg 등과 결합 시 약간의 충격에도 일으키는 폭발

06 가스의 불활성화(이너팅)

1 불활성화

① 정의 : 가연성가스에 불활성가스를 주입, 산소의 농도를 최소 산소농도 이하로 낮게 하는 공정

② 사용가스 : N_2, CO_2

③ MOC(최소 산소농도) = 산소몰수×폭발하한계

2 불활성화 방법

① 스위퍼 퍼지　　　　　② 압력 퍼지

③ 진공 퍼지　　　　　　④ 사이펀 퍼지

07 최소 점화에너지

1 정의

연소에 필요한 최소한의 에너지

2 최소 점화에너지가 낮아지는 조건

① 압력이 높을수록　　　　② 산소농도가 높을수록

③ 열전도율이 적을수록　　④ 연소속도가 빠를수록

⑤ 온도가 높을수록

08 자연발화온도(AIT)

1 정의

가연성과 공기 혼합 시 어느 온도가 되면 자연적으로 발화하는 온도

2 자연발화온도가 낮아지는 조건

① 산소량이 많아질수록　　② 압력이 높을수록

③ 분자량이 많을수록　　　④ 용기의 크기가 클 수록

09 혼합가스 폭발한계(르샤틀리에 식)

$$\frac{100}{L} = \frac{V_1}{L_1} + \frac{V_2}{L_2} + \frac{V_3}{L_3}$$

L : 혼합가스 폭발한계
L_1, L_2, L_3 : 각 가스의 폭발한계
V_1, V_2, V_3 : 각 가스의 부피(%)

10 방폭구조

가연성가스 제조·충전·저장·판매시설의 전기시설물은 전기시설물에 의한 폭발을 방지하기 위하여 방폭구조로 시공한다.

P(압력)	내부압력을 유지한 방폭구조
d(내압)	폭발압력에 견디는 방폭구조
o(유입)	절연유를 주입한 방폭구조
e(안전증)	특히 안전도를 증가시킨 방폭구조
ia, ib(본질안전)	점화시험으로 확인한 방폭구조
s(특수)	점화를 방지할 수 있는 시험으로 확인된 방폭구조

11 위험장소

1 종류

(1) 0종 장소
상용상태에서 가스의 농도가 연속해서 폭발하한계 이상으로 되는 장소

(2) 1종 장소
① 상용의 상태에서 가연성가스가 체류해 위험하게 될 우려가 있는 장소
② 정비 보수 또는 누출 등으로 인하여 종종 가연성가스가 체류하여 위험하게 될 우려가 있는 장소

(3) 2종 장소
① 용기 설비파손 및 오조작시에만 누출위험이 있는 장소
② 환기장치 이상 시 가연성가스가 체류해 위험하게 될 우려가 있는 장소
③ 1종 주변 인접 실내에 가연성가스가 종종 침입할 우려가 있는 장소

2 위험장소에 따른 방폭기기의 선정

(1) 0종
본질안전 방폭구조

(2) 1종
본질안전, 유입, 압력, 내압 방폭구조

(3) 2종
1종 방폭구조 + 안전증방폭구조

3 방폭전기기기 결합부의 나사류
방폭전기기기 결합부의 나사류를 드라이버, 스패너, 플라이어 등의 일반 공구로 조작할 수 없는 자물쇠식 죄임구로 할 것

12 위험성 평가기법

정성적기법	정량적기법
체크리스트 상대위험순위 결정 사고예방질문 분석 이상 위험도 분석 위험과 운전 분석(HAZOP)	결함수 분석(FTA) 사건수 분석(ETA) 원인결과 분석(CCA) 작업자 실수 분석(HEA)

01 연소에 대한 일반적인 설명 중 옳지 않은 것은?

① 인화점이 낮을수록 위험성이 크다.

② 인화점보다 착화점의 온도가 낮다.

③ 발열량이 높을수록 착화온도는 낮아진다.

④ 가스의 온도가 높아지면 연소범위는 넓어진다.

01   답 : ②

02 불꽃의 주위, 특히 불꽃의 기저부에 대한 공기의 움직임이 강해지면 불꽃이 노즐에 정착하지 않고 떨어지게 되어 꺼져버리는 현상은?

① 옐로우팁(yellow tip)

② 리프팅(lifting)

③ 블로우 오프(blow-off)

④ 백파이어(back fire)

02   답 : ③

03 아세틸렌 1m³ 연소시 소요되는 공기량은 몇 m³ 인가?(단, 공기 중 산소량은 21% 이다.)

① 2   ② 10

③ 12   ④ 20

03   $C_2H_2 + 2.5O_2$
     $\rightarrow 2CO_2 + H_2O$

     $2.5 \times \dfrac{100}{21} = 12m^3$

     답 : ③

04 다음 중 분해에 의한 폭발에 해당되지 않는 것은?

① 시안화수소   ② 아세틸렌

③ 히드라진   ④ 산화에틸렌

04   HCN(시안화수소) : 중합 폭발

     답 : ①

05 도시가스 성분을 분석하였다. 그 성분이 아래와 같을 때 폭발하한값으로 옳은 것은?

> 보기 C_3H_8 60%[vol], 공기 중 폭발범위 1.8~9.5%
> CH_4 40%[vol], 공기 중 폭발범위 5~15%

① 2.4%   ② 3.6%

③ 4.8%   ④ 5.5%

05   $\dfrac{100}{L} = \dfrac{60}{1.8} + \dfrac{40}{5}$

     $L = 2.4\%$

     답 : ①

06 다음 중 발화의 발생요인이 아닌 것은?

① 용기의 재질 ② 온도
③ 압력 ④ 조성

06

답 : ①

07 정전기에 관한 설명 중 틀린 것은?

① 습도가 낮을수록 정전기를 축적하기 쉽다.
② 화학섬유로 된 의류는 흡수성이 높으므로 정전기가 대전하기 쉽다.
③ 액상의 LP가스는 전기 절연성이 높으므로 유동시에는 대전하기 쉽다.
④ 재료 선택 시 접촉 전위차를 적게 하여 정전기 발생을 줄인다.

07

답 : ②

08 발화점에 영향을 주는 인자가 아닌 것은?

① 가연성가스와 공기의 혼합비
② 가열속도와 지속시간
③ 발화가 생기는 공간의 비중
④ 점화원의 종류와 에너지 투여법

08

답 : ③

09 다음 중 연소의 3요소가 아닌 것은?

① 가연물 ② 산소공급원
③ 점화원 ④ 인화점

09

답 : ④

10 다음 중 폭발성이 예민하므로 마찰 및 타격으로 격렬히 폭발하는 물질에 해당되지 않는 것은?

① 황화질소 ② 메틸아민
③ 염화질소 ④ 브롬화메틸

10

답 : ④

11 가연성 물질을 공기로 연소시키는 경우에 공기 중의 산소농도를 높게 하면 연소속도와 발화온도는 어떻게 변하는가?

① 연소속도는 크게(빠르게) 되고, 발화온도도 높아진다.
② 연소속도는 크게(빠르게) 되고, 발화속도는 낮아진다.
③ 연소속도는 낮게(느리게) 되고, 발화온도는 높아진다.
④ 연소속도는 낮게(느리게) 되고, 발화온도도 낮아진다.

11

답 : ②

12 가스의 폭발범위에 영향을 주는 인자가 아닌 것은?

① 비열
② 압력
③ 온도
④ 가스량

13 프로판 10kg이 완전연소에 필요한 공기량은 몇 m³인가?

① 25.45m³
② 121.2m³
③ 36.3m³
④ 173.2m³

13 $C_3H_8 + 5O_2 \rightarrow 3CO_2 + 4H_2O$
44kg : 5×22.4Nm³
10kg : xNm³

$\therefore x = \dfrac{10 \times 5 \times 22.4}{44}$

$= 25.4545$

$\therefore 25.4545 \times \dfrac{100}{21}$

$= 121.2$Nm³

14 연소에 대한 일반적인 설명 중 옳지 않은 것은?

① 인화점이 낮을수록 위험성이 크다.
② 인화점보다 착화점의 온도가 낮다.
③ 발열량이 높을수록 착화온도는 낮아진다.
④ 가스의 온도가 높아지면 연소범위는 넓어진다.

15 아세틸렌이 은, 수은과 반응하여 폭발성의 금속 아세틸라이드를 형성하여 폭발하는 형태는?

① 분해폭발
② 화합폭발
③ 산화폭발
④ 압력폭발

15 Cu, Ag, Hg과 C_2H_2의 결합
시 : 화합(아세틸라이트) 폭발

16 폭발범위에 대한 설명 중 옳은 것은?

① 공기 중의 아세틸렌가스의 폭발범위는 약 4~71%이다.
② 공기 중의 폭발범위는 산소 중의 폭발범위보다 넓다.
③ 고온, 고압일 때 폭발범위는 대부분 넓어진다.
④ 한계산소 농도치 이하에서는 폭발성 혼합가스가 생성된다.

17 프로판의 완전연소 반응식으로 옳은 것은?

① $C_3H_8 + 4O_2 \rightarrow 3CO_2 + 2H_2O$
② $C_3H_8 + 5O_2 \rightarrow 3CO_2 + 4H_2O$
③ $C_3H_8 + 2O_2 \rightarrow 3CO + H_2O$
④ $C_3H_8 + O_2 \rightarrow CO_2 + H_2O$

18 0℃ 얼음 30kg을 100℃ 물로 만드는 데 5400kcal의 열량이 필요하다. 이때 필요한 프로판의 질량은 몇 g인가? (단, C_3H_8의 발열량은 12000kcal/kg이다)

① 300 ② 350

③ 400 ④ 450

19 위험장소의 종류가 아닌 것은?

① 0종 ② 1종

③ 2종 ④ 3종

20 프로판을 완전연소시켰을 때 주로 생성되는 물질은?

① CO_2, H_2 ② CO_2, H_2O

③ C_2H_4, H_2O ④ C_4H_{10}, CO

18 $5400 : x$
$12000 : 1kg$
$\therefore x = \dfrac{1 \times 5400}{12000} = 0.45kg$
$= 450g$

답 : ④

19 답 : ④

20 답 : ②

고압가스, 액화석유가스, 도시가스

01 고압가스

1 H_2 (수소)

① 압축가스
② 가연성가스
③ 열전도율이 가장 크다.
④ 확산속도가 가장 크다.
⑤ 가스 중 최소의 밀도를 가진다.
⑥ 윤활제 : 양질의 광유
⑦ 제조방법
- 물의 전기분해 $2H_2O \rightarrow 2H_2 + O_2$
- 소금물 전기분해 $2NaCl + 2H_2O \rightarrow 2NaOH + Cl_2 + H_2$

2 O_2 (산소)

① 압축가스
② 조연성가스
③ 유지류와 접촉 시 폭발한다.
④ 윤활제 : 물, 10% 이하 글리세린수
⑤ 설비 내 산소의 유지농도 : 18% 이상 22% 이하
⑥ 제조방법
- 물의 전기분해
- 공기액화분리법

3 CO (일산화탄소)

① 압축가스
② 가연성가스
③ 독성가스
④ 압력을 올리면 폭발범위가 좁아진다.
⑤ 고온·고압 하에서 사용 시 카보닐을 일으킨다.

4 N₂ (질소)

① 압축가스

② 불연성가스

③ 공기 중 78% 함유

④ 식품의 급속동결용, 암모니아 제조 원료

⑤ 고압장치의 치환용 가스로 사용한다.

5 C₂H₂ (아세틸렌)

① 가연성가스

② 용해가스

③ 최고충전압력 : 15℃, 1.5MPa

④ 충전 중 압력 : 2.5MPa 이하

※ 2.5MPa 이상으로 충전 시에는 N₂, CH₄, CO, C₂H₄의 희석제 첨가

⑤ 폭발성

  • 분해폭발 : $C_2H_2 \rightarrow 2C + H_2$

  • 화합폭발 : $2Cu + C_2H_2 \rightarrow Cu_2C_2 + H_2$

  • 산화폭발 : $C_2H_2 + 2.5O_2 \rightarrow 2CO_2 + H_2O$

⑥ 제조방법

  • 카바이드를 물과 혼합

  • $CaC_2 + 2H_2O \rightarrow C_2H_2 + Ca(OH)_2$

⑦ 제조 시 생성되는 불순물을 청정제로 제거

  • 청정제의 종류 : 카다리솔, 리카솔, 에퓨렌

⑧ 제조 시 아세틸렌을 발생시키는 발생기의 종류

  • 주수식 : 카바이드에 물을 혼합

  • 투입식 : 물에 카바이드를 혼합

  • 침지식(접촉식) : 물과 카바이드를 소량씩 접촉

⑨ 충전 시 다공물질(석면, 규조토 목탄 석화 다공성 플라스틱)을 투입

⑩ 다공도 계산식(D)

$$D = \frac{V-E}{V} \times 100$$

V : 다공물질의 용적
E : 침윤잔용적

6 HCN (시안화수소)

① 가연성가스

② 독성가스

③ 수분 2% 이상 함유 시 중합폭발을 일으킨다.

④ 중합방지 안정제 : 동, 동망, 염화칼슘, 오산화인

⑤ 충전 후 60일이 경과되기 전 다른 용기에 다시 충전

⑥ 순도 : 98% 이상

⑦ 제조방법 : 앤드류 소모법, 폼아미드법

7 NH₃ (암모니아)

① 가연성가스

② 독성가스, 액화가스

③ 물에 800배 용해

④ 중화제 : 물, 묽은염산, 묽은황산

⑤ 충전구 나사는 왼나사

⑥ 전기설비는 방폭구조가 필요없는 일반구조로 시공한다.

⑦ 제조법

- 하버보시법 : $N_2 + 3H_2 \rightarrow 2NH_3$
- 석회질소법 : $CaCN_2 + 3H_2O \rightarrow CaCO_3 + 2NH_3$

⑧ 하버보시법에 의한 합성법

구분	압력	종류
고압합성	600~1000kg/cm²	클로우드법, 카자레법
중압합성	300kg/cm²	뉴파우더법, 동공시법, 케미그법
저압합성	150kg/cm²	켈로그, 구우데법

8 Cl₂ (염소)

① 액화가스

② 독성, 조연성가스

③ 누설검지시험지 : KI전분지

④ 수분 접촉 시 염산 생성으로 급격한 부식을 일으키므로 수분 접촉에 유의하여야 한다.

⑤ 제조법 : 염산의 분해, 소금물 전기분해법

9 C₂H₄O(산화에틸렌)

① 독성가스

② 가연성가스

③ 안정제 : N_2, CO_2, 수증기

 ※ 충전 시 위험성을 감소시키기 위하여 45℃에서 N_2와 CO_2를, 0.4MPa 이상 충전 후에 산화에
   틸렌을 충전한다.

④ 폭발성 : 분해폭발, 중합폭발, 산화폭발

10 희가스(불활성가스)

① 발광색

He	황백색	Kr	녹자색	Ne	주황색
Xe	청자색	Ar	적색	Rn	청록색

② G/C(가스크라마토그래피)의 캐리어가스로 주로 사용한다.

 ※ 캐리어가스의 종류 : He, Ne, H_2, N_2

02 액화석유가스

1 C₃H₈(프로판)

① 가연성가스

② 액화가스(비등점 –42℃)

③ 연소반응식 : $C_3H_8 + 5O_2 \rightarrow 3CO_2 + 4H_2O$ (C_3H_8과 O_2는 1:5로 반응)

④ 가정용, 공업용 연료가스로 사용한다.

⑤ 공기보다 1.5배 무겁다.

1 C₄H₁₀(부탄)

① 가연성가스

② 액화가스

③ 연소반응식 : $C_4H_{10} + 6.5O_2 \rightarrow 4CO_2 + 5H_2O$ (C_4H_{10}과 O_2는 1:6.5로 반응)

④ 자동차 연료로 사용한다.

H₂(수소) 관련 문제

01 수소와 산소의 혼합비가 얼마일 때 수소폭명기라고 하는가?

① 1 : 4 　　　　　② 2 : 1

③ 1 : 1 　　　　　④ 1.5 : 1

02 고압가스에서 수소가 강재를 취하시키는 현상 때문에 가끔 폭발하므로 내수소성을 높여야 한다. 내수소성을 높이는 금속이 아닌 것은?

① 몰리브덴 　　　　② 백금

③ 크롬 　　　　　　④ 티탄

03 수소가스의 용도 중 가장 거리가 먼 것은?

① 산소와 수소의 혼합기체의 온도가 높으므로 용접용으로 사용한다.

② 암모니아나 염산의 합성원료로 사용한다.

③ 경화유의 제조에 사용한다.

④ 탄산소다의 제조 시 주원료로 사용한다.

04 수소취성을 방지하기 위하여 첨가되는 원소가 아닌 것은?

① Mo 　　　　　　② W

③ Ti 　　　　　　　④ Mn

05 수소의 용도 중 맞지 않는 것은?

① 암모니아의 합성원료로 사용

② 비료 제조용

③ 환원성이 커서 금속제련에 사용

④ 기구 부양용 가스로 사용

---

01 폭명기

$2H_2 + O_2 \rightarrow 2H_2O$(수소폭명기)

$H_2 + Cl_2 \rightarrow 2HCl$(염소폭명기)

$H_2 + F_2 \rightarrow 2HF$(불소폭명기)

답 : ②

02 수소취성방지법

5~6% Cr강에 W, Mo, Ti, V 등을 첨가한다.

답 : ②

03 답 : ④

04 수소취성(강의 탈탄) 방지법

5~6% Cr강에 W, Mo, Ti, V 등을 첨가한다.

답 : ④

05 답 : ②

06 수소의 특징이 아닌 것은?
① 가연성 기체이다.　　② 열에 대하여 불안정하다.
③ 확산속도가 빠르다.　　④ 폭발범위가 넓다.

07 수소와 염소에 일광을 비추었을 때 일어나는 폭발의 형태로서 가장 옳은 것은?
① 분해폭발　　② 중합폭발
③ 촉매폭발　　④ 산화폭발

08 수소의 특징에 대한 설명으로 옳은 것은?
① 조연성 기체이다.
② 폭발범위가 넓다.
③ 가스의 비중이 커서 확산이 느리다.
④ 저온에서 탄소와 수소취성을 일으킨다.

09 다음 중 공기보다 가벼운 가스는?
① O_2　　② SO_2
③ H_2　　④ CO_2

O_2(산소) 관련 문제

10 다음 중 산소(O_2)에 대한 설명으로 틀린 것은?
① 무색·무취의 기체이며, 물에는 약간 녹는다.
② 가연성가스나 그 자신은 연소하지 않는다.
③ 용기의 도색은 일반공업용이 녹색, 의료용이 백색이다.
④ 용기는 탄소강으로 무계목 용기이다.

11 0℃, 1기압 하에서 액체 산소의 비등점(B.P)은 몇 ℃인가?
① -186℃　　② -196℃
③ -183℃　　④ -178℃

12 산소의 성질에 대한 설명 중 옳지 않은 것은?
① 그 자신은 폭발위험이 없으나 연소를 돕는 조연제이다.
② 액체산소는 무색·무취이다.
③ 화학적으로 활성이 강하고, 많은 원소와 반응하며 산화물을 만든다.
④ 상자성을 가지고 있다.

06　　답 : ②

07　　답 : ③

08 수소
가연성, 확산속도가 빠르고, 고온고압에서 수소취성 발생
답 : ②

09 O_2(32g), SO_2(64g), H_2(2g), CO_2(44g), 공기(29g)
답 : ③

10 O_2는 조연성이다.
답 : ②

11　　답 : ③

12 액체산소 : 담청색
답 : ②

13 산소에 관한 설명 중 옳지 않은 것은?
① 고압의 산소와 유지류의 접촉은 위험하다.
② 과잉 산소는 인체에 해롭다.
③ 내산화성 재료로서는 주로 납(Pb)이 사용된다.
④ 산소의 화학반응에서 과산화물은 위험성이 있다.

13 내산화성 재료 : Cr, Al, Si

답 : ③

14 산소에 대한 설명으로 옳은 것은?
① 가연성가스이다.
② 자성(磁性)을 가지고 있다.
③ 수소와는 반응하지 않는다.
④ 폭발범위가 비교적 큰 가스이다.

14

답 : ②

CO(일산화탄소) 관련 문제

15 일산화탄소와 반응하여 금속 카보닐을 생성하는 금속은 어느
것인가?
① 알루미늄(Al)   ② 니켈(Ni)
③ 아연(Zn)   ④ 구리(Cu)

15 $Ni + 4CO \rightarrow Ni(CO)_4$
니켈카보닐

답 : ②

16 일산화탄소와 공기의 혼합가스 폭발범위는 고압일수록 어떻
게 변하는가?
① 넓어진다.   ② 변하지 않는다.
③ 좁아진다.   ④ 일정치 않다.

16

답 : ③

17 일산화탄소 가스의 용도로 알맞은 것은?
① 메탄올 합성   ② 용접 절단용
③ 암모니아 합성   ④ 섬유의 표백용

17 $CO + 2H_2 \rightarrow CH_3OH$(메탄올)

답 : ①

18 일산화탄소와 염소를 활성탄 촉매하에서 반응시켰을 때 주로
얻을 수 있는 것은?
① 카르보닐   ② 카르복실산
③ 사염화탄소   ④ 포스겐

18 $CO + Cl_2 \xrightarrow{\text{(활성탄)}} COCl_2$(포스겐)

답 : ④

19 일산화탄소의 성질에 대한 설명 중 틀린 것은?
① 산화성이 강한 가스이다.
② 공기보다 약간 가벼우므로 수상치환으로 포집한다.
③ 개미산에 진한 황산을 작용시켜 만든다.
④ 혈액 속의 헤모글로빈과 반응하여 산소의 운반력을 저하
시킨다.

19

답 : ①

20 다음 중 가연성가스는?

① 산소   ② 염소
③ 일산화탄소   ④ 불소

20   답 : ③

21 기체의 밀도를 이용해서 분자량을 구할 수 있는 법칙과 관계가 가장 깊은 것은?

① 아보가드로의 법칙   ② 헨리의 법칙
③ 반데르발스의 법칙   ④ 일정성분비의 법칙

21 아보가드로법칙
모든 기체 1mol은 22.4ℓ이며 분자량만큼의 무게를 가진다.
답 : ①

22 금속재료에서 고온일 때 가스에 의한 부식으로 옳지 않은 것은?

① 수소에 의한 탈탄
② 암모니아에 의한 강의 질화
③ 이산화탄소에 의한 금속 카보닐화
④ 황화수소에 의한 황화

22 일산화탄소에 의한 카보닐화 (침탄)
답 : ③

C₂H₂(아세틸렌) 관련 문제

23 아세틸렌의 청정제는?

① 사염화탄소   ② 카타리솔
③ 리카솔   ④ 에퓨렌

23   답 : ①

24 아세틸렌(C_2H_2)에 대한 설명 중 틀린 것은?

① 카바이드(CaC_2)에 물을 넣어 제조한다.
② 동과 접촉하여 동아세틸라이드를 만들므로 동함유량이 62% 이상을 설비로 사용한다.
③ 흡열화합물이므로 압축하면 분해폭발을 일으킬 수 있다.
④ 공기 중 폭발범위는 약 2.5~80.5% 이다.

24 동합유량 62% 미만 사용
답 : ②

25 아세틸렌의 가스발생기 중 다량의 물속에 CaC_2를 투입하는 방법으로서 주로 공업적으로 대량생산에 적합한 가스발생 방법은?

① 주수식   ② 침지식
③ 접촉식   ④ 투입식

25   답 : ④

26 다음 중 카바이드와 관련이 없는 성분은?

① 아세틸렌(C_2H_2)   ② 석회석($CaCO_3$)
③ 생석회(CaO)   ④ 염화칼슘($CaCl_2$)

26   답 : ④

27 아세틸렌이나 과산화수소 등이 일으키는 자연발화 현상은?

① 분해열   ② 산화열
③ 발화열   ④ 중합열

27

답 : ①

28 아세틸렌 검지를 위한 시험지와 반응색은?

① KI전분지 – 청색
② 염화 제1동 착염지 – 적색
③ 염화 파라듐지 – 적색
④ 적색 리트머스지 – 청변

28

답 : ②

29 아세틸렌 가스의 폭발과 관계 없는 것은?

① 중합폭발   ② 산화폭발
③ 분해폭발   ④ 화합폭발

29 중합폭발 : 수분(HCN) 2% 이
상 함유 시 일어나는 폭발

답 : ①

Cl₂(염소) 관련 문제

30 다음 중 수돗물의 살균과 섬유의 표백용으로 주로 사용되는 가스는?

① F_2 ② Cl_2
③ O_2 ④ CO_2

30

답 : ②

31 다음 [보기]에서 염소가스의 성질에 대한 것만 모두 나열한 것은?

| 보기 | ㄱ. 상온에서 기체이다.
ㄴ. 상압에서 –40~–50℃로 냉각하면 쉽게 액화한다.
ㄷ. 인체에 대하여 극히 유독하다. |

① ㄱ, ㄴ   ② ㄴ, ㄷ
③ ㄱ, ㄷ   ④ ㄱ, ㄴ, ㄷ

31

답 : ④

32 염소(Cl_2)의 성질에 대한 설명 중 옳지 않은 것은?

① 상온에서 물에 용해하여 염산과 차아염소산을 생성한다.
② 암모니아와 반응하여 염화암모늄을 생성한다.
③ 소석회에 용이하게 흡수된다.
④ 완전히 건조된 염소는 철과 반응하므로 철강용기를 사용할 수 없다.

32 염소는 건조상태에서 부식성
이 없다.

답 : ④

33 염소폭명기에 대한 반응식은?

① $Cl_2 + CH_4 \rightarrow CH_3Cl + HCl$

② $Cl_2 + CO \rightarrow COCl_2$

③ $Cl_2 + H_2O \rightarrow HClO + HCl$

④ $Cl_2 + H_2 \rightarrow 2HCl$

33 답 : ④

NH₃(암모니아) 관련 문제

34 암모니아 합성공정 중 중압합성에 해당되지 않는 것은?

① IG법　　　　　② 뉴파우더법

③ 케미그법　　　　④ 케로그법

34 케로그법 : 고압법

답 : ④

35 암모니아 가스의 특성에 대한 설명 중 옳은 것은?

① 물에 잘 녹지 않는다.

② 무색의 기체이다.

③ 상온에서 아주 불안정하다.

④ 물에 녹으면 산성이 된다.

35 답 : ②

36 암모니아 누설 검사법으로 가장 적합한 방법은?

① 뷰렛법 검사　　　② 타이록스법 검사

③ 네슬러시약 검사　　④ 알카이드법 검사

36 답 : ③

37 [보기]와 같은 성질을 갖는 물질은?

보기	• 대기 중에 약 0.03% 존재한다. • 물에 거의 같은 부피로 녹으며 탄산을 만들어 약산성이 된다. • 무색, 무미, 무취의 기체로 공기보다 무겁고 불연성이다.

① CO　　　　　② CO_2

③ NH_3　　　　④ HCN

37 답 : ②

LPG 및 기타가스 관련 문제

38 LPG에 대한 설명 중 틀린 것은?

① 액체상태는 물(비중 1)보다 가볍다.

② 기화열이 커서 액체가 피부에 닿으면 동상의 우려가 있다.

③ 공기에 혼합시켜 도시가스 원료로도 사용된다.

④ 가정에서 연료용으로 사용하는 LPG는 올레핀계 탄화수소이다.

38 LPG = 파라핀계 탄화수소

답 : ④

39 메탄가스에 대한 설명 중 틀린 것은?

① 무색, 무취의 기체이다.

② 공기보다 무거운 기체이다.

③ 천연가스의 주성분이다.

④ 폭발범위는 약 5~15% 정도이다.

39 CH_4 분자량 : 16g

답 : ②

40 LPG에 대한 설명 중 옳지 않은 것은?

① 액화석유가스의 약자이다.

② 고급탄화수소의 혼합물이다.

③ 탄소수 3 및 4의 탄화수소 또는 이를 주성분으로 하는 혼합물이다.

④ 무색, 투명하고 물에 난용이다.

40

답 : ②

41 다음 화합물 중 탄소의 함유량이 가장 많은 것은?

① CO_2 ② CH_4

③ C_2H_4 ④ CO

41 $CO_2 : \dfrac{12}{44}$ $CH_4 : \dfrac{4}{16}$

$C_2H_4 : \dfrac{24}{28}$ $CO : \dfrac{12}{28}$

답 : ③

42 천연가스로 도시가스를 공급하고 있다. 이 천연가스의 주성분은?

① CH_4 ② C_2H_6

③ C_3H_8 ④ C_4H_{10}

42

답 : ①

43 메탄가스의 특성에 대한 설명 중 틀린 것은?

① 메탄은 프로판에 비해 연소에 필요한 산소량이 많다.

② 폭발하한농도가 프로판보다 높다.

③ 무색, 무취이다.

④ 폭발상한농도가 부탄보다 높다.

43 $CH_4 + 2O_2 \rightarrow CO_2 + 2H_2O$
$C_3H_8 + 5O_2 \rightarrow 3CO_2 + 4H_2O$
프로판이 산소량이 더 많이 필요하다.

답 : ①

44 탄화수소에서 탄소의 수가 증가할 때 생기는 현상이 아닌 것은?

① 증기압이 낮아진다. ② 발화점이 낮아진다.

③ 폭발하한계가 낮아진다. ④ 비등점이 낮아진다.

44 비등점이 높아진다.
$CH_4(-162℃)$, $C_3H_8(-42℃)$
$C_4H_{10}(-0.5℃)$

답 : ④

45 다음 사항 중 옳은 것은?

① 메탄가스는 프로판가스보다 무겁다.

② 프로판가스는 공기보다 가볍다.

③ 프로판가스의 비중은 공기를 1로 하면 상온에서 약 3이다.

④ 부탄가스의 비중은 공기를 1로 하면 상온에서 약 2이다.

45 $C_4H_{10} : 58g$

비중 : $\dfrac{58}{29} = 2$

답 : ④

46 천연가스에 대한 설명 중 틀린 것은?

① 주성분은 CH_4이다.

② 채굴된 천연가스에는 CO_2, C_3H_8 등이 포함되어 있다.

③ 천연가스는 액체상태로 지하에 매장되어 있다.

④ 천연가스는 기화시에 체적이 약 600배로 팽창된다.

46

답 : ③

47 LP가스의 조성 중 가장 많이 함유된 것은?

① 메탄   ② 프로판

③ 부타디엔   ④ 도시가스

47 LPG
C_3H_8, C_4H_{10}, C_3H_6, C_4H_8, C_4H_6

답 : ②

48 부탄(C_4H_{10})용기에서 액체 580g이 대기중에 방출되었다. 표준상태에서 부피는 몇 ℓ나 되는가?

① 230ℓ ② 150ℓ

③ 224ℓ ④ 210ℓ

48 $\dfrac{580g}{58g} \times 22.4\ell = 224\ell$

답 : ③

49 질소에 관한 설명 중 틀린 것은?

① 고온에서 산소와 반응하여 산화질소가 된다.

② 고온·고압 하에서 수소와 반응하여 암모니아를 생성한다.

③ 안정된 가스이므로 Mg, Ca, Li 등의 금속과는 반응하지 않는다.

④ 고온에서 탄화칼슘과 반응하여 칼슘 시안아미드가 된다.

49

답 : ③

50 다음 중 표준상태에서 비점이 가장 높은 것은?

① 나프타   ② 프로판

③ 에탄   ④ 부탄

50 나프타(200℃)
프로판(-42℃)
부탄(-0.5℃)

답 : ①

51 산화에틸렌의 성질에 대한 설명 중 틀린 것은?

① 무색의 유독한 기체이다.

② 알코올과 반응하여 글리콜에테르를 생성한다.

③ 암모니아와 반응하여 에탄올아민을 생성한다.

④ 물, 아세톤, 사염화탄소 등에 불용이다.

51

답 : ④

3 가스장치 및 기기

출제기준 ❶ 가스장치

기화장치, 정압기

01 가스장치

1 조정장치

(1) 종류

① 1단 감압식 저압조정기

② 1단 감압식 준저압조정기

③ 2단 감압식 1차용 조정기

④ 2단 감압식 2차용 저압조정기

⑤ 2단 감압식 2차용 준저압조정기

⑥ 자동절체식 일체형 저압조정기

⑦ 자동절체식 일체형 준저압조정기

(2) 1단·2단 감압식 조정기의 특징

1단 감압식		2단 감압식	
장점	단점	장점	단점
• 장치가 간단하다. • 조작이 간단하다.	• 배관이 굵어야 한다. • 한번에 감압하므로 최종압력에 정확성이 없다.	• 각 연소기구에 알맞는 압력으로 공급이 가능하다. • 관의 입상에 의한 압력손실이 보정된다. • 공급압력이 안정하다. • 중간배관이 가늘어도 된다.	• 검사방법이 복잡하다. • 설비가 복잡하다. • 재액화의 우려가 있다. • 조정기가 많이 든다.

2 기화장치

(1) 종류

① 가온감압식

② 감압가열식

   ※ 온수식의 온수온도 : 80℃ 이하

   ※ 증기식의 증기온도 : 120℃ 이하

(2) 기화방식

① 기화기를 사용하지 않는 자연기화방식

② 기화기를 사용하는 강제기화방식

(3) 기화기 사용 시 장점(강제기화방식의 장점)

① 한냉시 기화가 가능하다.

② 공급가스의 조성이 일정하다.

③ 기화량을 가감할 수 있다.

④ 설치면적이 적어진다.

02 압축기와 펌프

1 압축기(콤프레셔)

(1) 작동압력에 따른 분류

① 압축기 : 토출압력 0.1MPa 이상

② 송풍기(블로워) : 토출압력 10KPa 이상 0.1MPa 미만

③ 통풍기(팬) : 토출압력 10KPa 이상

(2) 압축형식에 따른 분류

① 용적형 : 왕복, 회전, 나사

① 터보식 : 원심, 축류, 사류

(3) 압축기별 특징

왕복 (스카치요크형)	• 오일 또는 무급유식이다. • 압축효율이 높다. • 쉽게 고압형성이 된다. • 실린더 내 압력은 저압, 압축이 단속적이다. • 저속회전, 설치면적이 크다. • 접촉부가 많아 소음·진동이 생긴다.
원심	• 무급유식이다. • 소음·진동이 적다. • 용량조정이 어렵고 범위가 좁다. • 압축효율이 낮다. • 압축이 연속적이다.
나사	• 흡입·압축·토출의 3행정이다. • 압축이 연속적, 진동이 없다. • 압축효율이 낮다. • 용량조정이 어렵고 효율이 낮다.
회전	• 압축이 연속적이다. • 고진공이 가능하다. • 소용량으로 사용된다. • 구조가 간단하다.

(4) 다단압축의 목적

① 일량이 절약된다.

② 이용효율이 증대된다.

③ 힘의 평형이 양호하다.

④ 가스의 온도상승을 피한다.

(5) 고속다기통 압축기

① 기통수가 많아 실린더 직경이 작고 동적, 정적 밸런스가 양호하다.

② 체적효율이 낮고 부품교환이 간단하다.

③ 소형으로 제작된다.

④ 자동운전이 가능하다.

(6) 압축기에 사용되는 윤활유

① 구비조건

① 경제적일 것

② 화학적으로 안정할 것

③ 점도가 적당할 것

④ 인화점이 높을 것

⑤ 항유화성이 클 것

⑥ 불순물이 적을 것

② 각 가스의 윤활유

① 양질의 광유(수소, 공기, 아세틸렌압축기)

② 물, 10% 이하 글리세린수(산소압축기)

③ 식물성유(LP가스압축기)

④ 진한황산(염소가스압축기)

(7) 왕복압축기의 피스톤압출량

$$V = \frac{\pi}{4}D^2 \times L \times N \times \eta \times \eta v$$

$\begin{array}{ll} V : \text{피스톤압출량}(m^3/min) & D : \text{실린더 내경} \\ L : \text{행정} & N : \text{회전수}(rpm) \\ \eta : \text{기통수} & \eta v : \text{체적효율} \end{array}$

※ 상기 공식에서 60을 곱하면 단위는 [m³/hr]로 변함

2 펌프(Pump)

(1) 용적식

① 왕복펌프(피스톤, 플런저, 다이어프램)

② 회전펌프(기어펌프, 나사펌프, 베인펌프)

(2) 터보식

① 원심펌프(볼류트펌프, 터빈펌프)

② 축류펌프

③ 사류펌프

(3) 펌프의 축마력과 축동력

① 축마력 $L_{ps} = \dfrac{\gamma \cdot Q \cdot H}{75\,\eta}$

② 축동력 $L_{kw} = \dfrac{\gamma \cdot Q \cdot H}{102\,\eta}$

$$\begin{bmatrix} \gamma : 비중량(kg/m^3) \\ Q : 유량(m^3/s) \\ H : 양정(m) \\ \eta : 효율 \end{bmatrix}$$

(4) 펌프 운전 중 회전수를 $N_1 \rightarrow N_2$로 변경 시

① 유량$(Q_2) = Q_1 \times \left(\dfrac{N_2}{N_1}\right)^1$

② 양정$(H_2) = H_1 \times \left(\dfrac{N_2}{N_1}\right)^2$

③ 동력$(P_2) = P_1 \times \left(\dfrac{N_2}{N_1}\right)^3$

(5) 원심펌프 운전방법

① 직렬 : 양정 증가, 유량 일정

② 병렬 : 양정 일정, 유량 증가

(6) 펌프의 이상현상

① 캐비테이션

① 정의 : 물펌프에서 증기압보다 낮으면 물이 증발을 일으키고 기포를 발생

② 방지법

• 회전수를 낮춘다.

• 흡입관경을 넓힌다.

• 양흡입펌프를 사용한다.

• 두 대 이상의 펌프를 사용한다.

② 수격작용

① 정의 : 펌프로 물을 이송 중 정전 등에 의한 속도 변화에 따른 압력 변화가 극대화되어 수충격현상이 일어나는 현상

② 방지법
- 관내유속을 낮춘다.
- 펌프에 플라이 휠을 설치한다.
- 조압수조를 관선에 설치한다.
- 밸브를 송출구 가까이 설치하고 적당히 제어한다.

3 배관

(1) 신축이음의 종류

① 슬리브이음
② 스위블이음
③ 벨로스이음
④ 루프이음
⑤ 상온스프링

 참고

신축량$(\lambda) = \ell \cdot \alpha \triangle t$

ℓ : 관의 길이 α : 선팽창계수 $\triangle t$: 온도차

(2) 배관에 생기는 응력의 원인

① 열팽창에 의한 응력
② 용접에 의한 응력
③ 내압에 의한 응력
④ 냉간가공에 의한 응력
⑤ 배관부속물의 중량에 의한 응력

(3) 진동의 원인

① 자연 또는 바람, 지진에 의한 진동
② 안전밸브 분출에 의한 진동
③ 펌프압축기에 의한 진동
④ 관의 굽힘에 의한 힘의 영향
⑤ 관내를 흐르는 유체의 압력 변화에 의한 진동

(4) 배관의 압력손실
① 관의 입상에 의한 손실
② 밸브나 엘보 등을 통과 시 손실
③ 가스미터에 의한 손실
④ 마찰저항에 의한 손실

(5) 배관재료의 구비조건
① 관내가스 유통이 원활
② 내식성이 있을 것
③ 절단가공이 용이할 것
④ 관의 접합이 용이할 것
⑤ 누설이 방지될 것

(6) 배관의 기호

기호	명칭
SPP	배관용 탄소강관
SPPS	압력 배관용 탄소강관
SPPH	고압 배관용 탄소강관
SPHT	고온 배관용 탄소강관
SPLT	저온 배관용 탄소강관
SPPW	수도용 아연 도금강관

(7) 배관의 유량식
① 저압배관

$$Q = K \sqrt{\dfrac{D^5 H}{SL}}$$

② 중고압배관

$$Q = K \sqrt{\dfrac{D^5 (P_1{}^2 - P_2{}^2)}{SL}}$$

$\quad$ Q : 가스유량(m^3/h)
$\quad$ K : 유량계수(저압 : 폴의 정수 0.707, 중고압 : 콕의 정수)
$\quad$ D : 관경(cm) $\qquad$ H : 압력손실(mmH_2O)
$\quad$ S : 가스비중 $\qquad$ L : 관길이(m)
$\quad$ P_1 : 초압($kg/cm^2 a$) $\qquad$ P_2 : 종압($kg/cm^2 a$)

(8) 입상에 의한 배관의 마찰손실

$$h = 1.293(S-1)H$$

$\quad$ h : 입상손실(mmH_2O)
$\quad$ S : 가스비중
$\quad$ H : 입상높이(m)

01 2단 감압조정기 사용시의 장점에 대한 설명으로 가장 거리가 먼 것은?

① 공급 압력이 안정하다.

② 용기 교환주기의 폭을 넓힐 수 있다.

③ 중간 배관이 가늘어도 된다.

④ 입상에 의한 압력손실을 보정할 수 있다.

01 ②는 자동교체조정기 사용 시 장점이다.

답 : ②

02 다음 중 압력계의 특징으로 틀린 것은?

① 자유 피스톤식 압력계는 부르동관 압력계의 눈금교정에 사용한다.

② 부르동관 압력계는 고압장치에 많이 사용되며 1차 압력계이다.

③ 다이어프램 압력계는 부식성 유체의 측정에 알맞다.

④ 피에조 전기 압력계는 가스폭발이나 급속한 압력변화를 측정하는 데 유효하다.

02 부르동관 압력계는 2차 압력계이다.

답 : ②

03 100A 강관을 B(inch) 호칭으로 표시한 것은?

① 2B   ② 3B

③ 4B   ④ 6B

03 $100 \div 25.4 = 4$

답 : ③

04 LPG 용기에 사용되는 조정기의 기능으로 가장 옳은 것은?

① 가스의 유량 조정

② 가스의 유출압력 조정

③ 가스의 밀도 조정

④ 가스의 유속 조정

04

답 : ②

05 저압 압축기로서 대용량을 취급할 수 있는 압축기의 형식은?

① 왕복동식   ② 원심식

③ 회전식   ④ 흡수식

05

답 : ②

06 공기 압축 시 주로 사용되는 압축기의 형식은?

① 왕복동식 압축기

② 스크류식 압축기

③ 축류식 압축기

④ 회전식 압축기

06

답 : ①

07 왕복 압축기의 용량제어 방법으로 적당하지 않은 것은?

① 깃 각도 조정에 의한 방법

② 타임드 밸브에 의한 방법

③ 회전수 변경에 의한 방법

④ 바이패스 밸브에 의하여 압축가스를 흡입축에 복귀시키는 방법

07 깃 각도 조정법
    원심압축기의 용량제어방법

답 : ①

08 압축기 윤활유의 구비조건에 해당되지 않는 것은?

① 인화점이 높고 응고점이 낮을 것

② 황유화성이 클 것

③ 정제도가 높아 잔류 탄소량이 클 것

④ 사용가스와 반응하지 않을 것

08

답 : ③

09 실린더의 단면적 50cm², 행정 10cm, 회전수 200rpm, 체적효율 80%인 왕복압축기의 토출량은?

① 60ℓ/min ② 80ℓ/min

③ 120ℓ/min ④ 140ℓ/min

09 $Q = 50cm^2 \times 10cm \times 200 \times 0.8$
   $= 80000cm^3/min$
   $= 80L/mi$

답 : ②

10 압축기의 윤활에 대한 설명 중 옳은 것은?

① 수소 압축기의 윤활에는 양질의 광유(鑛油)가 사용된다.

② 아세틸렌 압축기의 윤활에는 물이 사용된다.

③ 산소 압축기의 윤활에는 진한 황산이 사용된다.

④ 염소 압축기의 윤활에는 식물성유가 사용된다.

10 각종 가스의 윤활제
   • 아세틸렌(양질의 광유)
   • 산소(물, 10% 이하 글리세린)
   • 염소(진한 황산)

답 : ①

11 압축기에서 다단압축의 목적이 아닌 것은?

① 가스의 온도 상승을 방지하기 위하여

② 힘의 평형을 달리 하기 위해서

③ 이용 효율을 증가시키기 위하여

④ 압축 일량의 절약을 위하여

11

답 : ②

12 흡입압력이 대기압과 같으며 최종압력이 15kgf/cm² · g인 4단 공기 압축기의 압축비는?(단, 대기압은 1kgf/cm²로 한다.)

① 2
② 4
③ 8
④ 16

12 $a = \sqrt[4]{\dfrac{16}{1}} = 2$

답 : ①

13 왕복식 압축기의 구성 부품이 아닌 것은?

① 피스톤
② 임펠러
③ 커넥팅 로드
④ 크랭크축

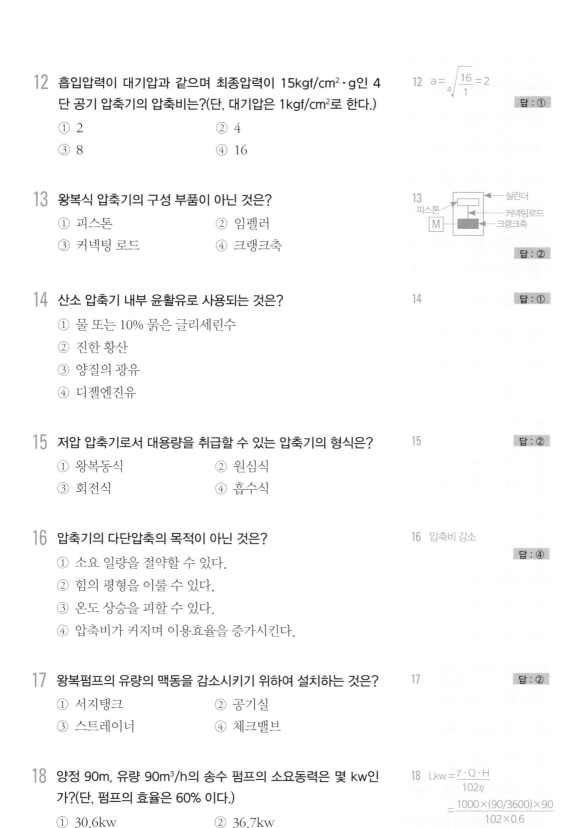

13

피스톤 ← 실린더
M ← 커넥팅로드
크랭크축

답 : ②

14 산소 압축기 내부 윤활유로 사용되는 것은?

① 물 또는 10% 묽은 글리세린수
② 진한 황산
③ 양질의 광유
④ 디젤엔진유

14

답 : ①

15 저압 압축기로서 대용량을 취급할 수 있는 압축기의 형식은?

① 왕복동식
② 원심식
③ 회전식
④ 흡수식

15

답 : ②

16 압축기의 다단압축의 목적이 아닌 것은?

① 소요 일량을 절약할 수 있다.
② 힘의 평형을 이룰 수 있다.
③ 온도 상승을 피할 수 있다.
④ 압축비가 커지며 이용효율을 증가시킨다.

16 압축비 감소

답 : ④

17 왕복펌프의 유량의 맥동을 감소시키기 위하여 설치하는 것은?

① 서지탱크
② 공기실
③ 스트레이너
④ 체크밸브

17

답 : ②

18 양정 90m, 유량 90m³/h의 송수 펌프의 소요동력은 몇 kw인가?(단, 펌프의 효율은 60% 이다.)

① 30.6kw
② 36.7kw
③ 50kw
④ 56kw

18 $Lkw = \dfrac{\gamma \cdot Q \cdot H}{102\eta}$

$= \dfrac{1000 \times (90/3600) \times 90}{102 \times 0.6}$

$= 36.7$

답 : ②

19 2000rpm으로 회전하는 펌프를 3500rpm으로 변환하는 경우 펌프의 유량과 양정은 몇 배가 되는가?

① 유량 : 2.65, 양정 : 4.12

② 유량 : 3.06, 양정 : 1.75

③ 유량 : 3.06, 양정 : 5.36

④ 유량 : 1.75, 양정 : 3.06

19 $Q_2 = Q_1 \times \left(\dfrac{3500}{2000}\right)^1 = 1.75$

$H_2 = H_1 \times \left(\dfrac{3500}{2000}\right)^2 = 3.06$

답 : ④

20 펌프의 종류 중 용적형이 아닌 것은?

① 피스톤 펌프 ② 터보 펌프

③ 베인 펌프 ④ 기어 펌프

20 답 : ②

21 원심펌프를 병렬연결 운전할 때의 특성으로서 올바른 것은?

① 유량은 불변이다. ② 양정은 증가한다.

③ 유량은 감소한다. ④ 양정은 일정하다.

21 • 병렬 : 유량증가, 양정일정
• 직렬 : 양정증가, 유량일정

답 : ④

22 캐비테이션(Cavitation)의 방지책으로 틀린 것은?

① 펌프의 설치 높이를 낮춘다.

② 양흡입 펌프를 사용한다.

③ 펌프의 회전수를 높게 한다.

④ 수직축 펌프를 사용하고 회전차를 수중에 잠기게 한다.

22 답 : ③

23 다음 펌프 중 베이퍼록 현상이 일어나는 것은?

① 회전펌프 ② 기포펌프

③ 왕복펌프 ④ 기어펌프

23 답 : ①

24 원심펌프를 직렬로 연결 운전할 때 양정과 유량의 변화는?

① 양정 : 일정, 유량 : 일정 ② 양정 : 증가, 유량 : 증가

③ 양정 : 증가, 유량 : 일정 ④ 양정 : 일정, 유량 : 증가

24 • 병렬 : 유량증가, 양정불변
• 직렬 : 양정증가, 유량불변

답 : ③

25 회전펌프의 장점이 아닌 것은?

① 왕복펌프와 같은 흡입, 토출밸브가 없다.

② 점성이 있는 액체에 좋다.

③ 토출압력이 높다.

④ 연속토출되어 맥동이 많다.

25 답 : ④

26 다음 중 터보형 펌프가 아닌 것은?

① 사류 펌프 ② 다이어프램 펌프

③ 축류식 펌프 ④ 원심식 펌프

26 왕복펌프의 종류
피스톤, 플런저, 다이어프램

답 : ②

27 LPG, 액화가스와 같이 저비점의 액체용 펌프에서 쓰이는 펌프의 축봉 장치는?

① 싱글 시일 ② 더블 시일

③ 언밸런스 시일 ④ 밸런스 시일

27

답 : ④

28 스크류펌프는 어느 형식의 펌프에 해당하는가?

① 축류펌프 ② 원심펌프

③ 회전펌프 ④ 왕복펌프

28 용적펌프
• 왕복 : 피스톤, 플런저, 다이어프램
• 회전 : 기어, 나사, 베인

답 : ③

29 펌프를 운전할 때 송출압력과 송출유량이 주기적으로 변동하여 펌프의 토출구 및 흡입구에서 압력계의 지침이 흔들리는 현상은?

① 공동현상(cavitation)

② 맥동현상(surging)

③ 수격작용(water hammering)

④ 진동현상(vibration)

29

답 : ②

30 양정 20m, 송수량 0.25m³/min, 펌프효율 65%인 터빈펌프의 축동력은 약 몇 kw인가?

① 1.26 ② 1.36

③ 1.59 ④ 1.69

30 $L_{kw} = \dfrac{\gamma \cdot Q \cdot H}{102\eta}$

$= \dfrac{1000 \times 0.25 \times 90}{102 \times 0.65 \times 60}$

$= 1.26kw$

답 : ①

31 펌프의 성능을 표시하는 특정곡선에서 일반적으로 표시되어 있지 않은 것은?

① 양정 ② 축동력

③ 토출량 ④ 임펠러 재질

31

답 : ②

32 다음 중 터보형 펌프가 아닌 것은?

① 원심 펌프　　　　② 사류 펌프

③ 축류 펌프　　　　④ 플런저 펌프

33 액화석유가스 이송용 펌프에서 발생하는 이상현상으로 가장 거리가 먼 것은?

① 캐비테이션　　　　② 수격작용

③ 오일포밍　　　　④ 베이퍼록

34 펌프의 유량이 100m³/s, 전양정 50m, 효율이 75% 일 때 회전수를 20% 증가시키면 소요동력은 몇 배가 되는가?

① 1.73배　　　　② 2.36배

③ 3.73배　　　　④ 4.36배

35 기어펌프의 특징에 대한 설명 중 틀린 것은?

① 저압력에 적합하다.

② 토출압력이 바뀌어도 토출량은 크게 바뀌지 않는다.

③ 고점도액의 이송에 적합하다.

④ 흡입양정이 크다.

36 가스배관에서 가스의 마찰저항 압력손실에 대한 설명으로 틀린 것은?

① 관의 길이에 비례한다.

② 유속의 2승에 비례한다.

③ 가스비중에 비례한다.

④ 관벽의 상태에 관계가 없다.

37 가스설비 및 배관 도면의 기재사항 중 3150, 3/4B, SPP, 백이라고 하면 다음 중 틀린 것은?

① 3150 : 관의 길이(mm)

② 3/4B : 관의 내경이 3/4인치

③ SPP : 스텐레스강관

④ 백 : 아연도금관

32 플런저 펌프 : 용적형

답 : ④

33

답 : ③

34 $P_2 = P_1 \times \left(\dfrac{N_2}{N_1} \right)^3$

$= P_1 \times 1.2^3$

$= 1.73 P_1$

답 : ①

35

답 : ①

36 $H = \dfrac{Q^2 \cdot S \cdot L}{K^2 \cdot D^5}$

답 : ④

37 SPP(배관용탄소강관)

답 : ③

38 주철관 접합법이 아닌 것은?

① 기계적 접합

② 소켓 접합

③ 플레어 접합

④ 빅토릭 접합

39 프로판(C_3H_8)의 비중이 1.5이고 입상관의 높이가 25m일 때 압력손실은 얼마인가?

① 13.4

② 16.2

③ 19.2

④ 22.4

40 도시가스 배관이 10m 수직상승했을 경우 배관 내의 압력상승은 얼마나 되겠는가?(단, 가스비중은 0.65이다.)

① 4.52mmAq

② 6.52mmAq

③ 8.75mmAq

④ 10.75mmAq

41 고온·고압의 가스배관에 쓰이며 가끔 분해할 수 있는 관의 접합방법은?

① 플렌지 접합

② 나사 접합

③ 차입 접합

④ 용접 접합

42 다음 중 팽창조인트 KS 도시기호는?

① ⊏▭⊐

② ─┤├─

③ ─)(─

④ ─◯─

43 구리관의 특징이 아닌 것은?

① 내식성이 좋아 부식의 염려가 없다.

② 열전도율이 높아 복사난방용에 많이 사용된다.

③ 스케일 생성에 의한 열효율의 저하가 적다.

④ 굽힘, 절단, 용접 등의 가공이 복잡하여 공사비가 많이 든다.

44 압력배관용 탄소강관의 KS 규격기호는?

① SPP

② SPPS

③ SPLT

④ SPHT

38 플레어접합 : 동관 접합

38 플레어접합 : 동관 접합

답 : ③

39 $h = 1.293(S-1)H$
$= 1.293(1.5-1) \times 25$
$= 16.2mmH_2O$

답 : ②

40 $h = 1.293(1-0.65) \times 10$
$= 4.52mmAq$

답 : ①

41

답 : ①

42 팽창조인트 = 신축이음

답 : ①

43

답 : ④

44 SPP(배관용 탄소강관)
SPPS(압력배관용 탄소강관)
SPLT(저온배관용 탄소강관)
SPHT(고온배관용 탄소강관)

답 : ②

45 배관 작업 시 관 끝을 막을 때 주로 사용하는 부속품은?

① 캡 ② 엘보
③ 플렌지 ④ 니플

45 관 끝을 막는 부속 : 캡, 플러그
답 : ①

46 고온·고압의 가스 배관에 주로 쓰이며 분해, 보수 등이 용이하나 매설배관에는 부적당한 접합방법은?

① 플렌지 접합 ② 나사 접합
③ 차입 접합 ④ 용접 접합

46 답 : ①

47 저온배관용 탄소강관의 표시기호는?

① SPPS ② SPLT
③ SPPH ④ SPHT

47 SPPS(압력배관용 탄소강관)
SPPH(고압배관용 찬소강관)
SPHT(고온배관용 탄소강관)
답 : ②

48 강관의 스케줄(schedule) 번호가 의미하는 것은?

① 파이프의 길이
② 파이프의 바깥지름
③ 파이프의 무게
④ 파이프의 두께

48 $SCH = 10 \times \dfrac{P}{S}$
답 : ④

49 고온배관용 탄소강관의 규격기호는?

① SPPH ② SPHT
③ SPLT ④ SPPW

49 SPPH(고압배관용 탄소강관)
SPHT(고온배관용 탄소강관)
SPLT(저온배관용 탄소강관)
SPPW(수도용 아연도금 강관)
답 : ②

50 가스배관의 배관 경로 결정에 대한 설명 중 옳지 않은 것은?

① 가능한 한 최단거리로 할 것
② 구부러지거나 오르내림을 적게 할 것
③ 가능한 한 은폐하거나 매설할 것
④ 가능한 한 옥외에 설치할 것

50 은폐매설을 피할 것(노출하여
시공할 것)
답 : ③

01 액화장치

① 필립스식 : 피스톤, 보조피스톤을 이용하여 액화
② 캐피자식 : 공기 7atm의 압력으로 공기를 냉각, 수분·CO_2를 제거하여 액화
③ 캐스케이드 : 비점이 점차 낮은 냉매를 사용, 저비점의 기체를 액화하는 사이클
④ 클로우드식 : 팽창밸브, 팽창기를 이용하여 액화
⑤ 린데식 : 팽창밸브를 통한 줄톰슨효과를 이용하여 액화하는 사이클

02 공기액화분리장치

▪1 개요

원료공기를 압축기로 고압, 열교환에 의하여 저온을 형성, 각각 비등점의 차이를 이용, 액화산소(-183℃), 액화아르곤(-186℃), 액화질소(-196℃)의 가스를 제조하는 공정

▪2 불순물로 인한 위험성

(1) 불순물의 종류

① 수분 : 건조제로 제거 ※ 건조제의 종류 : 실리카겔, 알루미나, 소바비드, 가성소다
② CO_2 : 가성소다를 이용, CO_2 흡수탑에서 $2NaOH+CO_2 \rightarrow Na_2CO_3+H_2O$의 반응으로 제거
③ 불순물 존재 시 영향 : CO_2는 드라이아이스, H_2O는 얼음이 되어 장치 내를 폐쇄시킴

(2) 즉시 운전중지하고 내부의 액 또는 기체를 방출하여야 하는 경우

① 액화산소 5L 중 C_2H_2의 질량이 5mg 이상 시
② 액화산소 5L 중 탄화수소 중 탄소의 질량이 500mg 이상 시

(3) 공기액화분리장치의 폭발원인

① 공기취입구로부터 아세틸렌의 혼입
② 압축기용 윤활유 분해에 따른 탄화수소의 생성
③ 액체공기 중 오존(O_3)의 혼입
④ 공기 중 질소산화물(NO, NO_2)의 혼입

(4) 공기액화분리장치의 폭발원인에 대한 대책

① 공기취입구를 아세틸렌이 혼입되지 않는 맑은 곳에 설치한다.
② 부근에서 카바이드 작업을 하지 않는다.
③ 장치 내 여과기를 설치한다.
④ 윤활유는 양질의 광유를 사용한다.
⑤ 연 1회 CCl_4(사염화탄소)로 세척한다.

01 공기액화분리장치에는 가연성 단열재를 사용할 수 없다. 그 이유는 어느 가스 때문인가?

① N_2 ② CO_2

③ H_2 ④ O_2

01   **답 : ④**

02 냉동기에 사용되는 냉매의 구비조건으로 틀린 것은?

① 비체적이 적을 것
② 부식성이 적을 것
③ 분해성이 클 것
④ 증발잠열이 클 것

02   **답 : ③**

03 공기액화분리장치에서 폭발사고가 발생했다. 그 원인에 해당되지 않는 것은?

① 장치 내 질소 생성
② 공기 중의 O_3 혼입
③ 공기 취입구로부터의 아세틸렌의 침입
④ 윤활유의 열화에 의한 탄화수소의 생성

03 공기액화분리장치의 폭발원인 물질 : 아세틸렌, 탄화수소, 오존, 질소산화물

     답 : ①

04 공기를 압축하여 냉각시키면 액화되는데, 비점 차이에 의한 액화분리에 관한 설명으로 옳은 것은?

① 산소가 먼저 액화된다.
② 질소가 먼저 액화된다.
③ 산소와 질소가 동시에 액화된다.
④ 산소와 질소는 분리 액화되지 않는다.

04 공기액화분리장치의 액화순서 $O_2(-183℃) \rightarrow Ar(-186℃)$ $\rightarrow N_2(-196℃)$

     답 : ①

05 저온장치 내부에서 수분과 탄산가스가 존재되었을 때 미치는 영향 중 옳은 것은?

① 얼음 및 드라이아이스가 생성된다.
② 수분은 윤활제로서 역할을 한다.
③ 가연성가스가 침입될 시 안정제가 된다.
④ 오존이 들어오면 중화시킨다.

05   **답 : ①**

06 고압식 액체산소분리장치의 원료공기에 대한 기술 중 틀린 것은?

① 탄산가스가 제거된 후 압축기에서 압축된다.

② 압축된 원료공기는 예냉기에서 나온 질소가스와 열교환하여 냉각된다.

③ 건조기에서 수분이 제거된 후에는 팽창기와 정류탑의 하부로 열교환하며 들어간다.

④ 압축기로 압축한 후 물로 냉각한 다음 축냉기에 보내진다.

06 축냉기 : 저압식 액체산소 분리장치기구

답 : ④

07 공기액화분리장치의 내부를 세척하고자 한다. 세정액으로 사용할 수 있는 것은?

① 탄산나트륨(Na_2CO_3)　② 사염화탄소(CCl_4)

③ 염산(HCl)　④ 가성소다($NaOH$)

07

답 : ②

08 가스 저장시설 중 이중각식 구형저장탱크에 저장하지 않아도 되는 가스는?

① 액체산소　② 액체질소

③ 액화에틸렌　④ 액화아세틸렌

08 액체산소(−183℃), 액체질소(−196℃), 액체에틸렌(−103.8℃)으로서 초저온이므로 이중각식 구형탱크에 저장

답 : ④

09 다음 공기액화사이클에서 관련이 없는 장치가 연결되어 있는 것은?

① 린데식 공기액화사이클 – 액화기

② 클로우드 공기액화사이클 – 축냉기

③ 필립스 공기액화사이클 – 보조 피스톤

④ 캐피자 공기액화사이클 – 압축기

09 클로우드식 공기액화장치 – 팽창기

답 : ②

10 산소를 제조하기 위한 공기액화분리장치에서 수유분리기(水油分離器)의 역할 설명으로 옳지 않은 것은?

① 압축기 파손 우려가 있으므로 물이나 오일을 제거한다.

② 오일이 장치 내에 들어가면 폭발위험이 있으므로 오일을 제거한다.

③ 수분이 장치 중에 들어가면 동결하여 밸브 및 배관을 폐쇄하므로 수분을 제거한다.

④ 수유분리기에서는 압축된 공기 중의 수분이나 오일을 가스 유속을 빠르게 하여 분리시킨다.

10 ④ 서서히 분리시킨다.

답 : ④

11 고압식 액화분리장치의 작동 개요 중 맞지 않는 것은?

① 원료공기는 여과기를 통하여 압축기로 흡입하여 약 150~200kg/cm²으로 압축시킨 후 탄산가스는 흡수탑으로 흡수시킨다.

② 압축기를 빠져나온 원료공기는 열교환기에서 약간 냉각되고 건조기에서 수분이 제거된다.

③ 압축공기는 수세정탑을 거쳐 축냉기로 송입되어 원료공기와 불순 질소류가 서로 교환된다.

④ 액체공기는 상부 정류탑에서 약 0.5atm 정도의 압력으로 정류된다.

11   답 : ③

12 다음 중 공기를 압축·냉각하여 액체공기를 만드는 과정 및 액체공기를 분류·증류하는 과정에서 기화, 액체되어 나오는 가스의 순서가 맞는 것은?

① 액화는 산소가 먼저하고, 기화는 질소가 먼저한다.

② 액화는 질소가 먼저하고, 기화는 산소가 먼저한다.

③ 산소가 액화, 기화 모두 먼저한다.

④ 질소가 액화, 기화 모두 먼저한다.

12   답 : ①

13 공기액화분리장치의 CO_2에 관한 설명으로 옳지 않은 것은?

① CO_2는 수분리기에서 제거하여 건조기에서 완결된다.

② CO_2는 장치폐쇄를 일으킨다.

③ CO_2는 8% NaOH용액으로 제거한다.

④ CO_2는 원료공기에 포함된 것이다.

13 CO_2는 탄산가스흡수기에서 NaOH(가성소다) 수용액으로 제거한다. 수분은 건조기에서 건조제로 제거한다.

답 : ①

14 압축된 가스를 단열 팽창시키면 온도가 강하한다는 효과는?

① 단열효과   ② 줄-톰슨효과

③ 정류효과   ④ 강하효과

14   답 : ②

15 저온장치에서의 열의 침입원인이 아닌 것은?

① 연결배관 등에 의한 열전도

② 외면으로부터 열복사

③ 밸브 등에 의한 열전도

④ 지지요크 등에 의한 열방사

15 ①~③ 이외에 단열재를 충전한 공간에 남은 가스분자의 열전도, 지지요크의 열전도 등이 있다.

답 : ④

16 공기액화분리장치에서 공기 중의 이산화탄소를 제거하는 이유는?

① 가스의 원활함과 밸브 및 배관에 세척을 잘하기 때문에
② 압축기에서 토출된 가스의 압축열을 제거하기 때문에
③ 저온장치에 이산화탄소가 존재하면 고형의 드라이아이스가 되어 밸브 및 배관을 폐쇄장애를 일으키기 때문에
④ 원료가스를 저온에서 분리, 정제하기 때문에

16

17 비점이 점차 낮은 냉매를 사용하여 저비점의 기체를 액화하는 사이클은?

① 클라우드 액화사이클
② 캐스케이드 액화사이클
③ 필립스 액화사이클
④ 린데 액화사이클

17

18 공기액화분리장치용 구성기기 중 압축기기에서 고압으로 압축된 공기를 저온저압으로 낮추는 역할을 하는 장치는?

① 응축기
② 유분리기
③ 팽창기
④ 열교환기

18

19 다음 중 공기액화사이클의 종류에 해당되지 않는 것은?

① 클라우드 공기액화사이클
② 캐피자 공기액화사이클
③ 뉴파우더 공기액화사이클
④ 필립스 공기액화사이클

19

20 캐피자 공기액화사이클에서 공기의 압축 압력은 약 얼마 정도인가?

① 3atm
② 7atm
③ 29atm
④ 40atm

20

21 공기를 공기액화분리법으로 액화시킬 때 가장 먼저 액화되는 것은?

① N_2
② O_2
③ Ar
④ He

21 액화순서 : $O_2 \rightarrow Ar \rightarrow N_2$

22 고압식 액체산소분리장치의 주요 구성이 아닌 것은?

① 공기압축기
② 기화기
③ 액화산소탱크
④ 저온열교환기

22

23 20RT의 냉동능력을 갖는 냉동기에서 응축온도가 +30℃, 증발온도가 –25℃ 일 때 냉동기를 운전하는 데 필요한 냉동기의 성적계수(COP)는 얼마인가?

① 4.51
② 7.46
③ 14.51
④ 17.46

23 냉동기 성적계수

$$= \frac{T_2}{T_1 - T_2}$$

$$= \frac{(273-25)}{(273+30)-(273-25)}$$

$$= 4.51$$

답 : ①

24 공기액화분리장치에 들어가는 공기 중에 아세틸렌가스가 혼입되면 안되는 이유로서 가장 옳은 것은?

① 산소의 순도가 나빠지기 때문에
② 분리기 내의 액화산소 탱크 내에 들어가 폭발하기 때문에
③ 배관 내에서 동결되어 막히므로
④ 질소와 산소의 분리에 방해가 되므로

24　　　　답 : ②

25 가스액화분리장치의 주요 구성 성분이 아닌 것은?

① 기화장치
② 정류장치
③ 한냉발생장치
④ 불순물제거장치

25　　　　답 : ①

26 수소나 헬륨을 냉매로 사용한 냉동방식으로 실린더 중에 피스톤과 보조 피스톤으로 구성되어 있는 액화사이클은?

① 클라우드 공기액화사이클
② 린데 공기액화사이클
③ 필립스 공기액화사이클
④ 캐피자 공기액화사이클

26　　　　답 : ③

27 다음은 저압식 공기액화분리장치의 작동개요의 일부이다. (　　) 안에 각각 알맞은 수치를 옳게 나열한 것은?

> 보기
> 저압식 공기액화분리장치의 복식정류탑에서는 하부탑에서 약 5atm의 압력하에서 원료공기가 정류되고, 동탑 상부에서는 (　㉠　)% 정도의 액체질소가, 탑하부에서는 (　㉡　)% 정도의 액체공기가 분리된다.

① ㉠ 98　㉡ 40
② ㉠ 40　㉡ 98
③ ㉠ 78　㉡ 30
④ ㉠ 30　㉡ 78

27　　　　답 : ①

01 LPG(C_3H_8, C_4H_{10})

1 LP가스의 연소 특성
① 연소 시 발열량이 크다.
  ※ LPG는 CH_4, C_2H_2보다 탈 수 있는 탄소, 수소수가 많아 발열량이 크다.
② 연소범위가 좁다.
③ 연소속도가 늦다.
④ 연소 시 다량의 공기가 필요하다.
⑤ 착화온도가 높다.

2 LP가스의 일반 특성
① 가스는 공기보다 무겁다.

C_3H_8 = 44g, $\dfrac{44}{29}$ = 1.52 C_4H_{10} = 58g, $\dfrac{58}{29}$ = 2

② 액은 물보다 가볍다.(액비중 0.5)
③ 증발잠열이 크다.
④ 기화액화가 용이하다.
⑤ 기화 시 체적이 250배 커진다.
⑥ 패킹제로는 실리콘 고무를 사용한다.

3 도시가스와 비교한 LPG의 장단점

(1) 장점
① 고열량으로, 작은 관경으로 공급이 가능하다.
② LPG 특유 증기압으로 가압장치가 필요없다.
③ 입지적 제약이 없다.
④ 열량이 높아 단시간 온도상승이 가능하다.

(2) 단점
① 저장탱크용기의 집합장치가 필요하다.
② 부탄의 경우 재액화가 필요하다.
③ 연소 시 다량의 공기가 필요하다.
④ 공급 시 예비용기 확보가 필요하다.

4 LPG의 자동차연료 특징(휘발유 연료와 비교한 장단점)

(1) 장점

① 기체로서 완전연소가 가능하다.
② 완전연소로 인해 공해가 적고 엔진수명이 연장된다.
③ 연료비가 저렴하다.
④ 열효율이 높다.

(2) 단점

① 차량에 용기의 무게가 작용하며 용기의 장소가 필요하다.
② 급속한 가속은 위험하다.
③ 누설가스가 실내로 오지 않도록 밀폐되어야 한다.

5 LPG의 탱크로리에서 저장탱크로 이송 방법

(1) 종류

① 압축기에 의한 방법
② 펌프에 의한 방법
③ 차압에 의한 방법

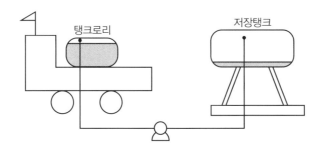

(2) 압축기 · 펌프 이송 시의 장단점

구분	압축기	펌프
장점	• 충전시간이 짧다. • 잔가스 회수가 용이하다. • 베이퍼록의 우려가 없다.	• 재액화 우려가 없다. • 드레인 우려가 없다.
단점	• 재액화 우려가 있다. • 드레인 우려가 있다.	• 충전시간이 길다. • 잔가스 회수가 불가능하다. • 베이퍼록의 우려가 있다.

※ 압축기로 이송 시 사방(사로)밸브의 역할 : 탱크로리의 액가스를 저장탱크로 옮긴 후 사방밸브의
　방향을 역방향으로 돌려 탱크로리 기체가스를 저장탱크로 회수

1 가스홀더

① 저압용 : 유수식 가스홀더, 무수식 가스홀더
② 중·고압용 : 구형 가스홀더

2 전기방식법의 종류

① 희생양극법
② 외부전원법
③ 강제배류법
④ 선택배류법

3 전기방식의 선택

① 직류전철 등에 의한 누출전류의 우려가 있는 경우 : 외부전원법, 희생양극법
② 직류전철 등에 의한 누출전류의 우려가 없는 경우 : 배류법(단, 방식효과가 충분하지
　않을 때 외부전원법, 희생양극법을 병용)
③ 전위측정터미널(T/B) 설치 간격
　• 희생양극법, 배류법 : 300m 간격
　• 외부전원법 : 500m 간격

4 라인마크

① 도로, 공동주택부지 내 도시가스 배관을 매설하는 경우 설치
② 관길이 50m마다 1개씩 설치

5 공기보다 비중이 가벼운 지하에 설치되는 도시가스 정압기실의 통풍구조

① 환기구는 2방향 분산 설치
② 배기구는 천장면에서 30cm 이내 설치
③ 흡입구, 배기구의 관경은 100mm 이상
④ 배기가스 방출구는 지면에서 3m 이상
⑤ 안전밸브의 가스방출관의 설치위치는 지면에서 5m 이상(단, 전기시설물의 접촉우려
　가 있을 때는 3m 이상)

01 액화가스 충전에서는 액펌프와 압축기가 사용될 수 있다. 이
때 압축기를 사용하는 경우의 특징이 아닌 것은?

① 충전시간이 짧다.
② 베이프록 등으로 운전상 지장이 일어나기 쉽다.
③ 재액화 현상이 일어난다.
④ 잔가스의 회수가 가능하다.

01 **답 : ②**

02 LP가스를 자동차용 연료로 사용 시 장단점으로 틀린 것은?

① 배기가스에는 독성이 적다.
② 발열량이 높고 완전연소하기 쉽다.
③ 기관의 부식·마모가 적다.
④ 시동 시 급가속이 용이하다.

02 급속한 가속은 곤란하다.
답 : ④

03 LP가스 이송설비 중 압축기에 의한 이송방식에서 잘못된 것은?

① 잔가스 회수가 용이하다.
② 베이퍼록 현상이 없다.
③ 펌프에 비해 이송시간이 짧다.
④ 저온에서 부탄가스가 재액화 되지 않는다.

03 **답 : ④**

04 기동성이 있어 장·단거리 어느 쪽에도 적합하고 용기에 비해
다량 수송이 가능한 방법은?

① 용기에 의한 방법
② 탱크로리에 의한 방법
③ 철도 차량에 의한 방법
④ 유조선에 의한 방법

04 **답 : ②**

05 탱크로리 충전작업 중 작업을 중단해야 하는 경우가 아닌 것
은?

① 탱크 상부로 충전 시
② 과 충전 시
③ 누설 시
④ 안전밸브 작동 시

05 탱크로리 충전작업 중 작업을
중단해야 하는 경우 : ②, ③,
④ 항목 이외에 액압축 및 베이
퍼록 발생 시, 화재발생 시 등
답 : ①

06 LP가스를 용기에 의해 수송할 때의 설명으로 틀린 것은?

① 용기 자체가 저장설비로 이용될 수 있다.

② 소량 수송의 경우 편리한 점이 많다.

③ 취급 부주의로 인한 사고의 위험 등이 수반된다.

④ 용기의 내용적을 모두 채울 수 있어 가스의 누설이 전혀 발생되지 않는다.

06

답 : ④

07 LP가스의 이송설비 중 압축기에 의한 공급방식에 대한 설명으로 틀린 것은?

① 이송시간이 짧다.

② 베이퍼록 현상의 우려가 없다.

③ 재액화의 우려가 없다.

④ 잔가스 회수가 용이하다.

07

답 : ③

08 저온에서 초저온까지 사용되는 금속재료 중 맞는 것은?

① 탄소강, 27% Cr-Mn강

② 알루미늄, 동합금

③ 18-8 스테인리스강, Mo강

④ 주강, 주철

08 초저온용 재질 : 18-8 STS, 9% Ni, Cu, Al

답 : ②

09 급배기 방식에 따른 연소기구 중 실내에서 연소용 공기를 흡입하여 실내로 방출하는 방식은?

① 개방형

② 옥외 방출형

③ 밀폐형

④ 반밀폐형

09 급배기 방식에 따른 연소기구의 종류

• 자연배기식 반밀폐형(CF) : 연소용 공기는 실내에서 취하고 자연통기력에 의하여 옥외로 배출

• 강제배기식 반밀폐형(FE) : 연소용 공기는 실내에서 송풍기 등으로 옥외로 강제 배출

• 자연배기식 밀폐형(BF) : 급배기통을 옥외로 하고 자연통기력으로 옥외로 배출

• 강제배기식 밀폐형(FF) : 급배기통을 옥외로 하고 송풍기 등으로 옥외로 강제 배출

• 개방형 : 실내에서 연소공기를 취하고 실내로 배기가스를 배출

답 : ①

10 금속재료의 저온 특성에 관한 기술 중 올바른 것은?

① 오스테나이트 스테인리스강은 어느 온도 이하가 되면 샤르피충격치가 급격히 저하, 저온취성을 나타낸다.
② 알루미늄은 저온취성이 현저하므로 저온용 재료로서 부적당하다.
③ 탄소강은 저온이 되면 연신율이 떨어진다.
④ 탄소강은 저온이 되면 인장강도가 저하한다.

10 탄소강은 온도가 낮아지면 인장강도, 경도 등은 증가하고 연성, 충격치, 연신율 등은 저하한다.

답 : ③

11 LPG의 연소방식 중 모두 연소용 공기를 2차 공기로만 취하는 방식은?

① 적화식   ② 분젠식
③ 세미분젠식   ④ 전1차 공기식

11 • 분젠식 : 1차 및 2차 공기를 취하는 방식
• 세미분젠식 : 적화식과 분젠식의 중간 형태
• 전1차공기식 : 2차 공기를 취하지 않고 1차 공기로 취하는 방식

답 : ①

12 고압가스 제조시설에 안전밸브를 설치하는 곳과의 관계가 잘못된 것은?

① 압축기 토출측
② 감압밸브 앞에 배관
③ 반응탑
④ 저장탱크

12 감압밸브 뒤의 배관

답 : ②

13 다음 중 공업적으로 레페반응장치 등에 채택되고 있는 형식의 오토클레이브는?

① 가스교반형   ② 진탕형
③ 교반형   ④ 회전형

13   답 : ①

14 저압 가스사용시설 배관의 중간밸브로 사용할 때 적당한 밸브는?

① 플러그 밸브   ② 글로브 밸브
③ 볼 밸브   ④ 슬루스 밸브

14   답 : ③

15 다음 중 가스종류에 따른 용기재질이 부적합한 것은?

① LPG : 탄소강   ② 암모니아 : 동
③ 수소 : 크롬강   ④ 염소 : 탄소강

15 암모니아는 강 또는 동함 유량 62% 미만의 동합금을 사용

답 : ②

16 고압가스 탱크의 제조 및 유지관리에 대한 설명 중 틀린 것은?

① 지진에 대해서는 구형보다 횡형이 안전하다.

② 용접 후는 잔류응력을 제거하기 위해 용접부를 서서히 냉각시킨다.

③ 용접부는 방사선 검사를 실시한다.

④ 정기적으로 내부를 검사하여 부식 균열의 유무를 조사한다.

16 답 : ①

17 고압가스에 사용되는 고압장치용 금속재료가 갖추어야 할 일반적인 성질로서 적당치 않은 것은?

① 내식성 ② 내열성

③ 내마모성 ④ 내알칼리성

17 답 : ④

18 진탕형 오토클레이브의 특징이 아닌 것은?

① 가스 누설의 가능성이 없다.

② 고압력에 사용할 수 있고 반응물의 오손이 없다.

③ 뚜껑판에 뚫어진 구멍에 촉매가 끼어들어갈 염려가 없다.

④ 교반효과가 뛰어나며 교반형에 비하여 효과가 크다.

18 답 : ④

19 강의 표면에 타금속을 침투시켜 표면을 경화시키고 내식성, 내산화성을 향상시키는 것을 금속침투법이라 한다. 그 종류에 해당되지 않는 것은?

① 세라다이징(Sheardizing)

② 칼로라이징(Caiorizing)

③ 크로마이징(Chromizing)

④ 도우라이징(Dowrzing)

19
• 세라다이징 : Zn 침투
• 칼로라이징 : Al 침투
• 크로마이징 : Cr 침투
• 실리코라이징 : Si 침투

답 : ④

20 다음 보기는 어떤 진공단열법의 특징을 설명한 것인가?

> 보기
> • 단열층이 어느 정도 압력에 견디므로 내층의 지지력이 있다.
> • 최고의 단열성능을 얻으려면 10^{-5}[Torr] 정도의 높은 진공도를 필요로 한다.

① 고진공단열법 ② 다층진공단열법

③ 분말진공단열법 ④ 상압진공단열법

20 답 : ②

21 다음 중 진탕형 교반기의 특징으로 틀린 것은?

① 교반축 스타핑박스에서 가스 누설의 가능성이 많다.

② 고압력에 사용할 수 있고, 반응물의 오손이 없다.

③ 장치 전체가 진동하므로 압력계는 본체에서 떨어져 설치한다.

④ 뚜껑판에 뚫어진 구멍에 촉매가 끼어 들어갈 염려가 있다.

22 다음 중 원통형 저장탱크의 부속품이 아닌 것은?

① 안전밸브   ② 드레인밸브

③ 액면계   ④ 승압밸브

23 액화천연가스를 취급하는 설비의 금속재료로 부적합한 것은?

① 일반 탄소강   ② 스테인리스강

③ 알루미늄 합금   ④ 9% 니켈강

24 반복하중에 의해 재료의 저항력이 저하하는 현상을 무엇이라고 하는가?

① 교축   ② 크리프

③ 피로   ④ 응력

25 양면간에 복지방지용 시일드판으로서 알루미늄박과 스페이서로의 글라스울을 서로 다수 포개어 고진공 중에 두는 단열방법은?

① 상압단열법   ② 고진공단열법

③ 다층진공단열법   ④ 분말진공단열법

26 가스용기 재료의 구비조건으로 옳지 않은 것은?

① 경량이고 충분한 흡습성이 있을 것

② 저온 및 사용온도에 견딜 것

③ 내식성, 내마모성이 있을 것

④ 용접성 및 가공성이 좋을 것

21 **답 : ①**

22 원통형 저장탱크 부속품 : 안전밸브, 긴급차단밸브, 드레인밸브, 압력계, 온도계, 액면계
답 : ④

23 **답 : ①**

24 **답 : ③**

25 **답 : ③**

26 ① 경량이고 충분한 강도가 있을 것
답 : ①

27 금속재료에서 고온일 때의 가스에 의한 부식에 해당하지 않는 것은?

① 수소에 의한 강의 탈탄

② 황화수소에 의한 황화

③ 탄산가스에 의한 카보닐화

④ 산소에 의한 산화

27 ③ CO에 의한 카보닐(침탄)

답 : ③

28 용기용 밸브는 가스 충전구의 형식에 따라 분류된다. 가스 충전구에 나사가 없는 것은?

① A형   ② B형

③ C형   ④ AB형

28 A(충전구 숫나사),
B(충전구 암나사),
C(충전구에 나사가 없음)

답 : ③

29 오토클레이브(auto clave)에 대한 설명 중 옳지 않은 것은?

① 압력은 일반적으로 부르동관식 압력계로 측정한다.

② 오토클레이브의 재질은 사용범위가 넓은 탄소강이 주로 사용된다.

③ 오토클레이브에는 정치형, 교반형, 진탕형 등이 있다.

④ 오토클레이브의 부속장치로는 압력계, 온도계, 안전밸브 등이 있다.

29 오토클레이브
• 밀폐반응가마로 액체를 가열 시 온도상승과 더불어 증기압을 상승시켜 액상유지로 반응을 시킬 때 사용하는 고압반응 가마솥
• 부속품 : 압력계, 온도계, 안전밸브
• 종류 : 정치형, 교반형, 진탕형, 회전형, 가스교반형
• 재료 : 스텐레스강
• 압력계 : 부르동관
• 안전밸브 : 스프링식, 파열판식
• 온도계 : 수은, 열전대

답 : ②

30 다음 보기와 같은 정압기의 종류는?

보기	• unloading 형이다. • 본체는 복좌밸브로 되어 있어 상부에 다이어프램을 가진다. • 정특성은 아주 좋으나 안정성은 떨어진다. • 다른 형식에 비하여 크기가 크다.

① 레이놀드 정압기

② 엠코 정압기

③ 피셔식 정압기

④ 엑셀 플로우식 정압기

30 답 : ①

31 직동식 정압기의 기본 구성요소가 아닌 것은?

① 다이어프램   ② 스프링

③ 메인밸브   ④ 안전밸브

31   답 : ④

32 아세틸렌 제조시설에서 가스발생기의 종류에 해당하지 않는 것은?

① 주수식   ② 침지식

③ 투입식   ④ 사관식

32   답 : ④

33 정압기의 특성에 대한 설명 중 틀린 것은?

① 정특성은 정상상태에서의 유량과 2차 압력과의 관계를 말한다.

② 동특성은 부하변동에 대한 응답의 신속성과 안전성이 요구된다.

③ 유량특성은 메인밸브의 열림과 점도와의 관계를 말한다.

④ 사용 최대 차압은 실용적으로 사용할 수 있는 범위에서 최대로 되었을 때의 차압을 말한다.

33   유량특성 : 메인밸브의 열림과 유량과의 관계

답 : ③

34 용기의 원통부로부터 길이방향으로 잘라내어 탄성한도, 연신율, 항복점, 단면수축률 등을 측정하는 검사 방법은?

① 외관검사   ② 인장시험

③ 충격시험   ④ 내압시험

34   답 : ②

35 LP가스 용기의 재질로서 가장 적절한 것은?

① 주철   ② 탄소강

③ 내산강   ④ 두랄루민

35   답 : ②

36 LPG, 액화산소 등을 저장하는 탱크에 사용되는 단열재 선정 시 고려해야 할 사항으로 옳은 것은?

① 밀도가 크고 경량일 것

② 저온에 있어서의 강도는 적을 것

③ 열전도율이 클 것

④ 안전사용온도 범위가 넓을 것

36   답 : ④

37 가늘고 긴 수직형 반응기로 유체가 순환됨으로써 교반이 행하여지는 방식으로 주로 대형 화학공장 등에 채택되는 오토클레이브는?

① 진탕형   ② 교반형

③ 회전형   ④ 가스교반형

38 탄소강 중에 저온취성을 개선하는 원소로 옳은 것은?

① Ni   ② S

③ Mn   ④ P

39 도시가스 제조공정 중 가열방식에 의한 분류에서 산화나 수첨 반응에 의한 발열반응을 이용하는 방식은?

① 외열식

② 자열식

③ 축열식

④ 부분연소식

40 저온장치의 단열법 중 일반적으로 사용되는 단열법으로 단열 공간에 분말, 섬유 등의 단열재를 충전하는 방법은?

① 상압단열법

② 진공단열법

③ 고진공단열법

④ 다층진공단열법

---

37 답 : ④

38
- Ni : 저온취성을 개선
- S : 적열취성의 원인
- Mn : S와 결합하여 S의 악영향을 완화
- P : 상온취성 증가

답 : ①

39
- 자열식 : 가스화에 필요한 열을 산화 · 수첨의 발열반응으로 처리
- 부분연소식 : 원료에 소량의 공기를 혼합, 가스화용의 용기에 넣어 원료를 연소시켜 생긴 열을 나머지 가스화용의 열원으로 한다.
- 축열식 : 반응기 내 연료를 태워 원료를 송입해서 가스화용의 열원으로 한다.
- 외열식 : 원료가 들어있는 용기를 외부에서 가열한다.

답 : ②

40 답 : ①

❹ 가스계측기

압력계, 온도계, 액면계, 유량계, 가스분석기

01 기본계측 단위

1 기본단위 7종

길이	질량	시간	온도	물질량	전류	광도
m	kg	sec	K	mol	A	Cd

2 유도단위(기본단위에서 유도된 단위)

m/s, kcal, kg·m, m^2, m^3

01 각종 측정 계기류

1 압력계

(1) 1차 압력계

① 액주식 : U자관, 경사관식, 링밸런스식(환상천평식)

※ 액주식 액체의 구비조건 : 점성이 적을 것, 열팽창계수가 적을 것, 표면장력이 적을 것, 밀도
변화가 적을 것, 모세관현상이 적을 것

② 자유(부유) 피스톤식

(2) 2차 압력계

① 탄성식 : 부르동관, 벨로즈, 다이어프램

② 전기식 : 전기저항, 피에조전기

2 온도계

(1) 접촉식 : 비교적 저온 측정

① 수은온도계

② 알코올온도계

③ 바이메탈온도계(측정원리 : 선팽창계수)

④ 전기저항온도계

⑤ 더미스트온도계

⑥ 열전대온도계(측정원리 : 열기전력)

열전대온도계의 종류[측정온도]	중요사항
• PR(백금-백금로듐) [0~1,600℃] • CA(크로멜-알루멜) [-20~1,200℃] • IC(철-콘스탄탄) [-20~800℃] • CC(동-콘스탄탄) [-200~400℃]	• 냉접점, 열접점이 있으며, 냉접점의 온도는 0℃ • 접촉식 중 가장 고온 측정 • 제백 효과(두 접점의 전위차로 온도 측정) • 측정원리 : 열기전력

(2) 비접촉식 : 고온 측정

① 광고온도계

② 광전관식온도계

③ 복사온도계

④ 색온도계

3 유량계

(1) 직접식 : 습식가스미터, 루트식, 오벌기어식

(2) 간접식

① 차압식 : 오리피스, 플로노즐, 벤투리

② 유속식 : 피토관, 열선식

③ 면적식 : 로터미터

※ 차압식유량계의 압력손실이 큰 순서 : 오리피스 〉 플로노즐 〉 벤투리

4 액면계

(1) 직접식

① 직관식 : 클린카식, 게이지글라스식

② 부자식 : 플로트식

③ 검척식

(2) 간접식

① 차압식

② 초음파식

③ 방사선식

④ 기포식

(3) 액면계의 구비조건

① 연속측정, 원격측정이 가능할 것

② 고온·고압에 견딜 것

③ 자동제어가 가능할 것

④ 내식성·내구성이 있을 것
⑤ 보수점검이 용이할 것

5 가스분석계

(1) 흡수분석법
① 오르자트법
② 헴펠법
③ 게겔법

(2) 분석 순서
① 오르자트법 : $CO_2 \rightarrow O_2 \rightarrow CO$
② 헴펠법 : $CO_2 \rightarrow C_mH_n \rightarrow O_2 \rightarrow CO$

※ 분석 시 흡수액
  • CO_2 : KOH용액
  • C_mH_n : 발연황산
  • O_2 : 알칼리성 피로카롤 용액
  • CO : 암모니아성 염화제1동용액

6 가스크라마토그래피

(1) 3대 요소 : 분리관, 검출기, 기록계

(2) 캐리어가스 종류 : He, H_2, Ar, N_2

(3) 사용검출기의 종류
① TCD(열전도도형 검출기) : 가장 많이 사용
② FID(수소염이온화 검출기) : 탄화수소에 감도가 좋음
③ FPD(염광광도형 검출기) : P, S 등의 검출에 유리

01 액화석유가스 저장탱크에 설치하는 액면계가 아닌 것은?

① 평행투시식 액면계

② 차압식 액면계

③ 고정튜브식 액면계

④ 부르동관식 액면계

02 다음 중 다이어프램식 압력계 특징으로 적당하지 않은 것은?

① 반응속도가 빠르다.

② 정확성이 크다.

③ 온도에 따른 영향이 적다.

④ 점도가 큰 유체 압력 측정에 적합하다.

03 고압가스 설비에 장치하는 압력계의 최고 눈금은?

① 내압시험압력의 1배 이상 2배 이하이다.

② 상용압력의 1.5배 이상 2배 이하이다.

③ 상용압력의 2배 이상 3배 이하이다.

④ 내압시험압력의 1.5배 이상 2배 이하이다.

04 다음 유량계 중 직접유량계에 속하는 것은?

① 피토관

② 벤투리미터

③ 습식가스미터

④ 오리피스

05 부식성 유체나 고점도의 유체 및 소량의 유체 측정에 가장 적합한 유량계는?

① 차압식 유량계

② 면적식 유량계

③ 용적식 유량계

④ 유속식 유량계

06 압력계의 특징을 설명한 것 중 틀린 것은?

① 자유 피스톤식 압력계는 부르동관 압력계의 눈금교정에 사용한다.

② 부르동관 압력계는 고압장치에 많이 사용되며 1차 압력계이다.

③ 다이어그램 압력계는 부식성 유체의 측정에 알맞다.

④ 피에조 전기압력계는 가스폭발이나 급속한 압력변화를 측정하는 데 유효하다.

06 부르동관 압력계는 2차 압력계이다.

답 : ②

07 자유 피스톤식 압력계의 피스톤의 직경이 4cm, 추와 피스톤의 무게가 15.7kg 일 때 게이지압력은?(단, π=3.14로 계산한다.)

① 1.25kg/cm²

② 1.57kg/cm²

③ 2.5kg/cm²

④ 5kg/cm²

07 $P = \dfrac{W}{A} = \dfrac{15.7}{\dfrac{3.14}{4} \times (4)^2}$

$= 1.25 \text{kg/cm}^2$

답 : ①

08 다음 온도계 중에서 접촉식 방법으로 온도측정을 하는 온도계가 아닌 것은?

① 더미스트온도계

② 광고온도계

③ 압력온도계

④ 금속저항온도계

08 비접촉식 온도계 : 광고, 광전관, 색, 복사

답 : ②

09 고압가스 설비 중 측정기기 부착 시 주의사항으로 맞지 않는 것은?

① 압력계 설치 시 반드시 "금유"라고 표기된 전용가스 압력계를 설치해야 한다.

② 온도계 설치 시 감온부의 물리적 변화량을 정확히 측정하는 것을 설치해야 한다.

③ 유량계 설치 시 차압식 유량계는 교축부 전후에 압력차가 있는 곳에 설치해야 한다.

④ 가스검지기 설치 시 지면에서 1m 이상의 높이에 설치해야 한다.

09 가스검지기
• 공기보다 무거운 경우 : 지면에서 30cm 이내에 설치
• 공기보다 가벼운 경우 : 천장에서 30cm 이내에 설치

답 : ④

10 액주식 압력계에 사용되는 액체의 구비조건으로 적당하지 않은 것은?

① 화학적으로 안정되어야 한다.
② 모세관 현상이 적어야 한다.
③ 점도와 팽창계수가 작아야 한다.
④ 온도변화에 의한 밀도가 커야 한다.

11 다음 액면계 중에서 직접적으로 자동제어에 이용하기가 어려운 것은?

① 유리관식 액면계
② 부력검출식 액면계
③ 부자식 액면계
④ 압력검출식 액면계

12 다음 압력계 중 부르동관 압력계 눈금 교정용으로 사용되는 압력계는?

① 피에조 전기압력계
② 마노미터 압력계
③ 자유 피스톤식 압력계
④ 벨로우즈 압력계

13 비접촉식 온도계의 종류로 맞는 것은?

① 방사온도계
② 열전대온도계
③ 전기저항식온도계
④ 바이메탈식온도계

14 다음 중 액면계의 측정방식에 해당하지 않는 것은?

① 다이어프램식
② 정전용량식
③ 음향식
④ 환상천평식

10

답 : ④

11 유리관식 액면계 : 육안으로 확인하는 액면계

답 : ①

12

답 : ③

13 비접촉식 온도계 : 광고, 광전판, 색, 복사

답 : ①

14 환상천평식(링밸런스식)은 압력계이다.

답 : ④

15 다음 가스 분석법 중 흡수분석법에 해당되지 않는 것은?

① 헴펠법

② 산화동법

③ 오르자트법

④ 게겔법

16 초저온 저장탱크의 측정에 많이 사용되며 차압에 의해 액면을 측정하는 액면계는?

① 햄프슨식 액면계

② 전기저항식 액면계

③ 초음파식 액면계

④ 클린카식 액면계

17 다음 가스유량계 중 그 측정원리가 다른 하나는?

① 오리피스미터

② 벤투리미터

③ 피토관

④ 로터미터

18 대형 용기 상부에 설치되어 있는 튜브를 상하로 움직여 직접 유체를 유출시켜 봄으로써 액면을 측정하는 것은?

① 시창식 액면계

② 슬립 튜브식 액면계

③ 정전용량식 액면계

④ 마그네트식 액면계

19 백금 로듐-백금 열전대 온도계의 온도측정범위로 옳은 것은?

① −180~−350℃

② −20~−800℃

③ 0~1600℃

④ 300~2000℃

20 다음 열전대 중 측정온도가 가장 높은 것은?

① 백금-백금·로듐형

② 크로멜-알루멜형

③ 철-콘스탄탄형

④ 동-콘스탄탄형

15 답 : ②

16 차압식 액면계＝햄프슨 액면계
답 : ①

17 ①, ②, ③ : 차압식
④ : 면적식
답 : ④

18 답 : ②

19 답 : ③

20 열전대온도계
PR(1600℃)
CA(1200℃)
IC(800℃)
CC(400℃)
답 : ①

21 스테판-볼츠만의 법칙을 이용하여 측정 물체에서 방사되는 전방사에너지를 렌즈 또는 반사경을 이용하여 온도를 측정하는 온도계는?

① 색온도계

② 방사온도계

③ 열전대온도계

④ 광전관온도계

21   답 : ②

22 차압을 측정하여 유량을 계측하는 유량계가 아닌 것은?

① 오리피스미터   ② 피토관

③ 벤투리미터   ④ 플로노즐

22   답 : ②

23 헴펠법에 의한 가스 분석 시 가장 먼저 흡수되는 가스는?

① C_2H_6 ② CO_2

③ O_2 ④ CO

23   헴펠법
$CO_2 \rightarrow CmHn \rightarrow O_2 \rightarrow CO$
답 : ②

24 다음 [보기]와 관련있는 분석법은?

보기	• 쌍극자모멘트의 알짜변화 • 진동 짝지움 • Nernst 백열등 • Fourier 변환 분광계

① 질량분석법   ② 흡광광도법

③ 적외선 분광분석법   ④ 킬레이트 적정법

24   답 : ③

25 열기전력을 이용한 온도계가 아닌 것은?

① 백금-백금 로듐 온도계

② 동-콘스탄탄 온도계

③ 철-콘스탄탄 온도계

④ 백금-콘스탄탄 온도계

25   열전대온도계 종류
PR(백금-백금로듐)
CA(크로멜-알루멜)
IC(철-콘스탄탄)
CC(동-콘스탄탄)
답 : ④

26 열전대온도계의 원리를 옳게 설명한 것은?

① 금속의 열전도를 이용한다.

② 2종 금속의 열기전력을 이용한다.

③ 금속과 비금속 사이의 유도 기전력을 이용한다.

④ 금속의 전기저항이 온도에 의해 변화하는 것을 이용한다.

26   답 : ②

기출문제

제1회~제19회

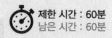
01 탱크를 지상에 설치하고자 할 때 방류둑을 설치하지 않아도 되는 저장탱크는?

① 저장능력 1000톤 이상의 질소탱크
② 저장능력 1000톤 이상의 부탄탱크
③ 저장능력 1000톤 이상의 산소탱크
④ 저장능력 5톤 이상의 염소탱크

02 액화석유가스 충전소에서 저장탱크를 지하에 설치하는 경우에는 철근콘크리트로 저장탱크실을 만들고 그 실내에 설치하여야 한다. 이때 저장탱크 주위의 빈 공간에는 무엇을 채워야 하는가?

① 물
② 마른 모래
③ 자갈
④ 콜타르

03 독성가스 배관은 안전한 구조를 갖도록 하기 위해 2중관 구조로 하여야 한다. 다음 가스 중 2중관으로 하지 않아도 되는 가스는 어느 것인가?

① 암모니아
② 염화메탄
③ 시안화수소
④ 에틸렌

04 자연환기설비 설치 시 LP가스 용기보관실 바닥면적이 3m²라면 통풍구의 크기는 몇 [cm²] 이상으로 하도록 되어 있는가? (단, 철망 등이 부착되어 있지 않은 것으로 간주한다.)

① 500cm²
② 700cm²
③ 900cm²
④ 1100cm²

05 자동차 용기 충전시설에 게시한 "화기엄금"이라 표시한 게시판의 색상은?

① 황색바탕에 흑색문자
② 백색바탕에 적색문자
③ 흑색바탕에 황색문자
④ 적색바탕에 백색문자

06 제조소의 긴급용 벤트스택 방출구의 위치는 작업원이 항시 통행하는 장소로부터 얼마나 이격되어야 하는가?

① 5m 이상
② 10m 이상
③ 15m 이상
④ 30m 이상

07 내용적이 1천 L를 초과하는 염소용기의 부식 여유두께의 기준은?

① 2mm 이상

② 3mm 이상

③ 4mm 이상

④ 5mm 이상

08 고압가스 용접용기 제조 시 용기 동판의 최대두께와 최소두께의 차이는 평균두께의 몇 [%] 이하로 하여야 하는가?

① 10%

② 20%

③ 30%

④ 40%

09 일반도시가스사업자가 선임되어야 하는 안전점검원 선임의 기준이 되는 배관길이 산정 시 포함되는 배관은?

① 사용자 공급관

② 내관

③ 가스사용자 소유 토지 내의 본관

④ 공공도로 내의 공급관

10 가연성가스로 인한 화재의 종류는 어느 것인가?

① A급 화재

② B급 화재

③ C급 화재

④ D급 화재

11 고압가스(산소, 아세틸렌, 수소)의 품질검사 주기의 기준은?

① 1월 1회 이상

② 1주 1회 이상

③ 3일 1회 이상

④ 1일 1회 이상

12 도시가스 사용시설의 배관은 움직이지 아니하도록 고정·부착하는 조치를 하도록 규정하고 있는데 다음 중 배관의 호칭지름에 따른 고정간격의 기준으로 옳은 것은?

① 배관의 호칭지름 20mm인 경우 2m마다 고정

② 배관의 호칭지름 32mm인 경우 3m마다 고정

③ 배관의 호칭지름 40mm인 경우 4m마다 고정

④ 배관의 호칭지름 65mm인 경우 5m마다 고정

13 일반도시가스사업의 가스공급시설에서 중압 이하의 배관과 고압 배관을 매설하는 경우 서로 몇 [m] 이상의 거리를 유지하여 설치하여야 하는가?

① 1m

② 2m

③ 3m

④ 5m

14 고압가스 일반제조소에서 저장탱크 설치 시 물분무장치는 동시에 방사할 수 있는 최대수량을 몇 분 이상 연속하여 방사할 수 있는 수원에 접속되어 있어야 하는가?

① 30분
② 45분
③ 60분
④ 90분

15 아세틸렌을 용기에 충전할 때에는 미리 용기에 다공물질을 고루 채운 후 침윤 및 충전을 하여야 한다. 이때 다공도는 얼마로 하여야 하는가?

① 75% 이상 92% 미만
② 70% 이상 95% 미만
③ 62% 이상 75% 미만
④ 92% 이상

16 다음 중 냄새로 누출여부를 쉽게 알 수 있는 가스는?

① 질소, 이산화탄소
② 일산화탄소, 아르곤
③ 염소, 암모니아
④ 에탄, 부탄

17 다음 중 독성이면서 가연성인 가스는 어느 것인가?

① SO_2
② $COCl_2$
③ HCN
④ C_2H_6

18 저장능력이 1ton인 액화염소 용기의 내용적(L)은? (단, 액화염소 정수(C)는 0.80이다.)

① 400L
② 600L
③ 800L
④ 1000L

19 고압가스 운반 등의 기준으로 틀린 것은?

① 고압가스를 운반하는 때에는 재해방지를 위하여 필요한 주의사항을 기재한 서면을 운전자에게 교부하고 운전 중 휴대하게 한다.
② 차량의 고장, 교통사정 또는 운전자의 휴식 등 부득이한 경우를 제외하고는 장시간 정차하여서는 안 된다.
③ 고속도로 운행 중 점심식사를 하기 위해 운반책임자와 운전자가 동시에 차량을 이탈할 때에는 시건장치를 하여야 한다.
④ 지정한 도로, 시간, 속도에 따라 운반하여야 한다.

20 정압지지의 방호벽을 철근콘크리트 구조로 설치할 경우 방호벽 기초의 기준에 대한 설명 중 틀린 것은?

① 일체로 된 철근콘크리트 기초로 한다.
② 높이 350mm 이상, 되메우기 깊이는 300mm 이상으로 한다.
③ 두께 200mm 이상, 간격 3200mm 이하의 보조벽을 본체와 직각으로 설치한다.
④ 기초의 두께는 방호벽 최하부 두께의 120% 이상으로 한다.

21 고압가스 제조설비의 계장회로에는 제조하는 고압가스의 종류·온도 및 압력과 제조설비의 상황에 따라 안전확보를 위한 주요 부분에 설비가 잘못 조작되거나 정상적인 제조를 할 수 없는 경우에 자동으로 원재료의 공급을 차단시키는 등 제조설비 안의 제조를 제어할 수 있는 장치를 설치하는데 이를 무엇이라 하는가?

① 인터록 제어장치
② 긴급차단장치
③ 긴급이송설비
④ 벤트스택

22 다음 중 독성(TLV–TWA)이 가장 강한 가스는?

① 암모니아
② 황화수소
③ 일산화탄소
④ 아황산가스

23 독성가스 배관을 지하에 매설할 경우 배관은 그 가스가 혼입될 우려가 있는 수도시설과 몇 [m] 이상의 거리를 유지하여야 하는가?

① 50m
② 100m
③ 200m
④ 300m

24 같은 성질을 가진 가스로만 나열된 것은?

① 에탄, 에틸렌
② 암모니아, 산소
③ 오존, 아황산가스
④ 헬륨, 염소

25 고압가스 용기의 안전점검 기준에 해당되지 않는 것은?

① 용기의 부식, 도색 및 표시 확인
② 용기의 캡이 씌워져 있거나 프로텍터의 부착여부 확인
③ 재검사 기간의 도래여부를 확인
④ 용기의 누출을 성냥불로 확인

26 가스공급시설의 임시사용 기준 항목이 아닌 것은?

① 도시가스 공급이 가능한지의 여부
② 도시가스의 수급상태를 고려할 때 해당 지역에 도시가스의 공급이 필요한지의 여부
③ 공급의 이익 여부
④ 가스공급시설을 사용할 때 안전을 해칠 우려가 있는지의 여부

27 용기의 파열사고 원인으로 가장 거리가 먼 것은?

① 용기의 내압력 부족
② 용기의 내압 상승
③ 용기 내에서 폭발성 혼합가스에 의한 발화
④ 안전밸브의 작동

28 도시가스 배관의 철도궤도 중심과 이격거리 기준으로 옳은 것은?

① 1m 이상
② 2m 이상
③ 4m 이상
④ 5m 이상

29 충전용기보관실의 온도는 항상 몇 [℃] 이하를 유지하여야 하는가?

① 40℃
② 45℃
③ 50℃
④ 55℃

30 시안화수소가스는 위험성이 매우 높아 용기에 충전·보관할 때는 안정제를 첨가하여야 한다. 적합한 안정제는?

① 염산
② 이산화탄소
③ 황산
④ 질소

31 가스폭발 사고의 근본적인 원인으로 가장 거리가 먼 것은?

① 내용물의 누출 및 확산
② 화학반응열 또는 잠열을 축적
③ 누출경보장치의 마비
④ 착화원 또는 고온물의 생성

32 정압기 선정 시 유의사항으로 가장 거리가 먼 것은?

① 정압기의 내압성능 및 사용최대차압
② 정압기의 용량
③ 정압기의 크기
④ 1차 압력과 2차 압력의 범위

33 가스용품 제조허가를 받아야 하는 품목이 아닌 것은?

① PE 배관
② 매몰형 정압기
③ 로딩암
④ 연료정지

34 다음 [그림]은 무슨 공기액화장치인가?

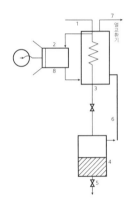

① 클로드식 액화장치
② 린데식 액화장치
③ 캐피자식 액화장치
④ 필립스식 액화장치

35 2000rpm으로 회전하는 펌프를 3500 rpm으로 변환하였을 경우 펌프의 유량과 양정은 각각 몇 배가 되는가?

① 유량 : 2.65, 양정 : 4.12
② 유량 : 3.06, 양정 : 1.75
③ 유량 : 3.06, 양정 : 5.36
④ 유량 : 1.75, 양정 : 3.06

36 액주식 압력계가 아닌 것은?

① U관자식
② 경사관식
③ 벨로스식
④ 단관식

37 가스 분석 시 이산화탄소 흡수제로 주로 사용되는 것은?

① NaCl
② KCl
③ KOH
④ $Ca(OH)_2$

38 이동식 부탄연소기의 용기 연결 방법에 따른 분류가 아닌 것은?

① 카세트식
② 직결식
③ 분리식
④ 일체식

39 파일럿 정압기 중 구동압력이 증가하면 개도가 증가하는 방식으로서 정특성, 동특성이 양호하고 비교적 콤팩트한 구조의 로딩형 정압기는?

① Fisher식
② Axial flow식
③ Reynolds식
④ KRF식

40 다음 가스분석법 중 흡수분석법에 해당하지 않는 것은?

① 헴펠법

② 구데법

③ 오르자트법

④ 게겔법

41 땅 속의 애노드에 강제 전압을 가하여 피방식 금속제를 캐소드로 하는 전기방식법은 어느 것인가?

① 희생양극법

② 외부전원법

③ 선택배류법

④ 강제배류법

42 화학적 부식이나 전기적 부식의 염려가 없고 0.4MPa 이하의 매몰 배관으로 주로 사용하는 배관의 종류는?

① 배관용 탄소강관

② 폴리에틸렌 피복강관

③ 스테인리스강관

④ 폴리에틸렌관

43 도시가스의 총 발열량이 10400kcal/m³, 공기에 대한 비중이 0.55일 때 웨버지수는 얼마인가?

① 11023

② 12023

③ 13023

④ 14023

44 가연성가스 검출기 중 탄광에서 발생하는 CH_4의 농도를 측정하는 데 주로 사용되는 것은?

① 간섭계형

② 안전등형

③ 열선형

④ 반도체형

45 서로 다른 두 종류의 금속을 연결하여 폐회로를 만든 후, 양 접점에 온도차를 두면 금속 내에 열기전력이 발생하는 원리를 이용한 온도계는?

① 광전관식 온도계

② 바이메탈 온도계

③ 서미스터 온도계

④ 열전대 온도계

46 다음 중 액화가 가장 어려운 가스는?

① H_2

② He

③ N_2

④ CH_4

47 다음 중 압력이 가장 높은 것은?

① $10Lb/in^2$

② 750mmHg

③ 1atm

④ $1kg/cm^2$

48 자동절체식 조정기의 경우 사용 쪽 용기안의 압력이 얼마 이상일 때 표시용량의 범위에서 예비쪽 용기에서 가스가 공급되지 않아야 하는가?

① 0.05MPa
② 0.1MPa
③ 0.15MPa
④ 0.2MPa

49 다음 중 산소의 성질에 대한 설명으로 옳지 않은 것은?

① 자신은 폭발위험은 없으나 연소를 돕는 조연제이다.
② 액체산소는 무색, 무취이다.
③ 화학적으로 활성이 강하며, 많은 원소와 반응하여 산화물을 만든다.
④ 상자성을 가지고 있다.

50 성능계수(ε)가 무한정한 냉동기의 제작은 불가능하다고 표현되는 법칙은?

① 열역학 제0법칙
② 열역학 제1법칙
③ 열역학 제2법칙
④ 열역학 제3법칙

51 60K를 랭킨온도로 환산하면 약 몇 [°R]인가?

① 109
② 117
③ 126
④ 135

52 밀폐된 공간 안에서 LP가스가 연소되고 있을 때의 현상으로 틀린 것은?

① 시간이 지나감에 따라 일산화탄소가 증가된다.
② 시간이 지나감에 따라 이산화탄소가 증가된다.
③ 시간이 지나감에 따라 산소농도가 감소된다.
④ 시간이 지나감에 따라 아황산가스가 증가된다.

53 탄소 12g을 완전연소시킬 경우 발생되는 이산화탄소는 약 몇 [L]인가? (단, 표준상태일 때를 기준으로 한다.)

① 11.2L
② 12L
③ 22.4L
④ 32L

54 공기 중에서 폭발하한이 가장 낮은 탄화수소는?

① CH_4
② C_4H_{10}
③ C_3H_8
④ C_2H_6

55 에틸렌 제조의 원료로 사용되지 않는 것은?

① 나프타   ② 에탄올
③ 프로판   ④ 염화메탄

56 다음 중 비중이 가장 작은 가스는?

① 수소
② 질소
③ 부탄
④ 프로판

57 가연성가스 정의에 대한 설명으로 맞는 것은?

① 폭발한계의 하한이 10% 이하인 것과 폭발한계의 상한과 하한의 차가 20% 이상인 것을 말한다.
② 폭발한계의 하한이 20% 이하인 것과 폭발한계의 상한과 하한의 차가 10% 이상인 것을 말한다.
③ 폭발한계의 하한이 10% 이하인 것과 폭발한계의 상한과 하한의 차가 20% 이하인 것을 말한다.
④ 폭발한계의 하한이 10% 이상인 것과 폭발한계의 상한과 하한의 차가 10% 이하인 것을 말한다.

58 다음 중 아세틸렌의 발생 방식이 아닌 것은?

① 주수식 : 카바이드에 물을 넣는 방법
② 투입식 : 물에 카바이드를 넣는 방법
③ 접촉식 : 물과 카바이드를 소량씩 접촉시키는 방법
④ 가열식 : 카바이드를 가열하는 방법

59 암모니아가스의 특성에 대한 설명으로 옳은 것은?

① 물에 잘 녹지 않는다.
② 무색의 기체이다.
③ 상온에서 아주 불안정하다.
④ 물에 녹으면 산성이 된다.

60 질소에 대한 설명으로 틀린 것은?

① 질소는 다른 원소와 반응하지 않아 기기의 기밀시험용 가스로 사용된다.
② 촉매 등을 사용하여 상온(35℃)에서 수소와 반응시키면 암모니아를 생성한다.
③ 주로 액체공기를 비점 차이로 분류하여 산소와 같이 얻는다.
④ 비점이 대단히 낮아 극저온의 냉매로 이용된다.

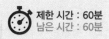
01 가스 배관의 주위를 굴착하고자 할 때에는 가스 배관의 좌우 얼마 이내의 부분을 인력으로 굴착해야 하는가?

① 30cm 이내
② 50cm 이내
③ 1m 이내
④ 1.5m 이내

02 가스누출 자동차단장치 및 가스누출 자동차단기의 설치기준에 대한 설명으로 틀린 것은?

① 가스공급이 불시에 자동 차단됨으로써 재해 및 손실이 클 우려가 있는 시설에는 가스누출 경보차단장치를 설치하지 않을 수 있다.
② 가스누출 자동차단기를 설치하여도 설치목적을 달성할 수 없는 시설에는 가스누출 자동차단기를 설치하지 않을 수 있다.
③ 월 사용예정량이 1000m³ 미만으로서 연소기에 소화안전장치가 부착되어 있는 경우에는 가스누출 경보차단장치를 설치하지 않을 수 있다.
④ 지하에 있는 가정용 가스사용시설은 가스누출 경보차단장치의 설치대상에서 제외된다.

03 사고를 일으키는 장치의 이상이나 운전자 실수의 조합을 연역적으로 분석하는 정량적 위험성 평가 기법은?

① 사건수분석(ETA) 기법
② 결함수분석(FTA) 기법
③ 위험과 운전분석(HAZOP) 기법
④ 이상위험도분석(FMECA) 기법

04 고압가스 운반, 취급에 관한 안전사항 중 염소와 동일차량에 적재하여 운반이 가능한 가스는?

① 아세틸렌
② 암모니아
③ 질소
④ 수소

05 고압가스 충전용기의 적재기준으로 틀린 것은?

① 차량의 최대적재량을 초과해서 적재하지 아니한다.
② 충전용기를 차량에 적재하는 때에는 뉘여서 적재한다.
③ 차량의 적재함을 초과하여 적재하지 아니한다.
④ 밸브가 돌출한 충전용기는 밸브의 손상을 방지하는 조치를 한다.

06 저장능력 300m³ 이상인 2개의 가스홀더 A, B 간에 유지해야 할 거리는? (단, A와 B의 최대지름은 각각 8m, 4m 이다.)

① 1m
② 2m
③ 3m
④ 4m

07 다음 가스 중 TLV-TWA 기준농도로 독성이 강한 것은?

① 염소
② 불소
③ 시안화수소
④ 암모니아

08 이음매 없는 용기 동체의 최대두께와 최소두께와의 차이는 평균두께의 몇 [%] 이하로 하여야 하는가?

① 5%
② 10%
③ 20%
④ 30%

09 도시가스의 유해성분 측정에 있어 암모니아는 도시가스 1m³당 몇 [g]을 초과해서는 안 되는가?

① 0.02g
② 0.2g
③ 0.5g
④ 1.0g

10 지하에 매설된 도시가스 배관의 전기방식 기준으로 틀린 것은?

① 전기방식 전류가 흐르는 상태에서 토양 중에 있는 배관 등의 방식전위 상한값은 포화황산동 기준전극으로 -0.85V 이하일 것
② 전기방식 전류가 흐르는 상태에서 자연전위와의 전위변화가 최소한 -300mV 이하일 것
③ 배관에 대한 전위측정은 가능한 배관 가까운 위치에서 실시할 것
④ 전기방식 시설의 관대지전위 등을 2년에 1회 이상 점검할 것

11 압력용기의 내압부분에 대한 비파괴시험으로 실시되는 초음파 탐상시험 대상으로 옳은 것은?

① 두께가 35mm인 탄소강
② 두께가 5mm인 9% 니켈강
③ 두께가 15mm인 2.5% 니켈강
④ 두께가 30mm인 저합금강

12 천연가스의 발열량이 10400kcal/Sm³이다. SI 단위인 [MJ/Sm³]으로 나타내면?

① 2.47
② 43.68
③ 2.476
④ 43.680

인체용 에어졸 제품의 용기에 기재하여야 할 사항으로 틀린 것은?

① 특정부위에 계속하여 장시간 사용하지 말 것
② 가능한 한 인체에서 10cm 이상 떨어져서 사용할 것
③ 온도가 40℃ 이상 되는 장소에 보관하지 말 것
④ 불 속에 버리지 말 것

14 프로판 15vol% 부탄 85vol%로 혼합된 가스의 공기 중 폭발하한값은 약 몇 [%] 인가? (단, 프로판의 폭발하한값은 2.1%이고, 부탄은 1.8%이다.)

① 1.84%
② 1.88%
③ 1.94%
④ 1.98%

15 도시가스 배관을 지하에 설치 시공 시 다른 배관이나 타 시설물과 이격거리 기준으로 옳은 것은?

① 30cm 이상
② 50cm 이상
③ 1m 이상
④ 1.2m 이상

16 충전용기를 차량에 적재하여 운반 시 차량의 앞뒤 보기 쉬운 곳에 표시하는 경계표시의 글씨 색깔 및 내용으로 적합한 것은?

① 노랑 글씨 – 위험고압가스
② 붉은 글씨 – 위험고압가스
③ 노랑 글씨 – 주의고압가스
④ 붉은 글씨 – 주의고압가스

17 가스보일러의 설치기준 중 자연배기식 보일러의 배기통 설치 방법으로 옳지 않은 것은?

① 배기통의 굴곡 수는 6개 이하로 한다.
② 배기통의 끝은 옥외로 뽑아낸다.
③ 배기통의 입상높이는 원칙적으로 10m 이하로 한다.
④ 배기통의 가로길이는 5m 이하로 한다.

18 지상에 설치하는 액화석유가스의 저장탱크 안전밸브에 가스방출관을 설치하고자 한다. 저장탱크의 정상부가 8m일 경우 방출관의 방출구 높이는 지상에서 얼마 이상의 높이에 설치하여야 하는가?

① 5m
② 8m
③ 10m
④ 12m

19 냉동기 제조시설에서 내압성능을 확인하기 위한 시험압력의 기준은?

① 설계압력 이상
② 설계압력 1.25배 이상
③ 설계압력 1.5배 이상
④ 설계압력 2배 이상

20 가스용 폴리에틸렌관의 굴곡 허용반경은 외경의 몇 배 이상으로 하여야 하는가?

① 10배
② 20배
③ 30배
④ 50배

21 특정고압가스용 실린더 캐비닛 제조설비가 아닌 것은?

① 가공설비
② 세척설비
③ 판넬설비
④ 용접설비

22 가스설비를 수리할 때 산소의 농도가 약 몇 [%] 이하가 되면 산소결핍 현상을 초래하게 되는가?

① 8%
② 12%
③ 16%
④ 20%

23 도시가스 사용시설 중 가스계량기의 설치 기준으로 틀린 것은?

① 가스계량기는 화기(자체 화기는 제외)와 2m 이상의 우회거리를 유지하여야 한다.
② 가스계량기(30m³/h 미만)의 설치높이는 바닥으로부터 1.6m 이상 2m 이내이어야 한다.
③ 가스계량기를 격납상자 내에 설치하는 경우에는 설치높이의 제한을 받지 아니한다.
④ 가스계량기는 절연조치를 하지 아니한 전선과 30cm 이상의 거리를 유지하여야 한다.

24 아세틸렌가스 압축 시 희석제로서 적당하지 않은 것은?

① 질소
② 메탄
③ 일산화탄소
④ 산소

25 가스가 누출된 경우 제2의 누출을 방지하기 위하여 방류둑을 설치한다. 방류둑을 설치하지 않아도 되는 저장탱크는?

① 저장능력 1000톤의 액화질소 탱크
② 저장능력 10톤의 액화암모니아 탱크
③ 저장능력 1000톤의 액화산소 탱크
④ 저장능력 5톤의 액화염소 탱크

26 방류둑에는 계단, 사다리 또는 토사를 높이 쌓아올림 등에 의한 출입구를 둘레 몇 [m] 마다 1개 이상을 두어야 하는가?

① 30m

② 50m

③ 75m

④ 100m

27 부취제의 구비조건으로 적합하지 않은 것은?

① 연료가스 연소 시 완전연소될 것

② 일상생활의 냄새와 확연히 구분될 것

③ 토양에 쉽게 흡수될 것

④ 물에 녹지 않을 것

28 가연성이면서 유독한 가스는?

① NH_3

② H_2

③ CH_4

④ N_2

29 다음 중 산업통상자원부령이 정하는 특정설비가 아닌 것은?

① 저장탱크

② 저장탱크의 안전밸브

③ 조정기

④ 기화기

30 시안화수소 충전 시 용기에서 60일을 초과할 수 있는 경우는?

① 순도가 90% 이상으로서 착색이 된 경우

② 순도가 90% 이상으로서 착색되지 아니한 경우

③ 순도가 98% 이상으로서 착색이 된 경우

④ 순도가 98% 이상으로서 착색되지 아니한 경우

31 고압가스 배관재료로 사용되는 동관의 특징에 대한 설명으로 틀린 것은?

① 가공성이 좋다.

② 열전도율이 적다.

③ 시공이 용이하다.

④ 내식성이 크다.

32 원통형의 관을 흐르는 물의 중심부의 유속을 피토관으로 측정하였더니 수주의 높이가 10m 이었다. 이때 유속의 약 몇 [m/s] 인가?

① 10m/s

② 14m/s

③ 20m/s

④ 26m/s

33 흡수분석법의 종류가 아닌 것은?

① 헴펠법

② 활성알루미나겔법

③ 오르자트법

④ 게겔법

34 LPG 기화장치의 작동원리에 따른 구분으로 저온의 액화가스를 조정기를 통하여 감압한 후 열교환기에 공급해 강제 기화시켜 공급하는 방식은?

① 해수가열방식

② 가온감압방식

③ 감압가열방식

④ 중간매체방식

35 액화천연가스(LNG) 저장탱크 중 액화천연가스의 최고 액면을 지표면과 동등 또는 그 이하가 되도록 설치하는 형태의 저장탱크는?

① 지상식 저장탱크
(Aboveground Storage Tank)

② 지중식 저장탱크
(Inground Storage Tank)

③ 지하식 저장탱크
(Underground Storage Tank)

④ 단일방호식 저장탱크
(Single Sontain-ment Storage Tank)

36 액화가스의 고압가스설비에 부착되어 있는 스프링식 안전밸브는 상용의 온도에서 그 고압가스설비 내의 몇 [%]까지 팽창하게 되는 온도에 대응하는 그 고압가스 설비 안의 압력에서 작동하는 것으로 하여야 하는가?

① 90%

② 95%

③ 98%

④ 99.5%

37 안정된 불꽃으로 완전연소를 할 수 있는 염공의 단위면적당 인풋(in put)을 무엇이라고 하는가?

① 염공 부하

② 연소실 부하

③ 염소효율

④ 배기 열손실

38 도시가스 제조공정에서 사용되는 촉매의 열화와 가장 거리가 먼 것은?

① 유황화합물에 의한 열화

② 불순물의 표면 피복에 의한 열화

③ 단체와 니켈과의 반응에 의한 열화

④ 불포화탄화수소에 의한 열화

39 모듈 3, 잇수 10개, 기어의 폭이 12mm인 기어 펌프를 1200rpm으로 회전할 때 송출량은 약 얼마인가?

① $9030cm^3/s$
② $11260cm^3/s$
③ $12160cm^3/s$
④ $13570cm^3/s$

40 저장능력 50톤인 액화산소 저장탱크 외면에서 사업소 경계선까지의 최단거리가 50m일 경우 이 저장탱크에 대한 내진설계 등급은?

① 내진 특등급
② 내진 1등급
③ 내진 2등급
④ 내진 3등급

41 공기보다 비중이 가벼운 도시가스의 공급시설로서 공급시설이 지하에 설치된 경우의 통풍구조에 대한 설명으로 옳은 것은?

① 환기구를 2방향 이상 분산하여 설치한다.
② 배기구는 천장면으로부터 50cm 이내에 설치한다.
③ 흡입구 및 배기구의 관경은 80mm 이상으로 한다.
④ 배기가스 방출구는 지면에서 5m 이상의 높이에 설치한다.

42 특정가스 제조시설에 설치한 가연성, 독성가스 누출검지 경보장치에 대한 설명으로 틀린 것은?

① 누출된 가스가 체류하기 쉬운 곳에 설치한다.
② 설치 수는 신속하게 감지할 수 있는 숫자로 한다.
③ 설치위치는 눈에 잘 보이는 위치로 한다.
④ 기능은 가스의 종류에 적합한 것으로 한다.

43 자동교체식 조정기 사용 시 장점으로 틀린 것은?

① 전체 용기 수량이 수동식보다 적어도 된다.
② 배관의 압력손실을 크게 해도 된다.
③ 잔액이 거의 없어질 때까지 소비된다.
④ 용기교환 주기의 폭을 좁힐 수 있다.

44 열전대 온도계는 열전쌍 회로에서 두 접점의 발생되는 어떤 현상의 원리를 이용한 것인가?

① 열기전력
② 열팽창계수
③ 체적변화
④ 탄성계수

45 실린더 중에 피스톤과 보조 피스톤이 있고 양 피스톤의 작용으로 상부에 팽창기가 있는 액화사이클은?

① 클로드 액화사이클

② 캐피자 액화사이클

③ 필립스 액화사이클

④ 캐스케이드 액화사이클

46 도시가스 정압기의 특성으로 유량이 증가됨에 따라 가스가 송출될 때 출구측 배관(밸브 등)의 마찰로 인하여 압력이 약간 저하되는 상태를 무엇이라 하는가?

① 히스테리시스(Hysteresis) 효과

② 록업(Look-up) 효과

③ 충돌(Impingement) 효과

④ 형상(Body-Configuration) 효과

47 다음 중 압력단위의 환산이 잘못된 것은?

① $1kg/cm^2 ≒ 14.22PSI$

② $1PSI ≒ 0.0703kg/cm^2$

③ $1mbar ≒ 14.7PSI$

④ $1kg/cm^2 ≒ 98.07kPa$

48 다음 가스 중 상온에서 가장 안정한 것은?

① 산소

② 네온

③ 프로판

④ 부탄

49 다음 중 카바이드와 관련이 없는 성분은 어느 것인가?

① 아세틸렌(C_2H_2)

② 석회석($CaCO_3$)

③ 생석회(CaO)

④ 염화칼슘($CaCl_2$)

50 다음 중 브롬화메탄에 대한 설명으로 틀린 것은?

① 용기가 열에 노출되면 폭발할 수 있다.

② 알루미늄을 부식하므로 알루미늄용기에 보관할 수 없다.

③ 가연성이며, 독성가스이다.

④ 용기의 충전구 나사는 왼나사이다.

51 다음 중 메탄의 제조 방법이 아닌 것은?

① 석유를 크래킹하여 제조한다.

② 천연가스를 냉각시켜 분별 증류한다.

③ 초산나트륨에 소다회를 가열하여 얻는다.

④ 니켈을 촉매로 하여 일산화탄소에 수소를 작용시킨다.

52 아세틸렌의 특징에 대한 설명으로 옳은 것은?

① 압축 시 산화폭발한다.

② 고체 아세틸렌은 융해하지 않고 승화한다.

③ 금과는 폭발성 화합물을 생성한다.

④ 액체 아세틸렌은 안정하다.

53 어떤 물질의 질량은 30g이고, 부피는 600cm³이다. 이것의 밀도(g/cm³)는 얼마인가?

① 0.01
② 0.05
③ 0.5
④ 1

54 대기압이 1.0332kgf/cm²이고, 계기압력이 10kgf/cm²일 때 절대압력은 약 몇 [kgf/cm²]인가?

① 8.9668
② 10.332
③ 11.0332
④ 103.32

55 다음 중 휘발분이 없는 연료로서 표면연소를 하는 것은?

① 목탄, 코크스
② 석탄, 목재
③ 휘발유, 등유
④ 경유, 유황

56 0℃ 물 10kg을 100℃ 수증기로 만드는데 필요한 열량은 약 몇 [kcal]인가?

① 5390
② 6390
③ 7390
④ 8390

57 설비나 장치 및 용기 등에서 취급 또는 운용되고 있는 통상의 온도를 무슨 온도라 하는가?

① 상용온도
② 표준온도
③ 화씨온도
④ 캘빈온도

58 도시가스의 주원료인 메탄(CH_4)의 비점은 약 얼마인가?

① −50℃
② −82℃
③ −120℃
④ −162℃

59 다음 화합물 중 탄소의 함유율이 가장 많은 것은?

① CO_2
② CH_4
③ C_2H_4
④ CO

60 다음 중 온도의 단위가 아닌 것은?

① °F
② ℃
③ °R
④ °T

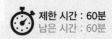
01 안전관리자가 상주하는 사무소와 현장사무소와의 사이 또는 현장사무소 상호간 신속히 통보할 수 있도록 통신시설을 갖추어야 하는데 이에 해당되지 않는 것은?

① 구내방송설비　② 메가폰
③ 인터폰　④ 페이징설비

02 1몰의 아세틸렌가스를 완전연소하기 위하여 몇 몰의 산소가 필요한가?

① 1몰　② 1.5몰
③ 2.5몰　④ 3몰

03 고압가스의 용어에 대한 설명으로 틀린 것은?

① 액화가스란 가압, 냉각 등의 방법에 의하여 액체상태로 되어 있는 것으로서 대기압에서의 끓는점이 섭씨 40도 이하 또는 상용의 온도 이하인 것을 말한다.
② 독성가스란 공기 중에 일정량이 존재하는 경우 인체에 유해한 독성을 가진 가스로서 허용농도가 100만 분의 2000 이하인 가스를 말한다.
③ 초저온 저장탱크라 함은 섭씨 영하 50도 이하의 액화가스를 저장하기 위한 저장탱크로서 단열재로 씌우거나 냉동설비로 냉각하는 등의 방법으로 저장탱크 내의 가스온도가 상용의 온도를 초과하지 아니하도록 한 것을 말한다.
④ 가연성가스라 함은 공기 중에서 연소하는 가스로서 폭발한계의 하한이 10% 이하인 것과 폭발한계의 상한과 하한의 차가 20% 이상인 것을 말한다.

04 고압가스안전관리법에서 정하고 있는 특수고압가스에 해당되지 않는 것은?

① 아세틸렌
② 포스핀
③ 압축모노실란
④ 디실란

05 다음 중 동일차량에 적재하여 운반할 수 없는 경우는?

① 산소와 질소
② 질소와 탄산가스
③ 탄산가스와 아세틸렌
④ 염소와 아세틸렌

06 천연가스 지하매설 배관의 퍼지용으로 주로 사용되는 가스는?.

① N_2
② Cl_2
③ H_2
④ O_2

07 독성가스 제조시설 식별표지의 글씨 색상은? (단, 가스의 명칭은 제외한다.)

① 백색
② 적색
③ 황색
④ 흑색

08 폭발성이 예민하므로 마찰 타격으로 격렬히 폭발하는 물질에 해당하지 않는 것은?

① 메틸아민
② 유화질소
③ 아세틸라이드
④ 염화질소

09 다음 중 고압가스를 제조하는 경우 가스를 압축해서는 아니되는 경우에 해당하지 않는 것은?

① 가연성가스(아세틸렌, 에틸렌 및 수소 제외) 중 산소량이 전체 용량의 4% 이상인 것
② 산소 중의 가연성가스의 용량이 전체 용량의 4% 이상인 것
③ 아세틸렌, 에틸렌 또는 수소 중의 산소용량이 전체 용량의 2% 이상인 것
④ 산소 중의 아세틸렌, 에틸렌 및 수소의 용량 합계가 전체 용량의 4% 이상인 것

10 지하에 설치하는 지역정압기에서 시설의 조작을 안전하고 확실하게 하기 위하여 필요한 조명도는 얼마를 확보하여야 하는가?

① 100룩스
② 150룩스
③ 200룩스
④ 250룩스

11 공기 중에서의 폭발하한값이 가장 낮은 가스는?

① 황화수소
② 암모니아
③ 산화에틸렌
④ 프로판

12 가스도매사업의 가스공급시설 중 배관을 지하에 매설할 때의 기준으로 틀린 것은?

① 배관은 그 외면으로부터 수평거리로 건축물까지 1.0m 이상을 유지한다.
② 배관은 그 외면으로부터 지하의 다른 시설물과 0.3m 이상의 거리를 유지한다.
③ 배관을 산과 들에 매설할 때는 지표면으로부터 배관의 외면까지의 매설깊이를 1m 이상으로 한다.
④ 배관은 지반동결로 손상을 받지 아니하는 깊이로 매설한다.

13 아세틸렌을 용기에 충전하는 때에 사용하는 다공물질에 대한 설명으로 옳은 것은?

① 다공도가 55% 이상 75% 미만의 석회를 고루 채운다.
② 다공도가 65% 이상 82% 미만의 목판을 고루 채운다.
③ 다공도가 75% 이상 92% 미만의 규조토를 고루 채운다.
④ 다공도가 95% 이상인 다공성 플라스틱을 고루 채운다.

14 고압가스안전관리법에서 정하고 있는 보호시설이 아닌 것은?

① 의원
② 학원
③ 가설건축물
④ 주택

15 다음 가스 폭발의 위험성 평가 기법 중 정량적 평가 방법은?

① HAZOP(위험성운전분석 기법)
② FTA(결함수분석 기법)
③ Check list법
④ What-if(사고예상질문분석 기법)

16 도시가스사업 법령에 따른 안전관리자의 종류에 포함되지 않는 것은?

① 안전관리 총괄자
② 안전관리 책임자
③ 안전관리 부책임자
④ 안전관리원

17 독성가스 배관은 2중관 구조로 하여야 한다. 이때 외층관 내경은 내층관 외경의 몇 배 이상을 표준으로 하는가?

① 1.2배
② 1.5배
③ 2배
④ 2.5배

18 액화석유가스 충전사업자의 영업소에 설치하는 용기저장소 용기보관실 면적의 기준은 얼마인가?

① $9m^3$ 이상
② $12m^3$ 이상
③ $19m^3$ 이상
④ $21m^3$ 이상

19 자연발화의 열의 발생속도에 대한 설명으로 틀린 것은?

① 초기온도가 높은 쪽이 일어나기 쉽다.
② 표면적이 작을수록 일어나기 쉽다.
③ 발열량이 큰 쪽이 일어나기 쉽다.
④ 촉매물질이 존재하면 반응속도가 빨라진다.

20 암모니아 충전용기로서 내용적이 1000L 이하인 것은 부식 여유치가 A이고, 염소 충전용기로서 내용적이 1000L 초과하는 것은 부식 여유치가 B이다. A와 B의 알맞은 부식 여유치는?

① A : 1mm, B : 2mm
② A : 1mm, B : 3mm
③ A : 2mm, B : 5mm
④ A : 1mm, B : 5mm

21 고압가스 관련설비가 아닌 것은?

① 일반압축가스 배관용 밸브

② 자동차용 압축천연가스 완속충전설비

③ 액화석유가스용 용기 잔류가스 회수 장치

④ 안전밸브, 긴급차단장치, 역화방지장 치

22 고압가스 일반제조시설의 저장탱크 지하 설치 기준에 대한 설명으로 틀린 것은?

① 저장탱크 주위에는 마른 모래를 채운다.

② 지면으로부터 저장탱크 정상부까지의 깊이는 30cm 이상으로 한다.

③ 저장탱크를 매설한 곳 주위에는 지상 에 경계표지를 한다.

④ 저장탱크에 설치한 안전밸브는 지면 에서 5m 이상 높이에 방출구가 있는 가스방출관을 설치한다.

23 아황산가스의 제독제로 갖추어야 할 것이 아닌 것은?

① 가성소다수용액

② 소석회

③ 탄산소다수용액

④ 물

24 산소압축기의 윤활유로 사용되는 것은?

① 석유류

② 유지류

③ 글리세린

④ 물

25 아세틸렌이 은, 수은과 반응하여 폭발성의 금속 아세틸라이드를 형성하여 폭발하는 형태는?

① 분해폭발

② 화합폭발

③ 산화폭발

④ 압력폭발

26 가연성가스 또는 독성가스의 제조시설에 서 자동으로 원재료의 공급을 차단시키는 등 제조설비 안의 제조를 제어할 수 있는 장치를 무엇이라고 하는가?

① 인터록 기구

② 벤트스택

③ 플레어스택

④ 가스누출 검지경보장치

27 다음 중 지상에 설치하는 정압기실 방호벽의 높이와 두께 기준으로 옳은 것은?

① 높이 2m, 두께 7cm 이상의 철근콘크리트벽

② 높이 1.5m, 두께 12cm 이상의 철근콘크리트벽

③ 높이 2m, 두께 12cm 이상의 철근콘크리트벽

④ 높이 1.5m, 두께 15cm 이상의 철근콘크리트벽

28 도시가스 도매사업 제조소에 설치된 비상공급시설 중 가스가 통하는 부분은 최고사용압력의 몇 배 이상의 압력으로 기밀시험이나 누출검사를 실시하여 이상이 없는 것으로 하는가?

① 1.1
② 1.2
③ 1.5
④ 2.0

29 용기 종류별 부속품의 기호 중 압축가스를 충전하는 용기의 부속품을 나타낸 것은?

① LG
② PG
③ LT
④ AG

30 다음 (   ) 안에 알맞는 말은?

시·도지사는 도시가스를 사용하는 자에게 퓨즈콕 등 가스안전장치의 설치를 (   ) 할 수 있다.

① 권고
② 강제
③ 위탁
④ 시공

31 고압식 액화산소 분리장치에서 원료공기는 압축기에서 어느 정도 압축되는가?

① 40~60atm
② 70~100atm
③ 80~120atm
④ 150~200atm

32 수은을 이용한 U자관 압력계에서 액주높이(h) 600mm, 대기압(P_1) 1kg/cm²일 때 P_2는 약 몇 [kg/cm²]인가?

① 0.22
② 0.92
③ 1.82
④ 9.16

33 조정기를 사용하여 공급가스를 감압하는 2단 감압 방법의 장점이 아닌 것은?

① 공급압력이 안정하다.
② 중간 배관이 가늘어도 된다.
③ 각 연소기구에 알맞은 압력으로 공급이 가능하다.
④ 장치가 간단하다.

34 LNG의 주성분인 CH_4의 비점과 임계온도를 절대온도(K)로 바르게 나타낸 것은?

① 435K, 355K
② 111K, 355K
③ 435K, 283K
④ 111K, 283K

35 재료의 저온하에서의 성질에 대한 설명으로 가장 거리가 먼 것은?

① 강은 암모니아 냉동기용 재료로서 적당하다.
② 탄소강은 저온도가 될수록 인장강도가 감소한다.
③ 구리는 액화분리장치용 금속재료로서 적당하다.
④ 18-8 스테인리스강은 우수한 저온장치용 재료이다.

36 수소취성을 방지하는 원소로 옳지 않은 것은?

① 텅스텐(W)
② 바나듐(V)
③ 규소(Si)
④ 크롬(Cr)

37 온도계의 선정 방법에 대한 설명 중 틀린 것은?

① 지시 및 기록 등을 쉽게 행할 수 있을 것
② 견고하고 내구성이 있을 것
③ 취급하기가 쉽고 측정하기 간편할 것
④ 피측온체의 화학반응 등으로 온도계에 영향이 있을 것

38 펌프의 캐비테이션에 대한 설명으로 옳은 것은?

① 캐비테이션은 펌프 임펠러의 출구 부근에 더 일어나기 쉽다.
② 유체 중에 그 액온의 증기압보다 압력이 낮은 부분이 생기면 캐비테이션이 발생한다.
③ 캐비테이션은 유체의 온도가 낮을수록 생기기 쉽다.
④ 이용 NPSH 〉필요 NPSH일 때 캐비테이션이 발생한다.

39 LP가스를 자동차용 연료로 사용할 때의 특징에 대한 설명 중 틀린 것은?

① 완전 연소가 쉽다.
② 배기가스에 독성이 적다.
③ 기관의 부식 및 마모가 적다.
④ 시동이나 급가속이 용이하다.

40 원거리 지역에 대량의 가스를 공급하기 위하여 사용되는 가스공급방식은?

① 초저압 공급
② 저압 공급
③ 중압 공급
④ 고압 공급

41 다음은 무슨 압력계에 대한 설명인가?

> 주름관이 내압변화에 따라서 신축되는 것을 이용한 것으로 진공압 및 차압 측정에 주로 사용된다.

① 벨로스 압력계
② 다이어프램 압력계
③ 부르동관 압력계
④ U자관식 압력계

42 공기의 액화분리에 대한 설명 중 틀린 것은?

① 질소가 정류탑의 하부로 먼저 기화되어 나간다.
② 대량의 산소, 질소를 제조하는 공업적 제조법이다.
③ 액화의 원리는 임계온도 이하로 냉각시키고 임계압력 이상으로 압축하는 것이다.
④ 공기액화분리장치에서는 산소가스가 가장 먼저 액화된다.

43 증기압축식 냉동기에서 실제적으로 냉동이 이루어지는 곳은?

① 증발기
② 응축기
③ 팽창기
④ 압축기

44 직동식 정압기의 기본 구성요소가 아닌 것은?

① 안전밸브
② 스프링
③ 메인밸브
④ 다이어프램

45 가연성가스의 제조설비 내에 설치하는 전기기기에 대한 설명으로 옳은 것은?

① 1종 장소에는 원칙적으로 전기설비를 설치해서는 안 된다.
② 안전증 방폭구조는 전기기기의 불꽃이나 아크를 발생하여 착화원이 될 염려가 있는 부분을 기름속에 넣은 것이다.
③ 2종 장소는 정상의 상태에서 폭발성 분위기가 연속하여 또는 장시간 생성되는 장소를 말한다.
④ 가연성가스가 존재할 수 있는 위험장소는 1종 장소, 2종 장소 및 0종 장소로 분류하고 위험장소에서는 방폭형 전기기기를 설치하여야 한다.

46 다음 중 온도가 가장 높은 것은?

① 450°R

② 220K

③ 2°F

④ -5℃

47 다음 중 염소의 용도로 적합하지 않은 것은?

① 소독용으로 사용된다.

② 염화비닐 제조의 원료이다.

③ 표백제로 사용된다.

④ 냉매로 사용된다.

48 부탄(C_4H_{10}) 용기에서 액체 580g이 대기 중에 방출되었다. 표준상태에서 부피는 몇 [L]가 되는가?

① 150

② 210

③ 224

④ 230

49 다음 중 비점이 가장 낮은 기체는?

① NH_3

② C_3H_8

③ N_2

④ H_2

50 도시가스에 첨가되는 부취제 선정 시 조건으로 틀린 것은?

① 물에 잘 녹고 쉽게 액화될 것

② 토양에 대한 투과성이 좋을 것

③ 독성 및 부식성이 없을 것

④ 가스 배관에 흡착되지 않을 것

51 가연성가스 배관의 출구 등에서 공기 중으로 유출하면서 연소하는 경우는 어느 연소 형태에 해당하는가?

① 확산연소

② 증발연소

③ 표면연소

④ 분해연소

52 다음 중 수소가스와 반응하여 격렬히 폭발하는 원소가 아닌 것은?

① O_2

② H_2

③ Cl_2

④ F_2

53 다음에서 설명하는 법칙은?

> 모든 기체 1몰의 체적(V)은 같은 온도(T), 같은 압력(P)에서 모두 일정하다.

① Dalton의 법칙

② Henry의 법칙

③ Avogadro의 법칙

④ Hess의 법칙

54 액화석유가스에 관한 설명 중 틀린 것은?

① 무색투명하고 물에 잘 녹지 않는다.

② 탄소의 수가 3~4개로 이루어진 화합물이다.

③ 액체에서 기체로 될 때 체적은 150배로 증가한다.

④ 기체는 공기보다 무거우며, 천연고무를 녹인다.

55 0℃에서 온도를 상승시키면 가스의 밀도는?

① 높게 된다.

② 낮게 된다.

③ 변함이 없다.

④ 일정하지 않다.

56 이상기체에 잘 적용될 수 있는 조건에 해당되지 않는 것은?

① 온도가 높고 압력이 낮다.

② 분자 간 인력이 작다.

③ 분자크기가 작다.

④ 비열이 작다.

57 60℃의 물 300kg와 20℃의 물 800kg를 혼합하면 약 몇 [℃]의 물이 되겠는가?

① 28.2℃

② 30.9℃

③ 33.1℃

④ 37℃

58 착화원이 있을 때 가연성 액체나 고체의 표면에 연소하한계 농도의 가연성 혼합기가 형성되는 최저온도는?

① 인화온도

② 임계온도

③ 발화온도

④ 포화온도

59 암모니아의 성질에 대한 설명으로 옳은 것은?

① 상온에서 약 4.8atm이 되면 액화한다.

② 불연성의 맹독성가스이다.

③ 흑갈색의 기체로 물에 잘 녹는다.

④ 염화수소와 만나면 검은 연기를 발생한다.

60 표준상태에서 에탄 2mol, 프로판 5mol, 부탄 3mol로 구성된 LPG에서 부탄의 중량은 몇 [%]인가?

① 13.2

② 24.6

③ 38.3

④ 48.5

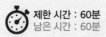
01 고압가스 배관에 대하여 수압에 의한 내압시험을 하려고 한다. 이때 압력은 얼마 이상으로 하는가?

① 상용압력×1.1배
② 상용압력×2배
③ 상용압력×1.5배
④ 상용압력×2배

02 일반도시가스 사업자는 공급권역을 구역별로 분할하고 원격조작에 의한 긴급차단장치를 설치하여 대형 가스누출, 지진발생 등 비상 시 가스 차단을 할 수 있도록 하고 있는데 이 구역의 설정기준은?

① 수요자 수가 20만 이하가 되도록 설정
② 수요자 수가 25만 이하가 되도록 설정
③ 배관길이가 20km 이하가 되도록 설정
④ 배관길이가 25km 이하가 되도록 설정

03 고압가스 특정제조시설에서 배관을 해저에 설치하는 경우의 기준으로 틀린 것은?

① 배관은 해저면 밑에 매설한다.
② 배관은 원칙적으로 다른 배관과 교차하지 아니하여야 한다.
③ 배관은 원칙적으로 다른 배관과 수평거리로 20m 이상을 유지하여야 한다.
④ 배관의 입상부에는 방호시설물을 설치한다.

04 가스도매사업의 가스공급시설에서 배관을 지하에 매설할 경우의 기준으로 틀린 것은?

① 배관을 시가지 외의 도로 노면 밑에 매설할 경우 노면으로부터 배관 외면까지 1.2m 이상 이격할 것
② 배관의 깊이는 산과 들에서는 1m 이상으로 할 것
③ 배관을 시가지의 도로 노면 밑에 매설할 경우 노면으로부터 배관 외면까지 1.5m 이상 이격할 것
④ 배관을 철도 부지에 매설할 경우 배관 외면으로부터 궤도 중심까지 5m 이상 이격할 것

05 고압가스 특정제조시설 중 비가연성가스의 저장탱크는 몇 [m³] 이상일 경우에 지진 영향에 대한 안전한 구조로 설계하여야 하는가?

① 300m³
② 500m³
③ 1000m³
④ 2000m³

06 액화석유가스 저장탱크에 가스를 충전하고자 한다. 내용적이 15m³인 탱크에 안전하게 충전할 수 있는 가스의 최대 용량은 몇 [m³]인가?

① 12.75m³
② 13.5m³
③ 14.25m³
④ 14.7m³

07 다음 중 가연성가스 및 방폭전기기기의 폭발등급 분류 시 사용하는 최소점화전류비는 어느 가스의 최소점화전류를 기준으로 하는가?

① 메탄
② 프로판
③ 수소
④ 아세틸렌

08 도시가스사업법상 제1종 보호시설이 아닌 것은?

① 아동 50명이 다니는 유치원
② 수용인원이 350명인 예식장
③ 객실 20개를 보유한 여관
④ 250세대 규모의 개별 난방 아파트

09 아세틸렌 제조설비의 기준에 대한 설명으로 틀린 것은?

① 압축기와 충전장소 사이에는 방호벽을 설치한다.
② 아세틸렌 충전용 교체밸브는 충전장소와 격리하여 설치한다.
③ 아세틸렌 충전용 지관에는 탄소 함유량이 0.1% 이하의 강을 사용한다.
④ 아세틸렌에 접촉하는 부분에는 동 또는 동 함유량이 72% 이하의 것을 사용한다.

10 가연성이면서 독성인 가스는?

① 아세틸렌, 프로판
② 수소, 이산화탄소
③ 암모니아, 산화에틸렌
④ 아황산가스, 포스겐

11 다음 가스 중 폭발범위의 하한값이 가장 높은 것은?

① 암모니아
② 수소
③ 프로판
④ 메탄

12 고압가스의 충전용기를 차량에 적재하여 운반하는 때의 기준에 대한 설명으로 옳은 것은?

① 염소와 아세틸렌 충전용기는 동일차량에 적재하여 운반이 가능하다.
② 염소와 수소 충전용기는 동일차량에 적재하여 운반이 가능하다.
③ 독성가스가 아닌 $300m^3$의 압축 가연성가스를 차량에 적재하여 운반하는 때에는 운반책임자를 동승시켜야 한다.
④ 독성가스가 아닌 2천kg의 액화 조연성가스를 차량에 적재하여 운반하는 때에는 운반책임자를 동승시켜야 한다.

13 다음 중 풍압대와 관계없이 설치할 수 있는 방식의 가스보일러는?

① 자연배기식(CF) 단독배기통 방식
② 자연배기식(CF) 복합배기통 방식
③ 강제배기식(FE) 단독배기통 방식
④ 강제배기식(FE) 공동배기통 방식

14 도시가스 사용시설에서 입상관과 화기 사이에 유지하여야 하는 거리는 우회거리 몇 [m] 이상인가?

① 1m
② 2m
③ 3m
④ 5m

15 일반도시가스 공급시설의 시설기준으로 틀린 것은?

① 가스공급시설을 설치한 곳에는 누출된 가스가 머물지 아니하도록 환기설비를 설치한다.
② 공동구 안에는 환기장치를 설치하며 전기설비가 있는 공동구에는 그 전기설비를 방폭구조로 한다.
③ 저장탱크의 안전장치인 안전밸브나 파열판에는 가스방출관을 설치한다.
④ 저장탱크의 안전밸브는 다이어프램식 안전밸브로 한다.

16 방류둑의 성토는 수평에 대하여 몇 도 이하의 기울기로 하여야 하는가?

① 30°
② 45°
③ 60°
④ 75°

17 고압가스 저장탱크 및 가스홀더의 가스방출장치는 가스저장량이 몇 [m³] 이상인 경우 설치하여야 하는가?

① 1m³
② 3m³
③ 5m³
④ 10m³

18 다음 중 LNG의 주성분은?

① CH_4
② CO
③ C_2H_4
④ C_2H_2

19 가스 제조시설에 설치하는 방호벽의 규격으로 옳은 것은?

① 철근콘크리트 벽으로 두께 12cm 이상, 높이 2m 이상
② 철근콘크리트 블록 벽으로 두께 20cm 이상, 높이 2m 이상
③ 박강판 벽으로 두께 3.2cm 이상, 높이 2m 이상
④ 후강판 벽으로 두께 10mm 이상, 높이 2.5m 이상

20 고압가스 특정제조시설에서 플레어스택의 설치기준으로 틀린 것은?

① 파일럿버너를 항상 꺼두는 등 플레어스택에 관련된 폭발을 방지하기 위한 조치가 되어 있는 것으로 한다.

② 긴급이송설비로 이송되는 가스를 안전하게 연소시킬 수 있는 것으로 한다.

③ 플레어스택에서 발생하는 복사열이 다른 제조시설에 나쁜 영향을 미치지 아니하도록 안전한 높이 및 위치에 설치한다.

④ 플레어스택에서 발생하는 최대열량에 장시간 견딜 수 있는 재료 및 구조로 되어있는 것으로 한다.

21 다음은 어떤 안전설비에 대한 설명인가?

> 설비가 잘못 조작되거나 정상적인 제조를 할 수 없는 경우 자동으로 원재료의 공급을 차단시키는 등 고압가스 제조설비 안의 제조를 제어하는 기능을 한다.

① 안전밸브
② 긴급차단장치
③ 인터록 기구
④ 벤트스택

22 허용농도가 100만분의 200 이하인 독성가스 용기 운반차량은 몇 [km] 이상의 거리를 운행할 때 중간에 충분한 휴식을 취한 후 운행하여야 하는가?

① 100km
② 200km
③ 300km
④ 400km

23 방폭전기기기의 구조별 표시 방법으로 틀린 것은?

① 내압방폭구조 – s
② 유입방폭구조 – o
③ 압력방폭구조 – p
④ 본질안전방폭구조 – ia

24 고압가스에 대한 사고예방 설비기준으로 옳지 않은 것은?

① 가연성가스의 가스설비 중 전기설비는 그 설치장소 및 그 가스의 종류에 따라 적절한 방폭성능을 가지는 것일 것

② 고압가스설비에는 그 설비 안의 압력이 내압 압력을 초과하는 경우 즉시 그 압력을 내압 압력 이하로 되돌릴 수 있는 안전장치를 설치하는 등 필요한 조치를 할 것

③ 폭발 등의 위해가 발생한 가능성이 큰 특수반응설비는 그 위해의 발생을 방지하기 위하여 내부반응 감시설비 및 위험사태발생 방지설비의 설치 등 필요한 조치를 할 것

④ 저장탱크 및 배관에는 그 저장탱크 및 배관이 부식되는 것을 방지하기 위하여 필요한 조치를 할 것

25 다음 중 고압용기에 각인되어 있는 내용적의 기호는?

① V　　② F_P
③ T_P　　④ W

26 고압가스 냉동제조의 시설 및 기술기준에 대한 설명으로 틀린 것은?

① 냉동제조시설 중 냉매설비에는 자동제어장치를 설치할 것

② 가연성가스 또는 독성가스를 냉매로 사용하는 냉매설비 중 수액기에 설치하는 액면계는 환형 유리관액면계를 사용할 것

③ 냉매설비에는 압력계를 설치할 것

④ 압축기 최종단에 설치한 안전장치는 1년에 1회 이상 점검을 실시할 것

27 다음 (   ) 안에 각각 들어갈 숫자는?

> 도시가스 공급시설에 대하여 공사가 실시하는 정밀안전진단의 실시 시기 및 기준에 의거 본관 및 공급관에 대하여 최초로 시공감리 증명서를 받은 날부터 (   )년이 지난 날에 속하는 해 및 그 이후 매 (   )년이 지난 날이 속하는 해에 받아야 한다.

① 10, 5   ② 15, 5

③ 10, 10   ④ 15, 10

28 0℃, 1atm에서 6L인 가스가 273℃, 1atm으로 변하면 용적은 몇 [L]가 되는가?

① 4L
② 8L
③ 12L
④ 24L

29 다음 중 2중관으로 하여야 하는 고압가스가 아닌 것은?

① 수소
② 아황산가스
③ 암모니아
④ 황화수소

30 도시가스 사용시설에서 배관의 용접부 중 비파괴시험을 하여야 하는 것은?

① 가스용 폴리에틸렌관

② 호칭지름 65mm인 매몰된 저압 배관

③ 호칭지름 150mm인 노출된 저압 배관

④ 호칭지름 65mm인 노출된 중압 배관

31 펌프의 축봉장치에서 아웃사이드 형식이 쓰이는 경우가 아닌 것은?

① 구조재, 스프링재가 액의 내식성에 문제가 있을 때

② 점성계수가 100cP를 초과하는 고점도액일 때

③ 스타핑 복스 내가 고진공일 때

④ 고응고점 액일 때

32 자유 피스톤식 압력계에서 추와 피스톤의 무게가 15.7kg일 때 실린더 내의 액압과 균형을 이루었다면 게이지압력은 몇 [kg/cm²]이 되겠는가? (단, 피스톤의 지름은 4cm이다.)

① 1.25kg/cm²
② 1.57kg/cm²
③ 2.5kg/cm²
④ 5kg/cm²

33 왕복식 압축기에서 피스톤과 크랭크 샤프트를 연결하여 왕복운동을 시키는 역할을 하는 것은?

① 크랭크
② 피스톤링
③ 커넥팅 로드
④ 톱 클리어런스

34 액화천연가스(LNG) 저장탱크 중 내부 탱크의 재료로 사용되지 않는 것은?

① 자기 지지형(Self Supporting) 9% 니켈강
② 알루미늄합금
③ 멤브레인식 스테인리스강
④ 프리스트레스트콘크리트(PC, Prestre-ssed Concrete)

35 유리 온도계의 특징에 대한 설명으로 틀린 것은?

① 일반적으로 오차가 적다.
② 취급은 용이하나 파손이 쉽다.
③ 눈금 읽기가 어렵다.
④ 일반적으로 연속기록 자동제어를 할 수 있다.

36 자동차에 혼합적재가 가능한 것끼리 연결된 것은?

① 염소 - 아세틸렌
② 염소 - 암모니아
③ 염소 - 산소
④ 염소 - 수소

37 고압식 액체산소 분리장치에서 원료공기는 압축기에서 압축된 후 압축기의 중간단에서는 몇 [atm] 정도로 탄산가스 흡수기에 들어가는가?

① 5atm
② 7atm
③ 15atm
④ 20atm

38 실린더의 단면적 $50cm^2$, 행정 10cm, 회전수 200rpm, 체적효율 80%인 왕복압출기의 토출량은?

① 60L/min
② 80L/min
③ 120L/min
④ 140L/min

39 C_4H_{10}의 제조시설에 설치하는 가스누출경보기는 가스누출 농도가 얼마일 때 경보를 울려야 하는가?

① 0.45% 이상
② 0.53% 이상
③ 1.8% 이상
④ 2.1% 이상

40 카플러 안전기구와 과류차단 안전기구가 부착된 것으로서 배관과 카플러를 연결하는 구조의 콕은?

① 퓨즈콕
② 상자콕
③ 노즐콕
④ 커플콕

41 재료에 하중을 작용하여 항복점 이상의 응력을 가하면, 하중을 제거하여도 본래의 형상으로 돌아가지 않도록 하는 성질을 무엇이라고 하는가?

① 피로
② 크리프
③ 소성
④ 탄성

42 관 도중에 조리개(교측기구)를 넣어 조리개 전후의 차압을 이용하여 유량을 측정하는 계측기기는?

① 오벌식 유량계
② 오리피스 유량계
③ 막식 유량계
④ 터빈 유량계

43 펌프가 운전 중에 한숨을 쉬는 것과 같은 상태가 되어 토출구 및 흡입구에서 압력계의 바늘이 흔들리며 동시에 유량이 변화하는 현상을 무엇이라고 하는가?

① 캐비테이션
② 워터해머링
③ 바이브레이션
④ 서징

44 공기에 의한 전열이 어느 압력까지 내려가면 급히 압력에 비례하여 적어지는 성질을 이용하는 저온장치에 사용되는 진공단열법은?

① 고진공단열법
② 분말진공단열법
③ 다층진공단열법
④ 자연진공단열법

45 다음 중 저온장치의 가스액화사이클이 아닌 것은?

① 린데식 사이클
② 클로드식 사이클
③ 필립스식 사이클
④ 카자레식 사이클

46 다음 중 암모니아 가스의 검출 방법이 아닌 것은?

① 네슬러 시약을 넣어 본다.
② 초산연 시험지를 대어 본다.
③ 진한 염산에 접촉시켜 본다.
④ 붉은 리트머스지를 대어 본다.

47 가스 비열비의 값은?

① 언제나 1보다 작다.
② 언제나 1보다 크다.
③ 1보다 크기도 하고 작기도 하다.
④ 0.5와 1 사이의 값이다.

48 염소의 특징에 대한 설명 중 틀린 것은?

① 염소 자체는 폭발성, 인화성은 없다.
② 상온에서 자극성의 냄새가 있는 맹독성 기체이다.
③ 염소와 산소의 1 : 1 혼합물을 염소폭명기라고 한다.
④ 수분이 있으면 염산이 생성되어 부식성이 강해진다.

49 국가표준 기본법에서 정의하는 기본단위가 아닌 것은?

① 질량 – kg
② 시간 – sec
③ 전류 – A
④ 온도 – ℃

50 다음 중 불꽃의 표준온도가 가장 높은 연소 방식은?

① 분젠식
② 적화식
③ 세미분젠식
④ 전1차 공기식

51 10%의 소금물 500g을 증발시켜 400g으로 농축하였다면 이 용액은 몇 [%]의 용액인가?

① 10%
② 12.5%
③ 15%
④ 20%

52 다음 중 드라이아이스의 제조에 사용되는 가스는?

① 일산화탄소
② 이산화탄소
③ 이황산가스
④ 염화수소

53 다음 중 표준상태에서 비점이 가장 높은 것은?

① 나프타
② 프로판
③ 에탄
④ 부탄

54 도시가스 유해성분을 측정하기 위한 도시가스 품질검사의 성분분석은 주로 어떤 기기를 사용하는가?

① 기체 크로마토그래피
② 분자흡수분광기
③ NMR
④ ICP

55 가스누출 자동차단기의 내압시험 조건으로 맞는 것은?

① 고압부 1.8MPa 이상, 저압부 8.4~10MPa
② 고압부 1MPa 이상, 저압부 0.1MPa
③ 고압부 2MPa 이상, 저압부 0.2MPa
④ 고압부 3MPa 이상, 저압부 0.3MPa

56 47L 고압가스 용기에 20℃의 온도로 15MPa의 게이지압력으로 충전하였다. 40℃로 온도를 높이면 게이지압력은 약 얼마가 되겠는가?

① 16.031MPa
② 17.132MPa
③ 18.031MPa
④ 19.031MPa

57 염화수소(HCl)의 용도가 아닌 것은?

① 강판이나 강재의 녹 제거
② 필름 제조
③ 조미료 제조
④ 향료, 염료, 의약 등의 중간물 제조

58 다음 중 독성도 없고 가연성도 없는 기체는 어느 것인가?

① NH_3
② C_2H_4O
③ CS_2
④ $CHClF_2$

59 절대온도 300K는 랭킨온도(°R)로 약 몇 도 인가?

① 27°R
② 167°R
③ 541°R
④ 572°R

60 천연가스(NG)의 특징에 대한 설명으로 틀린 것은?

① 메탄이 주성분이다.
② 공기보다 가볍다.
③ 연소에 필요한 공기량은 LPG에 비해 적다.
④ 발열량($kcal/m^3$)은 LPG에 비해 크다.

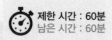
01 액화석유가스 또는 도시가스용으로 사용되는 가스용 염화비닐호스는 그 호스의 안전성, 편리성 및 호환성을 확보하기 위하여 안지름 치수를 규정하고 있는데 그 치수에 해당하지 않는 것은?

① 4.8mm

② 6.3mm

③ 9.5mm

④ 12.7mm

02 가스누출 자동차단장치의 검지부 설치 금지장소에 해당하지 않는 것은?

① 출입구 부근 등으로서 외부의 기류가 통하는 곳

② 가스가 체류하기 좋은 곳

③ 환기구 등 공기가 들어오는 곳으로부터 1.5m 이내의 곳

④ 연소기의 폐가스에 접촉하기 쉬운 곳

03 가연성 고압가스 제조소에서 다음 중 착화 원인이 될 수 없는 것은?

① 정전기

② 베릴륨합금제 공구에 의한 타격

③ 사용 촉매의 접촉

④ 밸브의 급격한 조작

04 LP가스의 일반적인 성질에 대한 설명 중 옳은 것은?

① 공기보다 무거워 바닥에 고인다.

② 액의 체적팽창률이 적다.

③ 증발잠열이 적다.

④ 기화 및 액화가 어렵다.

05 도시가스 사용시설에서 배관의 호칭지름이 25mm인 배관은 몇 [m] 간격으로 고정하여야 하는가?

① 1m 마다

② 2m 마다

③ 3m 마다

④ 4m 마다

06 액화석유가스는 공기 중의 혼합 비율의 용량이 얼마인 상태에서 감지할 수 있도록 냄새가 나는 물질을 섞어 용기에 충전하여야하는가?

① $\dfrac{1}{10}$

② $\dfrac{1}{100}$

③ $\dfrac{1}{1000}$

④ $\dfrac{1}{10000}$

07 다음 중 천연가스(LNG)의 주성분은?

① CO

② CH_4

③ C_2H_4

④ C_2H_2

08 건축물 안에 매설할 수 없는 도시가스 배관의 재료는?

① 스테인리스강관

② 동관

③ 가스용 금속 플렉시블호스

④ 가스용 탄소강관

09 고압가스용 용접용기 동판의 최대두께와 최소두께의 차이는?

① 평균두께의 5% 이하

② 평균두께의 10% 이하

③ 평균두께의 20% 이하

④ 평균두께의 25% 이하

10 공기 중에서 폭발범위가 가장 넓은 가스는?

① 메탄

② 프로판

③ 에탄

④ 일산화탄소

11 다음 중 마찰, 타격 등으로 격렬히 폭발하는 예민한 폭발물질로서 가장 거리가 먼 것은?

① AgN_2

② H_2S

③ Ag_2C_2

④ N_4S_4

12 독성가스용기 운반기준에 대한 설명으로 틀린 것은?

① 차량의 최대적재량을 초과하여 적재하지 아니한다.

② 충전용기는 자전거나 오토바이에 적재하여 운반하지 아니한다.

③ 독성가스 중 가연성가스와 조연성가스는 같은 차량의 적재함으로 운반하지 아니한다.

④ 충전용기를 차량에 적재하여 운반할 때에는 적재함에 넘어지지 않게 뉘어서 운반한다.

13 도시가스 계량기와 화기 사이에 유지하여야 하는 거리는?

① 2m 이상

② 4m 이상

③ 5m 이상

④ 8m 이상

14 용기밸브 그랜드너트의 6각 모서리에 V형의 홈을 낸 것은 무엇을 표시하기 위한 것인가?

① 왼나사임을 표시
② 오른나사임을 표시
③ 암나사임을 표시
④ 수나사임을 표시

15 부탄가스용 연소기의 명판에 기재할 사항이 아닌 것은?

① 연소기명
② 제조자의 형식 호칭
③ 연소기 재질
④ 제조(로트) 번호

16 도시가스 도매사업자가 제조소에 다음 시설을 설치하고자 한다. 다음 중 내진설계를 하지 않아도 되는 시설은?

① 저장능력이 2톤인 지상식 액화천연가스 저장탱크의 지지구조물
② 저장능력이 300m³인 천연가스 홀더의 지지구조물
③ 처리능력이 500m³인 압축기의 지지구조물
④ 처리능력이 300m³인 펌프의 지지구조물

17 저장탱크의 지하설치 기준에 대한 설명으로 틀린 것은?

① 천장, 벽 및 바닥의 두께가 각각 30cm 이상인 방수조치를 한 철근콘크리트로 만든 곳에 설치한다.
② 지면으로부터 저장탱크의 정상부까지의 깊이는 1m 이상으로 한다.
③ 저장탱크에 설치한 안전밸브에는 지면에서 5m 이상의 높이에 방출구가 있는 가스방출관을 설치한다.
④ 저장탱크를 매설한 곳의 주위에는 지상에 경계표지를 설치한다.

18 가스 중 음속보다 화염전파속도가 큰 경우 충격파가 발생하는데 이때 가스의 연소속도로서 옳은 것은?

① 0.3~100m/s
② 100~300m/s
③ 700~800m/s
④ 1000~3500m/s

19 도시가스 사용시설의 가스계량기 설치기준에 대한 설명으로 옳은 것은?

① 시설 안에서 사용하는 자체 화기를 제외한 화기와 가스계량기와 유지하여야 하는 거리는 3m 이상이어야 한다.
② 시설 안에서 사용하는 자체 화기를 제외한 화기와 입상관과 유지하여야 하는 거리는 3m 이상이어야 한다.
③ 가스계량기와 단열조치를 하지 아니한 굴뚝과의 거리는 10cm 이상 유지하여야 한다.
④ 가스계량기와 전기개폐기와의 거리는 60cm 이상 유지하여야 한다.

20 비등액체팽창증기폭발(BLEVE)이 일어날 가능성이 가장 낮은 곳은?

① LPG 저장탱크
② 액화가스 탱크로리
③ 천연가스 지구정압기
④ LNG 저장탱크

21 액화석유가스를 탱크로리로부터 이·충전할 때 정전기를 제거하는 조치로 접지하는 접지접속선의 규격은?

① 5.5mm² 이상
② 6.7mm² 이상
③ 9.6mm² 이상
④ 10.5mm² 이상

22 가연성가스, 독성가스 및 산소설비의 수리시 설비 내의 가스 치환용으로 주로 사용되는 가스는?

① 질소
② 수소
③ 일산화탄소
④ 염소

23 다음 중 지연성 가스에 해당되지 않는 것은?

① 염소
② 불소
③ 이산화질소
④ 이황화탄소

24 내용적이 300L인 용기에 액화암모니아를 저장하려고 한다. 이 저장설비의 저장능력은 얼마인가? (단, 액화암모니아의 충전정수는 1.86이다.)

① 161kg
② 232kg
③ 279kg
④ 558kg

25 다음 중 방류둑을 설치하여야 할 기준으로 옳지 않은 것은?

① 저장능력이 5톤 이상인 독성가스 저장탱크
② 저장능력이 300톤 이상인 가연성가스 저장탱크
③ 저장능력이 1000톤 이상인 액화석유가스 저장탱크
④ 저장능력이 1000톤 이상인 액화산소 저장탱크

26 다음은 도시가스 사용시설의 월 사용예정량을 산출하는 식이다. 이 중 기호 "A"가 의미하는 것은?

$$Q = \frac{[(A \times 240) + (B \times 90)]}{11000}$$

① 월 사용 예정량
② 산업용으로 사용하는 연소기의 명판에 기재된 가스소비량의 합계
③ 산업용이 아닌 연소기의 명판에 기재된 가스소비량의 합계
④ 가정용 연소기의 가스소비량 합계

27 LPG 압력조정기 중 1단 감압식 저압조정기의 조정압력의 범위는?

① 2.3~3.3kPa

② 2.55~3.3kPa

③ 57~83kPa

④ 5.0~30kPa 이내에서 제조자가 설정한 기준압력의 ±20%

28 용기의 내용적 40L에 내압시험압력의 수압을 걸었더니 내용적이 40.24L로 증가하였고, 압력을 제거하여 대기압으로 하였더니 용적은 40.02L가 되었다. 이 용기의 항구증가율과 또 이 용기의 내압시험에 대한 합격 여부는?

① 1.6%, 합격

② 1.6%, 불합격

③ 8.3%, 합격

④ 8.3%, 불합격

29 산소가스설비의 수리를 위한 저장탱크 내의 산소를 치환할 때 산소측정기 등으로 치환 결과를 수시로 측정하여 산소의 농도가 원칙적으로 몇 [%] 이하가 될 때까지 치환하여야 하는가?

① 18%

② 20%

③ 22%

④ 24%

30 최근 시내버스 및 청소차량 연료로 사용되는 CNG 충전소 설계 시 고려하여야 할 사항으로 틀린 것은?

① 압축장치와 충전설비 사이에는 방호벽을 설치한다.

② 충전기에는 90kgf 미만의 힘에서 분리되는 긴급분리장치를 설치한다.

③ 자동차 충전기(디스펜서)의 충전호스 길이는 8m 이하로 한다.

④ 펌프 주변에는 1개 이상 가스누출 검지경보장치를 설치한다.

31 다이어프램식 압력계 특징에 대한 설명 중 틀린 것은?

① 정확성이 높다.

② 반응속도가 빠르다.

③ 온도에 따른 영향이 적다.

④ 미소압력을 측정할 때 유리하다.

32 어떤 도시가스의 발열량이 15000kcal/Sm^3일 때 웨버지수는 얼마인가? (단, 가스의 비중은 0.5로 한다.)

① 12121

② 20000

③ 21213

④ 30000

33 다음 중 염화파라듐지로 검지할 수 있는 가스는?

① 아세틸렌

② 황화수소

③ 염소

④ 일산화탄소

34 전위측정기로 관대지전위(pipe to soil potential) 측정 시 측정 방법으로 적합하지 않은 것은? (단, 기준전극은 포화황산동 전극이다.)

① 측정선 말단의 부식부분을 연마 후에 측정한다.

② 전위측정기의 (+)는 T/B(Test Box), (−)는 기준전극에 연결된다.

③ 콘크리트 등으로 기준전극을 토양에 접지할 수 없는 경우에는 물에 적신 스펀지 등을 사용하여 측정한다.

④ 전위측정은 가능한 한 배관에서 먼 위치에서 측정한다.

35 주로 탄광 내에서 CH_4의 발생을 검출하는 데 사용되며 청염(푸른 불꽃)의 길이로써 그 농도를 알 수 있는 가스검지기는?

① 안전등형

② 간섭계형

③ 열선형

④ 흡광광도형

36 다음 중 용적식 유량계에 해당하는 것은?

① 오리피스 유량계

② 플로노즐 유량계

③ 벤투리관 유량계

④ 오벌기어식 유량계

37 가스난방기의 명판에 기재하지 않아도 되는 것은?

① 제조자의 형식 호칭(모델번호)

② 제조자명이나 그 약호

③ 품질보증기간과 용도

④ 열효율

38 진탕형 오토클레이브의 특징에 대한 설명으로 틀린 것은?

① 가스누출의 가능성이 적다.

② 고압력에 사용할 수 있고 반응물의 오손이 적다.

③ 장치 전체가 진동하므로 압력계는 본체로부터 떨어져 설치한다.

④ 뚜껑판에 뚫어진 구멍에 촉매가 끼어들어갈 염려가 없다.

39 송수량 12000L/min, 전양정 45m인 볼류트 펌프의 회전수를 1000rpm에서 1100rpm으로 변화시킨 경우 펌프의 축동력은 약 몇 [PS]인가? (단, 펌프의 효율은 80%이다.)

① 165   ② 180

③ 200   ④ 250

40 펌프의 실제 송출유량을 Q, 펌프 내부에서의 누설유량을 ΔQ, 임펠러 속을 지나는 유량을 $Q+\Delta Q$라 할 때 펌프의 체적효율(η_v)을 구하는 식은?

① $\eta_v = \dfrac{Q}{Q+\Delta Q}$

② $\eta_v = \dfrac{Q+\Delta Q}{Q}$

③ $\eta_v = \dfrac{Q-\Delta Q}{Q+\Delta Q}$

④ $\eta_v = \dfrac{Q+\Delta Q}{Q-\Delta Q}$

41 염화메탄을 사용하는 배관에 사용하지 못하는 금속은?

① 주강
② 금
③ 동합금
④ 알루미늄합금

42 고압가스 용기의 관리에 대한 설명으로 틀린 것은?

① 충전용기는 항상 40℃ 이하를 유지하도록 한다.
② 충전용기는 넘어짐 등으로 인한 충격을 방지하는 조치를 하여야 하며 사용한 후에는 밸브를 열어둔다.
③ 충전용기 밸브는 서서히 개폐한다.
④ 충전용기 밸브 또는 배관을 가열하는 때에는 열습포나 40℃ 이하의 더운물을 사용한다.

43 저온장치의 분말진공단열법에서 충진용 분말로 사용되지 않는 것은?

① 펄라이트
② 알루미늄분말
③ 글라스울
④ 규조토

44 다음 중 저온을 얻는 기본적인 원리는?

① 등압팽창
② 단열팽창
③ 등온팽창
④ 등적팽창

45 압축기를 이용한 LP가스 이·충전 작업에 대한 설명으로 옳은 것은?

① 충전시간이 길다.
② 잔류가스를 회수하기 어렵다.
③ 베이퍼록 현상이 일어난다.
④ 드레인 현상이 일어난다.

46 다음 중 가장 높은 압력은?

① 1atm
② 100kPa
③ 10mH$_2$O
④ 0.2MPa

47 다음 중 비점이 가장 낮은 것은?

① 수소
② 헬륨
③ 산소
④ 네온

48 공기 중에 10vol% 존재 시 폭발의 위험성이 없는 가스는?

① CH_3Br
② C_2H_6
③ C_2H_4O
④ H_2S

49 LP가스의 일반적인 연소 특성이 아닌 것은?

① 연소 시 다량의 공기가 필요하다.
② 발열량이 크다.
③ 연소속도가 늦다.
④ 착화온도가 낮다.

50 LNG의 특징에 대한 설명 중 틀린 것은?

① 냉열을 이용할 수 있다.
② 천연에서 산출한 천연가스를 약 $-162℃$까지 냉각하여 액화시킨 것이다.
③ LNG는 도시가스, 발전용 이외에 일반 공업용으로도 사용된다.
④ LNG로부터 기화한 가스는 부탄이 주성분이다.

51 가정용 가스보일러에서 발생하는 가스 중 독사고의 원인으로 배기가스의 어떤 성분에 의하여 주로 발생하는가?

① CH_4
② CO_2
③ CO
④ C_3H_8

52 순수한 물 1g을 온도 14.5℃에서 15.5℃까지 높이는 데 필요한 열량을 의미하는 것은?

① 1cal
② 1BTU
③ 1J
④ 1CHU

53 물질이 융해, 응고, 증발, 응축 등과 같은 상태의 변화를 일으킬 때 발생 또는 흡수하는 열을 무엇이라 하는가?

① 비열
② 현열
③ 잠열
④ 반응열

54 에틸렌(C_2H_4)의 용도가 아닌 것은?

① 폴리에틸렌의 제조
② 산화에틸렌의 원료
③ 초산비닐의 제조
④ 메탄올합성의 원료

55 공기 100kg 중에는 산소가 약 몇 [kg] 포함되어 있는가?

① 12.3kg

② 23.2kg

③ 31.5kg

④ 43.7kg

56 100℉를 섭씨온도로 환산하면 약 몇 [℃] 인가?

① 20.8℃

② 27.8℃

③ 37.8℃

④ 50.8℃

57 0℃, 2기압 하에서 1L의 산소와 0℃, 3기압 2L의 질소를 혼합하여 2L로 하면 압력은 몇 기압이 되는가?

① 2기압

② 4기압

③ 6기압

④ 8기압

58 다음 중 상온에서 비교적 낮은 압력으로 가장 쉽게 액화되는 가스는?

① CH_4

② C_3H_8

③ O_2

④ H_2

59 완전연소 시 공기량이 가장 많이 필요로 하는 가스는?

① 아세틸렌

② 메탄

③ 프로판

④ 부탄

60 산소의 물리적 성질에 대한 설명 중 틀린 것은?

① 물에 녹지 않으며 액화산소는 담록색이다.

② 기체, 액체, 고체 모두 자성이 있다.

③ 무색, 무취, 무미의 기체이다.

④ 강력한 조연성가스로서 자신은 연소하지 않는다.

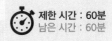
01 LPG 충전시설의 충전소에 "화기엄금"이라고 표시한 게시판의 색깔로 옳은 것은?

① 황색바탕에 흑색 글씨

② 황색바탕에 적색 글씨

③ 흰색바탕에 흑색 글씨

④ 흰색바탕에 적색 글씨

02 특정고압가스 사용시설 총 고압가스 저장량이 몇 [kg] 이상인 용기보관실의 벽을 방호벽으로 설치하여야 하는가?

① 100kg

② 200kg

③ 300kg

④ 600kg

03 도시가스 중 음식물쓰레기, 가축분료, 하수슬러지 등 유기성 폐기물로부터 생성된 기체를 정제한 가스로서 메탄이 주성분인 가스를 무엇이라 하는가?

① 천연가스

② 나프타 부생가스

③ 석유가스

④ 바이오가스

04 방폭전기기기의 용기 내부에서 가연성가스의 폭발이 발생할 경우 그 용기가 폭발압력에 견디고 접합면, 개구부 등을 통해 외부의 가연성가스에 인화되지 않도록 한 방폭구조는?

① 내압(耐壓)방폭구조

② 유입(流入)방폭구조

③ 압력(壓力)방폭구조

④ 본질안전방폭구조

05 독성가스 여부를 판정할 때 기준이 되는 "허용농도"를 바르게 설명한 것은?

① 해당 가스를 성숙한 흰쥐 집단에게 대기 중에서 1시간 동안 계속하여 노출시킨 경우 7일 이내에 그 흰쥐의 1/2 이상이 죽게 되는 가스의 농도를 말한다.

② 해당 가스를 성숙한 흰쥐 집단에게 대기 중에서 24시간 동안 계속하여 노출시킨 경우 7일 이내에 그 흰쥐의 1/2 이상이 죽게 되는 가스의 농도를 말한다.

③ 해당 가스를 성숙한 흰쥐 집단에게 대기 중에서 1시간 동안 계속하여 노출시킨 경우 14일 이내에 그 흰쥐의 1/2 이상이 죽게 되는 가스의 농도를 말한다.

④ 해당 가스를 성숙한 흰쥐 집단에게 대기 중에서 24시간 동안 계속하여 노출시킨 경우 14일 이내에 그 흰쥐의 1/2 이상이 죽게 되는 가스의 농도를 말한다.

06 다음 [보기]의 독성가스 중 독성(LC_{50})이 가장 강한 것과 가장 약한 것을 바르게 나열한 것은?

> [보기]
> ㉠ 염화수소 ㉡ 암모니아
> ㉢ 황화수소 ㉣ 일산화탄소

① ㉠, ㉡
② ㉠, ㉣
③ ㉢, ㉡
④ ㉢, ㉣

07 다음 가연성가스 중 공기 중에서의 폭발범위가 가장 좁은 것은?

① 아세틸렌
② 프로판
③ 수소
④ 일산화탄소

08 산소가스설비의 수리 및 청소를 위해 저장탱크 내의 산소를 치환할 때, 산소측정기 등으로 치환결과를 측정하여 산소의 농도가 최대 몇 [%] 이하가 될 때까지 계속하여 치환작업을 하여야 하는가?

① 18%
② 20%
③ 22%
④ 24%

09 원심식 압축기를 사용하는 냉동설비는 그 압축기의 원동기 정격출력 몇 [kw]를 하루의 냉동능력 1톤으로 산정하는가?

① 1.0
② 1.2
③ 1.5
④ 2.0

10 다음과 같이 고압가스를 차량에 적재하여 운반할 때 운반책임자를 동승시키지 않아도 되는 경우는?

① 아세틸렌 : 400m³
② 일산화탄소 : 700m³
③ 액화염소 : 6500kg
④ 액화석유가스 : 2000kg

11 고압가스 제조시설에 설치되는 피해저감설비인 방호벽을 설치해야 하는 경우가 아닌 것은?

① 압축기와 충전장소 사이
② 압축기와 가스 충전용기 보관장소 사이
③ 충전장소와 충전용 주관밸브와 조작밸브 사이
④ 압축기와 저장탱크 사이

12 고압가스 제조시설에서 실시하는 가스설비의 점검 중 사용 개시 전에 점검할 사항이 아닌 것은?

① 기초의 경사 및 침하
② 인터록, 자동제어장치의 기능
③ 가스설비의 전반적인 누출 유무
④ 배관계통의 밸브 개폐 상황

13 액화가스를 운반하는 탱크로리(차량에 고정된 탱크)의 내부에 설치하는 것으로서 탱크 내 액화가스 액면요동을 방지하기 위해 설치하는 것은?

① 폭발방지장치
② 방파판
③ 압력방출장치
④ 다공성 충진제

14 가스공급 배관 용접 후 검사하는 비파괴검사 방법이 아닌 것은?

① 방사선투과검사
② 초음파탐상검사
③ 자분탐상검사
④ 주사전자현미경검사

15 산소 저장설비에서 저장능력이 9000m³일 경우 1종 보호시설 및 2종 보호시설과의 안전거리는?

① 8m, 5m
② 10m, 7m
③ 12m, 8m
④ 14m, 9m

16 액화석유가스의 시설기준 중 저장탱크의 설치 방법으로 틀린 것은?

① 천장, 벽 및 바닥의 두께가 각각 30cm 이상의 방수조치를 한 철근콘크리트 구조로 한다.
② 저장탱크실 상부 윗면으로부터 저장탱크 상부까지의 깊이는 60cm 이상으로 한다.
③ 저장탱크에 설치한 안전밸브에는 지면으로부터 5m 이상의 방출관을 설치한다.
④ 저장탱크 주위 빈 공간에는 세립분을 25% 이상 함유한 마른 모래를 채운다.

17 다음 중 고압가스의 성질에 따른 분류에 속하지 않는 것은?

① 가연성가스
② 액화가스
③ 조연성가스
④ 불연성가스

18 다음 중 화학적 폭발로 볼 수 없는 것은?

① 증기폭발
② 중합폭발
③ 분해폭발
④ 산화폭발

19 가연성가스의 위험성에 대한 설명으로 틀린 것은?

① 누출 시 산소결핍에 의한 질식의 위험성이 있다.
② 가스의 온도 및 압력이 높을수록 위험성이 커진다.
③ 폭발한계가 넓을수록 위험하다.
④ 폭발하한이 높을수록 위험하다.

20 시안화수소의 중합폭발을 방지할 수 있는 안정제로 옳은 것은?

① 수증기, 질소
② 수증기, 탄산가스
③ 질소, 탄산가스
④ 아황산가스, 환산

21 LPG를 수송할 때의 주의사항으로 틀린 것은?

① 운전 중이나 정차 중에도 허가된 장소를 제외하고는 담배를 피워서는 안 된다.
② 운전자는 운전기술 외에 LPG의 취급 및 소화기 사용 등에 관한 지식을 가져야 한다.
③ 주차할 때는 안전한 장소에 주차하며, 운반책임자와 운전자는 동시에 차량에서 이탈하지 않는다.
④ 누출됨을 알았을 때는 가까운 경찰서, 소방서까지 직접 운행하여 알린다.

22 염소의 성질에 대한 설명으로 틀린 것은?

① 상온·상압에서 황록색의 기체이다.
② 수분 존재 시 철을 부식시킨다.
③ 피부에 닿으면 손상의 위험이 있다.
④ 암모니아와 반응하여 푸른 연기를 생성한다.

23 수소에 대한 설명 중 틀린 것은?

① 수소용기의 안전밸브는 가용전식과 파열판식을 병용한다.
② 용기밸브는 오른나사이다.
③ 수소가스는 피로카롤 시약을 사용한 오르자트법에 의한 시험법에서 순도가 98.5% 이상이어야 한다.
④ 공업용 용기의 도색은 주황색으로 하고 문자의 표시는 백색으로 한다.

24 다음 중 폭발성이 예민하므로 마찰 및 타격으로 격렬히 폭발하는 물질에 해당되지 않는 것은?

① 황화질소
② 메틸아민
③ 염화질소
④ 아세틸라이드

25 고압가스 특정제조시설 중 철도부지 밑에 매설하는 배관에 대한 설명으로 틀린 것은?

① 배관의 외면으로부터 그 철도부지의 경계까지는 1m 이상의 거리를 유지한다.

② 지표면으로부터 배관의 외면까지의 깊이를 60cm 이상 유지한다.

③ 배관은 그 외면으로부터 궤도 중심과 4m 이상 유지한다.

④ 지하철도 등을 횡단하여 매설하는 배관에는 전기방식 조치를 강구한다.

26 다음 중 같은 저장실에 혼합 저장이 가능한 것은?

① 수소와 염소가스
② 수소와 가스
③ 아세틸렌가스와 산소
④ 수소와 질소

27 용기 부속품에 각인하는 문자 중 질량을 나타내는 것은?

① T_P
② W
③ AG
④ V

28 고압가스 특정제조시설에서 지하매설 배관은 그 외면으로부터 지하의 다른 시설물과 몇 [m] 이상 거리를 유지하여야 하는가?

① 0.1m
② 0.2m
③ 0.3m
④ 0.5m

29 도시가스 사용시설 중 가스계량기와 다음 설비와의 안전거리의 기준으로 옳은 것은?

① 전기계량기와는 60cm 이상
② 전기접속기와는 60cm 이상
③ 전기점멸기와는 60cm 이상
④ 절연조치를 하지 않는 전선과는 30cm 이상

30 고압가스 제조설비에서 누출된 가스의 확산을 방지할 수 있는 재해조치를 하여야 하는 가스가 아닌 것은?

① 이산화탄소
② 암모니아
③ 염소
④ 염화메틸

31 흡수식 냉동기에서 냉매로 물을 사용할 경우 흡수제로 사용하는 것은?

① 암모니아
② 사염화메탄
③ 리튬브로마이드
④ 파라핀유

32 다음 중 이음매 없는 용기의 특징이 아닌 것은?

① 독성가스를 충전하는 데 사용한다.
② 내압에 대한 응력분포가 균일하다.
③ 고압에 견디기 어려운 구조이다.
④ 용접용기에 비해 값이 비싸다.

33 부유 피스톤형 압력계에서 실린더 지름 5cm, 추와 피스톤의 무게가 130kg일 때 이 압력계에 접속된 부르동관의 압력계 눈금이 7kg/cm²를 나타내었다. 이 부르동관 압력계의 오차는 약 몇 [%]인가?

① 5.7%
② 6.6%
③ 9.7%
④ 10.5%

34 다음 고압가스설비 중 축열식 반응기를 사용하여 제조하는 것은?

① 아크릴로라이드
② 염화비닐
③ 아세틸렌
④ 에틸벤젠

35 열기전력을 이용한 온도계가 아닌 것은?

① 백금 – 백금·로듐 온도계
② 동 – 콘스탄탄 온도계
③ 철 – 콘스탄탄 온도계
④ 백금 – 콘스탄탄 온도계

36 다음 중 유체의 흐름방향을 한 방향으로만 흐르게 하는 밸브는?

① 글로브밸브
② 체크밸브
③ 앵글밸브
④ 게이트밸브

37 다음 가스분석 중 화학분석법에 속하지 않는 방법은?

① 가스크로마토그래피법
② 중량법
③ 분광광도법
④ 요오드 적정법

38 다음 고압장치의 금속재료 사용에 대한 설명으로 옳은 것은?

① LNG 저장탱크 – 고장력강
② 아세틸렌 압축기 실린더 – 주철
③ 암모니아 압력계 도관 – 동
④ 액화산소 저장탱크 – 탄소강

39 고압가스설비의 안전장치에 관한 설명 중 옳지 않은 것은?

① 고압가스 용기에 사용되는 가용전은 열을 받으면 가용 합금이 용해되어 내부의 가스를 방출한다.

② 액화가스용 안전밸브의 토출량은 저장탱크 등의 내부 액화가스가 가열될 때의 증발량 이상이 필요하다.

③ 급격한 압력 상승이 있는 경우에는 파열판은 부적당하다.

④ 펌프 및 배관에는 압력 상승방지를 위해 릴리프밸브가 사용된다.

40 다음 중 압력계 사용 시 주의사항으로 틀린 것은?

① 정기적으로 점검한다.

② 압력계의 눈금판은 조작자가 보기 쉽도록 안면을 향하게 한다.

③ 가스의 종류에 적합한 압력계를 선정한다.

④ 압력의 도입이나 배출은 서서히 행한다.

41 LPG(C_4H_{10}) 공급방식에서 공기를 3배 희석했다면 발열량은 약 몇 [kcal/Sm³]이 되는가? (단, C_4H_{10}의 발열량은 30000kcal/Sm³로 가정한다.)

① 5000

② 7500

③ 10000

④ 11000

42 고압가스 제조소의 작업원은 얼마의 기간 이내에 1회 이상 보호구의 사용 훈련을 받아 사용 방법을 숙지하여야 하는가?

① 1개월

② 3개월

③ 6개월

④ 12개월

43 고점도 액체나 부유 현탁액의 유체압력 측정에 가장 적당한 압력계는?

① 벨로즈

② 다이어프램

③ 부르동관

④ 피스톤

44 내산화성이 우수하고 양파 썩는 냄새가 나는 부취제는?

① T.H.T

② T.B.M

③ D.M.S

④ NAPHTHA

45 계측기기의 구비조건으로 틀린 것은?

① 설치장소 및 주위조건에 대한 내구성이 클 것

② 설비비 및 유지비가 적게 들 것

③ 구조가 간단하고 정도(精度)가 낮을 것

④ 원거리 지시 및 기록이 가능할 것

46 다음 중 화씨온도와 가장 관계가 깊은 것은?

① 표준대기압에서 물의 어느점을 0으로 한다.
② 표준대기압에서 물의 어는점을 12로 한다.
③ 표준대기압에서 물의 끓는점을 100으로 한다.
④ 표준대기압에서 물의 끓는점을 212로 한다.

47 다음 중 부탄가스의 완전연소 반응식은?

① $C_3H_8 + 4O_2 \rightarrow 3CO_2 + 5H_2O$
② $C_3H_8 + 5O_2 \rightarrow 3CO_2 + 4H_2O$
③ $C_4H_{10} + 6O_2 \rightarrow 4CO_2 + 5H_2O$
④ $2C_4H_{10} + 13O_2 \rightarrow 8CO_2 + 10H_2O$

48 다음 중 LP가스의 성질에 대한 설명으로 틀린 것은?

① 온도변화에 따른 액팽창률이 크다.
② 석유류 또는 동·식물유나 천연고무를 잘 용해시킨다.
③ 물에 잘 녹으며 알코올과 에테르에 용해된다.
④ 액체는 물보다 가볍고, 기체는 공기보다 무겁다.

49 가스 배관 내 잔류물질을 제거할 때 사용하는 것이 아닌 것은?

① 피그
② 거버너
③ 압력계
④ 컴프레서

50 염소에 대한 설명으로 틀린 것은?

① 황록색을 띠며 독성이 강하다.
② 표백작용이 있다.
③ 액상은 물보다 무겁고 기상은 공기보다 가볍다.
④ 비교적 쉽게 액화된다.

51 도시가스 제조공정 중 접촉분해공정에 해당하는 것은?

① 저온수증기 개질법
② 열분해 공정
③ 부분연소 공정
④ 수소화분해 공정

52 −10℃인 얼음 10kg을 1기압에서 증기로 변화시킬 때 필요한 열량은 몇 [kcal]인가? (단, 얼음의 비열은 0.5kcal/kg℃, 얼음의 용해열은 80kcal/kg, 물의 기화열은 539kcal/kg)

① 5400
② 6000
③ 6240
④ 7240

53 다음 중 1atm과 다른 것은?

① $9.8N/m^2$

② $101325Pa$

③ $14.7Lb/in^2$

④ $10.332mH_2O$

54 산소가스의 품질검사에 사용되는 시약은 어느 것인가?

① 동암모니아 시약

② 피로카롤 시약

③ 브롬 시약

④ 하이드로설파이드 시약

55 표준상태에서 산소의 밀도는 몇 [g/L]인가?

① 1.33

② 1.43

③ 1.53

④ 1.63

56 공기 중에 누출 시 폭발위험이 가장 큰 가스는?

① C_3H_8

② C_4H_{10}

③ CH_4

④ C_2H_2

57 표준물질에 대한 어떤 물질의 밀도의 비를 무엇이라고 하는가?

① 비중

② 비중량

③ 비용

④ 비열

58 LP가스가 증발할 때 흡수하는 열을 무엇이라 하는가?

① 현열

② 비열

③ 잠열

④ 융해열

59 LP가스를 자동차 연료로 사용할 때의 장점이 아닌 것은?

① 배기가스의 독성이 가솔린보다 적다.

② 완전연소로 발열량이 높고 청결하다.

③ 옥탄가가 높아서 녹킹 현상이 없다.

④ 균일하게 연소되므로 엔진수명이 연장된다.

60 다음 중 염소의 주된 용도가 아닌 것은?

① 표백

② 살균

③ 염화비닐 합성

④ 강재의 녹 제거용

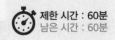
01 신규검사에 합격된 용기의 각인사항과 그 기호의 연결이 틀린 것은?

① 내용적 : V

② 최고충전압력 : F_P

③ 내압시험압력 : T_P

④ 용기의 질량 : M

02 역화방지장치를 설치하지 않아도 되는 곳은?

① 가연성가스 압축기와 충전용 주관 사이의 배관

② 가연성가스 압축기와 오토클레이브 사이의 배관

③ 아세틸렌 충전용 지관

④ 아세틸렌 고압건조기와 충전용 교체밸브 사이의 배관

03 아세틸렌 용접용기의 내압시험압력으로 옳은 것은?

① 최고충전압력의 1.5배

② 최고충전압력의 1.8배

③ 최고충전압력의 5/3배

④ 최고충전압력의 3배

04 가연성가스의 제조설비 또는 저장설비 중 전기설비 방폭구조를 하지 않아도 되는 가스는?

① 암모니아, 시안화수소

② 암모니아, 염화메탄

③ 브롬화메탄, 일산화탄소

④ 암모니아, 브롬화메탄

05 고압가스 특정제조시설에서 안전구역 설정 시 사용하는 안전구역 안의 고압가스설비 연소열량수치(Q)의 값은 얼마 이하로 정해져 있는가?

① 6×10^8

② 6×10^9

③ 7×10^8

④ 7×10^9

06 LP가스 사용시설에서 호스의 길이는 연소기까지 몇 [m] 이내로 하여야 하는가?

① 3m

② 5m

③ 7m

④ 9m

07 액상의 염소가 피부에 닿았을 경우의 조치로서 가장 적절한 것은?

① 암모니아로 씻어낸다.
② 이산화탄소로 씻어낸다.
③ 소금물로 씻어낸다.
④ 맑은 물로 씻어낸다.

08 용기에 의한 고압가스 판매시설 저장실 설치기준으로 틀린 것은?

① 고압가스의 용적이 300m³를 넘는 저장설비는 보호시설과 안전거리를 유지하여야 한다.
② 용기보관실 및 사무실은 동일 부지 내에 구분하여 설치한다.
③ 사업소의 부지는 한 면이 폭 5m 이상의 도로에 접하여야 한다.
④ 가연성가스 및 독성가스를 보관하는 용기보관실의 면적은 각 고압가스별로 10m² 이상으로 한다.

09 아세틸렌용기에 다공질 물질을 고루 채운 후 아세틸렌을 충전하기 전에 침윤시키는 물질은?

① 알코올
② 아세톤
③ 규조토
④ 탄산마그네슘

10 운전 중인 액화석유가스 충전설비의 작동상황에 대하여 주기적으로 점검하여야 한다. 점검 주기는?

① 1일에 1회 이상
② 1주일에 1회 이상
③ 3개월에 1회 이상
④ 6개월에 1회 이상

11 다음 중 어떤 가스를 수소와 함께 차량에 적재하여 운반할 때 그 충전용기와 밸브가 서로 마주보지 않도록 하여야 하는가?

① 산소
② 아세틸렌
③ 브롬화메탄
④ 염소

12 LP가스가 누출될 때 감지할 수 있도록 첨가하는 냄새가 나는 물질의 측정 방법이 아닌 것은?

① 유취실법
② 주사기법
③ 냄새주머니법
④ 오더(Oder)미터법

13 다음 중 독성가스 허용농도의 종류가 아닌 것은?

① 시간다중 평균농도(TLV-TWA)
② 단시간노출 허용농도(TLV-STEL)
③ 최고허용농도(TLV-C)
④ 순간사망 허용농도(TLV-D)

14 내용적 94L인 액화 프로판 용기의 저장 능력은 몇 [kg]인가? (단, 충전상수 C는 2.35이다.)

① 20kg

② 40kg

③ 60kg

④ 80kg

15 가연성가스의 제조설비 중 1종 장소에서의 변압기의 방폭구조는?

① 내압방폭구조

② 안전증방폭구조

③ 유입방폭구조

④ 압력방폭구조

16 액화석유가스 용기를 실외 저장소에 보관하는 기준으로 틀린 것은?

① 용기보관장소의 경계 안에서 용기를 보관할 것

② 용기는 눕혀서 보관할 것

③ 충전용기는 항상 40℃ 이하를 유지할 것

④ 충전용기는 눈·비를 피할 수 있도록 할 것

17 가스계량기와 전기계량기와는 최소 몇 [cm] 이상의 거리를 유지하여야 하는가?

① 15cm

② 30cm

③ 60cm

④ 80cm

18 산소에 대한 설명 중 옳지 않은 것은?

① 고압의 산소와 유지류의 접촉은 위험하다.

② 과잉의 산소는 인체에 유해하다.

③ 내산화성 재료로서는 주로 납(Pb)이 사용된다.

④ 산소의 화학반응에서 과산화물은 위험성이 있다.

19 재검사 용기에 대한 파기 방법의 기준으로 틀린 것은?

① 절단 등의 방법으로 파기하여 원형으로 가공할 수 없도록 할 것

② 허가관청에 파기의 사유·일시·장소 및 인수시한 등에 대한 신고를 하고 파기할 것

③ 잔가스를 전부 제거한 후 절단할 것

④ 파기하는 때에는 검사원이 검사장소에서 직접 실시할 것

20 시내버스의 연료로 사용되고 있는 CNG의 주요 성분은?

① 메탄(CH_4)

② 프로판(C_3H_8)

③ 부탄(C_4H_{10})

④ 수소(H_2)

21 액화석유가스의 냄새 측정 기준에서 사용하는 용어에 대한 설명으로 옳지 않은 것은?

① 시험가스란 냄새를 측정할 수 있도록 액화석유가스를 기화시킨 가스를 말한다.

② 시험자란 미리 선정한 정상적인 후각을 가진 사람으로서 냄새를 판정하는 자를 말한다.

③ 시료 기체란 시험가스를 청정한 공기로 희석한 판정용 기체를 말한다.

④ 희석배수란 시료 기체의 양을 시험가스의 양으로 나눈 값을 말한다.

22 가스의 폭발에 대한 설명 중 틀린 것은?

① 폭발범위가 넓은 것은 위험하다.

② 폭굉은 화염전파속도가 음속보다 크다.

③ 안전간격이 큰 것일수록 위험하다.

④ 가스의 비중이 큰 것은 낮은 곳에 체류할 위험이 있다.

23 독성가스의 저장탱크에는 그 가스의 용량을 탱크 내용적의 몇 [%]까지 채워야 하는가?

① 80%   ② 85%

③ 90%   ④ 95%

24 고압가스 특정제조시설에서 상용압력 0.2MPa 미만의 가연성가스 배관을 지상에 노출하여 설치 시 유지하여야 할 공지의 폭 기준은?

① 2m 이상   ② 5m 이상

③ 9m 이상   ④ 15m 이상

25 고압가스 공급자 안전점검 시 가스누출검지기를 갖추어야 할 대상은?

① 산소

② 가연성가스

③ 불연성가스

④ 독성가스

26 고압가스설비에 설치하는 압력계의 최고 눈금의 범위는?

① 상용압력의 1배 이상 1.5배 이하

② 상용압력의 1.5배 이상 2배 이하

③ 상용압력의 2배 이상 3배 이하

④ 상용압력의 3배 이상 5배 이하

27 고압가스 특정제조시설에서 고압가스설비의 설치기준에 대한 설명으로 틀린 것은?

① 아세틸렌의 충전용 교체밸브는 충전하는 장소에 직접 설치한다.

② 에어졸 제조시설에는 정량을 충전할 수 있는 자동충전기를 설치한다.

③ 공기액화분리기로 처리하는 원료공기의 흡입구는 공기가 맑은 곳에 설치한다.

④ 공기액화분리기에 설치하는 피트는 양호한 환기구조로 한다.

28 도시가스 사용시설에 정압기를 2013년에 설치하였다. 다음 중 이 정압기의 분해점검 만료 시기로 옳은 것은?

① 2015년
② 2016년
③ 2017년
④ 2018년

29 액화석유가스 충전사업장에서 가스충전 준비 및 충전작업에 대한 설명으로 틀린 것은?

① 자동차에 고정된 탱크는 저장탱크의 외면으로부터 3m 이상 떨어져 정지한다.
② 안전밸브에 설치된 스톱밸브는 항상 열어둔다.
③ 자동차에 고정된 탱크(내용적이 1만 리터 이상의 것에 한한다.)로부터 가스를 이입받을 때에는 자동차가 고정되도록 자동차 정지목 등을 설치한다.
④ 자동차에 고정된 탱크로부터 저장탱크에 액화석유가스를 이입받을 때에는 5시간 이상 연속하여 자동차에 고정된 탱크를 저장탱크에 접속하지 아니한다.

30 저장량이 10000kg인 산소저장설비는 제1종 보호시설과의 거리가 얼마 이상이면 방호벽을 설치하지 아니할 수 있는가?

① 9m   ② 10m
③ 11m   ④ 12m

31 압력계의 측정 방법에는 탄성을 이용하는 것과 전기적 변화를 이용하는 방법 등이 있다. 전기적 변화를 이용하는 압력계는?

① 부르동관 압력계
② 벨로스 압력계
③ 스트레인게이지
④ 다이어프램 압력계

32 금속재료에서 고온일 때 가스에 의한 부식으로 틀린 것은?

① 산소 및 탄산가스에 의한 산화
② 암모니아에 의한 강의 질화
③ 수소가스에 의한 탈탄작용
④ 아세틸렌에 의한 황화

33 오리피스미터로 유량을 측정할 때 갖추지 않아도 되는 조건은?

① 관로가 수평일 것
② 정상류 흐름일 것
③ 관 속에 유체가 충만되어 있을 것
④ 유체의 전도 및 압축의 영향이 클 것

34 액화석유가스용 강제용기란 액화석유가스를 충전하기 위한 내용적이 얼마 미만인 용기를 말하는가?

① 30L
② 50L
③ 100L
④ 125L

35 나사압축기에서 숫로터의 직경 150mm, 로터길이 100mm, 회전수가 350rpm이라고 할 때 이론적 토출량은 약 몇 [m³/min]인가? (단, 로터 형상에 의한 계수 (C_v)는 0.476이다.)

① 0.11
② 0.21
③ 0.37
④ 0.47

36 고압가스설비는 그 고압가스의 취급에 적합한 기계적 성질을 가져야 한다. 충전용 지관에는 탄소 함유량이 얼마 이하의 강을 사용하여야 하는가?

① 0.1%
② 0.33%
③ 0.5%
④ 1%

37 고압식 액화산소 분리장치의 원료공기에 대한 설명 중 틀린 것은?

① 탄산가스가 제거된 후 압축기에서 압축된다.
② 압축된 원료공기는 예냉기에서 열교환하여 냉각된다.
③ 건조기에서 수분이 제거된 후에는 팽창기와 정류탑의 하부로 열교환하며 들어간다.
④ 압축기로 압축한 후 물로 냉각한 다음 축냉기에 보내진다.

38 LP가스 수송관의 이음부분에 사용할 수 있는 패킹재료로 적합한 것은?

① 종이
② 천연고무
③ 구리
④ 실리콘고무

39 회전 펌프의 특징에 대한 설명으로 틀린 것은?

① 고압에 적당하다.
② 점성이 있는 액체에 성능이 좋다.
③ 송출량의 맥동이 거의 없다.
④ 왕복 펌프와 같은 흡입·토출 밸브가 있다.

40 공기액화분리기에서 이산화탄소 7.2kg을 제거하기 위해 필요한 건조제(NaOH)의 양은 약 몇 [kg]인가?

① 6kg
② 9kg
③ 13kg
④ 15kg

41 염화메탄을 사용하는 배관에 사용해서는 안되는 금속은?

① 철
② 강
③ 동합금
④ 알루미늄

42 저온장치에 사용하는 금속재료로 적합하지 않은 것은?

① 탄소강
② 18-8 스테인리스강
③ 알루미늄
④ 크롬-망간강

43 관 내를 흐르는 유체의 압력강하에 대한 설명으로 틀린 것은?

① 가스비중에 비례한다.
② 관 길이에 비례한다.
③ 관내경의 5승에 반비례한다.
④ 압력에 비례한다.

44 액화천연가스(LNG) 저장탱크의 지붕 시공시 지붕에 대한 좌굴강도(Bucking Strength)를 검토하는 경우 반드시 고려하여야 할 사항이 아닌 것은?

① 가스압력
② 탱크의 지붕판 및 지붕뼈대의 중량
③ 지붕부위 단열재의 중량
④ 내부 탱크 재료 및 중량

45 연소기의 설치 방법에 대한 설명으로 틀린 것은?

① 가스온수기나 가스보일러는 목욕탕에 설치할 수 있다.
② 배기통이 가연성 물질로 된 벽 또는 천장 등을 통과하는 때에는 금속 외의 불연성 재료로 단열조치를 한다.
③ 배기팬이 있는 밀폐형 또는 반밀폐형의 연소기를 설치한 경우 그 배기팬의 배기가스와 접촉하는 부분은 불연성 재료로 한다.
④ 개방형 연소기를 설치한 실에는 환풍기 또는 환기구를 설치한다.

46 '자연계에 아무런 변화도 남기지 않고 어느 열원의 열을 계속해서 일로 바꿀 수 없다. 즉 고온 물체의 열을 계속해서 일로 바꾸려면 저온 물체로 열을 버려야만 한다.'라고 표현되는 법칙은?

① 열역학 제0법칙
② 열역학 제1법칙
③ 열역학 제2법칙
④ 열역학 제3법칙

47 공기 중에서의 프로판의 폭발범위(하한과 상한)를 바르게 나타낸 것은?

① 1.8~8.4%
② 2.2~9.5%
③ 2.1~8.4%
④ 1.8~9.5%

48 액화석유가스의 주성분이 아닌 것은?

① 부탄

② 헵탄

③ 프로판

④ 프로필렌

49 고압가스안전관리법령에 따라 "상용의 온도에서 압력이 1MPa 이상이 되는 압축가스로서 실제로 그 압력이 1MPa 이상이 되는 경우에는 고압가스에 해당한다." 여기에서 압력은 어떠한 압력을 말하는가?

① 대기압

② 게이지압력

③ 절대압력

④ 진공압력

50 비중병의 무게가 비었을 때는 0.2kg이고, 액체로 충만되어 있을 때에는 0.8kg이었다. 액체의 체적이 0.4L라면 비중량(kg/m^3)은 얼마인가?

① 120   ② 150

③ 1200   ④ 1500

51 가스를 그대로 대기 중에 분출시켜 연소에 필요한 공기를 전부 불꽃의 주변에서 취하는 연소방식은?

① 적화식

② 분젠식

③ 세미분젠식

④ 전1차 공기식

52 천연가스(NG)를 공급하는 도시가스의 주요 특성이 아닌 것은?

① 공기보다 가볍다.

② 메탄이 주성분이다.

③ 발전용, 일반공업용 연료로도 널리 사용된다.

④ LPG보다 발열량이 높아 최근 사용량이 급격히 많아졌다.

53 다음 중 엔트로피의 단위는?

① kcal/h

② kcal/kg

③ kcal/kg·m

④ kcal/kg·K

54 압력에 대한 설명으로 옳은 것은?

① 절대압력＝게이지압력＋대기압력이다.

② 절대압력＝대기압＋진공압이다.

③ 대기압은 진공압보다 낮다.

④ 1atm은 $1033.2kg/m^2$이다.

55 수분이 존재할 때 일반 강재를 부식시키는 가스는?

① 황화수소

② 수소

③ 일산화탄소

④ 질소

56 브로민화수소의 성질에 대한 설명으로 틀린 것은?

① 독성가스이다.

② 기체는 공기보다 가볍다.

③ 유기물 등과 격렬하게 반응한다.

④ 가열 시 폭발 위험성이 있다.

57 증기압이 낮고 비점이 높은 가스는 기화가 쉽게 되지 않는다. 다음 가스 중 기화가 가장 안되는 가스는?

① CH_4

② C_2H_4

③ C_3H_8

④ C_4H_{10}

58 절대온도 40K를 랭킨온도로 환산하면 몇 [°R]인가?

① $36°R$

② $54°R$

③ $72°R$

④ $90°R$

59 도시가스에 사용되는 부취제 중 DMS의 냄새는?

① 석탄가스 냄새

② 마늘냄새

③ 양파 썩는 냄새

④ 암모니아 냄새

60 0℃, 1atm인 표준상태에서 공기와의 같은 부피에 대한 무게비를 무엇이라고 하는가?

① 비중

② 비체적

③ 밀도

④ 비열

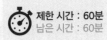
01 가스가 누출되었을 때 조치로 가장 적당한 것은?

① 용기밸브가 열려서 누출 시 부근 화기를 멀리하고 즉시 밸브를 잠근다.

② 용기밸브 파손으로 누출 시 전부 대피한다.

③ 용기 안전밸브 누출 시 그 부위를 열습포로 감싸준다.

④ 가스 누출로 실내에 가스 체류 시 그냥 놔두고 밖으로 피신한다.

02 무색, 무미, 무취의 폭발범위가 넓은 가연성가스로서 할로겐 원소와 격렬하게 반응하여 폭발반응을 일으키는 가스는?

① H_2

② Cl_2

③ HCl

④ C_6H_6

03 가스사용시설의 연소기 각각에 대하여 퓨즈콕을 설치하여야 하나, 연소기 용량이 몇 [kcal/h]를 초과할 때 배관용 밸브로 대용할 수 있는가?

① 12500

② 15500

③ 19400

④ 25500

04 C_2H_2 제조설비에서 제조된 C_2H_2를 충전용기에 충전 시 위험한 경우는?

① 아세틸렌 접촉되는 설비부분에 동함량 72%의 동합금을 사용하였다.

② 충전 중의 압력을 2.5MPa 이하로 하였다.

③ 충전 후에 압력이 15℃에서 1.5MPa 이하로 될 때까지 정치하였다.

④ 충전용 지관은 탄소 함유량 0.1% 이하의 강을 사용하였다.

05 LP가스 저장탱크를 수리할 때 작업원이 저장탱크 속으로 들어가면 아니 되는 탱크 내의 산소농도는?

① 16%

② 19%

③ 20%

④ 21%

06 고압가스 용기 등에서 실시하는 재검사 대상이 아닌 것은?

① 충전할 고압가스 종류가 변경된 경우

② 합격표시가 훼손된 경우

③ 용기밸브를 교체한 경우

④ 손상이 발생된 경우

07 다음 중 제독제로서 다량의 물을 사용하는 가스는?

① 일산화탄소
② 아황화탄소
③ 황화수소
④ 암모니아

08 고압가스 냉매설비의 기밀시험 시 압축공기를 공급할 때 공기의 온도는 몇 [℃] 이하로 할 수 있는가?

① 40℃
② 70℃
③ 100℃
④ 140℃

09 LP가스 저온저장탱크에 반드시 설치하지 않아도 되는 장치는?

① 압력계
② 진공안전밸브
③ 감압밸브
④ 압력경보설비

10 가연성가스 제조설비 중 전기설비는 방폭성능을 가지는 구조이어야 한다. 다음 중 반드시 방폭성능을 가지는 구조로 하지 않아도 되는 가연성가스는?

① 수소
② 프로판
③ 아세틸렌
④ 암모니아

11 도시가스 품질검사 시 허용기준 중 틀린 것은?

① 전유황 : 30mg/m³ 이하
② 암모니아 : 10mg/m³ 이하
③ 할로겐 총량 : 10mg/m³ 이하
④ 실록산 : 10mg/m³ 이하

12 포스겐의 취급 방법에 대한 설명 중 틀린 것은?

① 환기시설을 갖추어 작업한다.
② 취급 시에는 반드시 방독마스크를 착용한다.
③ 누출 시 용기가 부식되는 원인이 되므로 약간의 누출에도 주의한다.
④ 포스겐을 함유한 폐기액은 염화수소로 충분히 처리한다.

13 가스보일러의 공통 설치기준에 대한 설명으로 틀린 것은?

① 가스보일러는 전용 보일러실에 설치한다.
② 가스보일러는 지하실 또는 반지하실에 설치하지 아니한다.
③ 전용 보일러실에는 반드시 환기팬을 설치한다.
④ 전용 보일러실에는 사람이 거주하는 곳과 통기될 수 있는 가스레인지 배기덕트를 설치하지 아니한다.

14 수소가스의 위험도(H)는 약 얼마인가?

① 13.5

② 17.8

③ 19.5

④ 21.3

15 액화석유가스 용기 충전시설의 저장탱크에 폭발방지장치를 의무적으로 설치하여야 하는 경우는?

① 상업지역에 저장능력 15톤 저장탱크를 지상에 설치하는 경우

② 녹지지역에 저장능력 20톤 저장탱크를 지상에 설치하는 경우

③ 주거지역에 저장능력 5톤 저장탱크를 지상에 설치하는 경우

④ 녹지지역에 저장능력 30톤 저장탱크를 지상에 설치하는 경우

16 다음 가스 저장시설 중 환기구를 갖추는 등의 조치를 반드시 하여야 하는 곳은?

① 산소 저장소

② 질소 저장소

③ 헬륨 저장소

④ 부탄 저장소

17 고압가스 용기를 내압시험한 결과 전증가량은 400mL, 영구증가량이 20mL이었다. 영구증가율은 얼마인가?

① 0.2%

② 0.5%

③ 5%

④ 20%

18 염소의 일반적인 성질에 대한 설명으로 틀린 것은?

① 암모니아와 반응하여 염화암모늄을 생성한다.

② 무색의 자극적인 냄새를 가진 독성, 가연성가스이다.

③ 수분과 작용하면 염산을 생성하여 철강을 심하게 부식시킨다.

④ 수돗물의 살균소독제, 표백분 제조에 이용된다.

19 독성가스 용기 운반차량의 경계표지를 정사각형으로 할 경우 그 면적의 기준은?

① 500cm² 이상

② 600cm² 이상

③ 700cm² 이상

④ 800cm² 이상

20 독성가스인 염소를 운반하는 차량에 반드시 갖추어야 할 용구나 물품에 해당되지 않는 것은?

① 소화장비

② 제독제

③ 내산장갑

④ 누출검지기

21 다음 중 연소기구에서 발생할 수 있는 역화(back fire)의 원인이 아닌 것은?

① 염공이 적게 되었을 때
② 가스의 압력이 너무 낮을 때
③ 콕이 충분히 열리지 않았을 때
④ 버너 위에 큰 용기를 올려서 장시간 사용할 경우

22 다음 중 특정고압가스에 해당되지 않는 것은?

① 이산화탄소
② 수소
③ 산소
④ 천연가스

23 일반도시가스 배관의 설치기준 중 하천 등을 횡단하여 매설하는 경우로서 적합하지 않은 것은?

① 하천을 횡단하여 배관을 설치하는 경우에는 배관의 외면과 계획하상(河床, 하천의 바닥) 높이와의 거리는 원칙적으로 4.0m 이상으로 한다.
② 소화전, 수로를 횡단하여 배관을 매설하는 경우 배관의 외면과 계획하상(河床, 하천의 바닥) 높이와의 거리는 원칙적으로 2.5m 이상으로 한다.
③ 그 밖의 좁은 수로를 횡단하여 배관을 매설하는 경우 배관의 외면과 계획하상(河床, 하천의 바닥) 높이와의 거리는 원칙적으로 1.5m 이상으로 한다.
④ 하상변동, 패임, 닻 내림 등의 영향을 받지 아니 하는 깊이에 매설한다.

24 일반 공업지역의 암모니아를 사용하는 A 공장에서 저장능력 25톤의 저장탱크를 지상에 설치하고자 한다. 저장설비 외면으로부터 사업소 외의 주택까지 몇 [m] 이상의 안전거리를 유지하여야 하는가?

① 12m
② 14m
③ 16m
④ 18m

25 폭발범위의 상한값이 가장 낮은 가스는?

① 암모니아
② 프로판
③ 메탄
④ 일산화탄소

26 고압가스 설비의 내압 및 기밀시험에 대한 설명으로 옳은 것은?

① 내압시험은 상용압력의 1.1배 이상의 압력으로 실시한다.
② 기체로 내압시험을 하는 것은 위험하므로 어떠한 경우라도 금지된다.
③ 내압시험을 할 경우에는 기밀시험을 생략할 수 있다.
④ 기밀시험은 상용압력 이상으로 하되 0.7MPa을 초과하는 경우 0.7MPa 이상으로 한다.

27 저장탱크에 의한 LPG 사용시설에서 가스계량기의 설치기준에 대한 설명으로 틀린 것은?

① 가스계량기와 화기와의 우회거리 확인은 계량기의 외면과 화기를 취급하는 설비의 외면을 실측하여 확인한다.

② 가스계량기는 화기와 3m 이상의 우회거리를 유지하는 곳에 설치한다.

③ 가스계량기의 설치높이는 1.6m 이상 2m 이내에 설치하여 고정한다.

④ 가스계량기와 굴뚝 및 전기 점멸기와의 거리는 30cm 이상의 거리를 유지한다.

28 차량에 고정된 탱크로서 고압가스를 운반할 때 그 내용적의 기준으로 틀린 것은?

① 수소 : 18000L

② 액화암모니아 : 12000L

③ 산소 : 18000L

④ 액화염소 : 12000L

29 고압가스 특정제조시설에서 안전구역 안의 고압가스 설비는 그 외면으로부터 다른 안전구역 안에 있는 고압가스 설비의 외면까지 몇 [m] 이상의 거리를 유지하여야 하는가?

① 5m

② 10m

③ 20m

④ 30m

30 다음 중 독성가스에 해당하지 않는 것은?

① 아황산가스

② 암모니아

③ 일산화탄소

④ 이산화탄소

31 고압식 공기액화분리장치의 복시 정류탑 하부에서 분리되어 액체산소 저장탱크에 저장되는 액체산소의 순도는 약 얼마인가?

① 99.6~99.8%

② 96~98%

③ 90~92%

④ 88~90%

32 초저온 용기의 단열성능 검사 시 측정하는 침입열량의 단위는?

① $kcal/h \cdot L \cdot ℃$

② $kcal/m^2 \cdot h \cdot ℃$

③ $kcal/m \cdot h \cdot ℃$

④ $kcal/m \cdot h \cdot bar$

33 저장능력 10톤 이상의 저장탱크에는 폭발방지장치를 설치한다. 이때 사용되는 폭발방지제의 재질로서 가장 적당한 것은?

① 탄소강

② 구리

③ 스테인리스

④ 알루미늄

34 긴급차단장치의 동력원으로 가장 부적당한 것은?

① 스프링

② X선

③ 기압

④ 전기

35 다음 중 1차 압력계는?

① 부르동관 압력계

② 전기저항식 압력계

③ U자관형 마노미터

④ 벨로즈 압력계

36 압축기 윤활의 설명으로 옳은 것은?

① 산소압축기의 윤활유로는 물을 사용한다.

② 염소압축기의 윤활유로는 양질의 광유가 사용된다.

③ 수소압축기의 윤활유로는 식물성유가 사용된다.

④ 공기압축기의 윤활유로는 식물성유가 사용된다.

37 다음 금속재료 중 저온재료로 가장 부적당한 것은?

① 탄소강

② 니켈강

③ 스테인리스강

④ 황동

38 다음 유량 측정 방법 중 직접법은?

① 습식 가스미터

② 벤투리미터

③ 오리피스미터

④ 피토튜브

39 내용적 47L인 LP가스 용기의 최대충전량은 몇 [kg]인가?

① 20kg

② 42kg

③ 50kg

④ 110kg

40 다음 중 정압기의 부속설비가 아닌 것은?

① 불순물 제거장치

② 이상압력 상승 방지장치

③ 검사용 맨홀

④ 압력기록장치

41 다음 [보기]의 특징을 가지는 펌프는?

> [보기]
> • 고압, 소유량에 적당하다.
> • 토출량이 일정하다.
> • 송수량의 가감이 가능하다.
> • 맥동이 일어나기 쉽다.

① 원심 펌프

② 왕복 펌프

③ 축류 펌프

④ 사류 펌프

42 터보식 펌프로서 비교적 저양정에 적합하며, 효율변화가 비교적 급한 펌프는?

① 원심 펌프
② 축류 펌프
③ 왕복 펌프
④ 사류 펌프

43 산소용기의 최고충전압력이 15MPa일 때 이 용기의 내압시험압력은 얼마인가?

① 15MPa
② 20MPa
③ 22.5MPa
④ 25MPa

44 기화기에 대한 설명으로 틀린 것은?

① 기화기 사용 시 장점은 LP가스 종류에 관계없이 한냉 시에도 충분히 기화시킨다.
② 기화장치의 구성요소 중에는 기화부, 제어부, 조압부 등이 있다.
③ 감압가열방식은 열교환기에 의해 액상의 가스를 기화시킨 후 조정기로 감압시켜 공급하는 방식이다.
④ 기화기를 증발 형식에 의해 분류하면 순간 증발식과 유입 증발식이 있다.

45 펌프에서 유량을 $Q(\text{m}^3/\text{min})$, 양정을 $H(\text{m})$, 회전수 $N(\text{rpm})$이라 할 때 1단 펌프에서 비교회전도 N_S를 구하는 식은?

① $N_S = \dfrac{Q^2\sqrt{N}}{H^{\frac{3}{4}}}$

② $N_S = \dfrac{N^2\sqrt{Q}}{H^{\frac{3}{4}}}$

③ $N_S = \dfrac{N\sqrt{Q}}{H^{\frac{3}{4}}}$

④ $N_S = \dfrac{\sqrt{NQ}}{H^{\frac{3}{4}}}$

46 액체산소의 색깔은?

① 담황색
② 담적색
③ 회백색
④ 담청색

47 LPG에 대한 설명 중 틀린 것은?

① 액체상태는 물(비중 1)보다 가볍다.
② 기화열이 커서 액체가 피부에 닿으면 동상의 우려가 있다.
③ 공기와 혼합시켜 도시가스 원료로도 사용된다.
④ 가정에서 연료용으로 사용하는 LPG는 올레핀계 탄화수소이다.

48 "기체의 온도를 일정하게 유지할 때 기체가 차지하는 부피는 절대압력에 반비례한다."라는 법칙은?

① 보일의 법칙
② 샤를의 법칙
③ 헨리의 법칙
④ 아보가드로의 법칙

49 입력 환산값을 서로 가장 바르게 나타낸 것은?

① $1lb/ft^2 ≒ 0.142kg/cm^2$
② $1kg/cm^2 ≒ 13.7lb/in^2$
③ $1atm ≒ 1033g/m^2$
④ $76cmHg ≒ 1013dyne/cm^2$

50 절대온도 0K는 섭씨온도 약 몇 [℃]인가?

① -273℃
② 0℃
③ 32℃
④ 273℃

51 수소와 산소 또는 공기와의 혼합기체에 점화하면 급격히 화합하여 폭발하므로 위험하다. 이 혼합기체를 무엇이라고 하는가?

① 염소폭명기
② 수소폭명기
③ 산소폭명기
④ 공기폭명기

52 기체연료의 일반적인 특징에 대한 설명으로 틀린 것은?

① 완전연소가 가능하다.
② 고온을 얻을 수 있다.
③ 화재 및 폭발의 위험성이 적다.
④ 연소조절 및 점화, 소화가 용이하다.

53 다음 중 압력단위가 아닌 것은?

① Pa
② atm
③ bar
④ N

54 공기비가 클 경우 나타나는 현상이 아닌 것은?

① 통풍력이 강하여 배기가스에 의한 열손실 증대
② 불완전연소에 의한 매연 발생이 심함
③ 연소가스 중 SO_3의 양이 증대되어 저온 부식 촉진
④ 연소가스 중 NO_3의 발생이 심하여 대기오염 유발

55 표준상태에서 1몰의 아세틸렌이 완전연소될 때 필요한 산소의 몰 수는?

① 1몰
② 1.5몰
③ 2몰
④ 2.5몰

56 다음 [보기]에서 설명하는 가스는?

> [보기]
> • 독성이 강하다.
> • 연소시키면 잘 탄다.
> • 물에 매우 잘 녹는다.
> • 각종 금속에 작용한다.
> • 가압·냉각에 의해 액화가 쉽다.

① HCl
② NH_3
③ CO
④ C_2H_2

57 질소의 용도가 아닌 것은?

① 비료에 이용
② 질산 제조에 이용
③ 연료용에 이용
④ 냉매로 이용

58 27℃, 1기압 하에서 메탄가스 80g이 차지하는 부피는 약 몇 [L]인가?

① 112L
② 123L
③ 224L
④ 246L

59 산소농도의 증가에 대한 설명으로 틀린 것은?

① 연소속도가 빨라진다.
② 발화온도가 올라간다.
③ 화염온도가 올라간다.
④ 폭발력이 세어진다.

60 다음 중 보관 시 유리를 사용할 수 없는 것은?

① HF
② C_6H_6
③ $NaHCO_3$
④ KBr

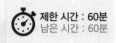
01 도로굴착공사에 의한 도시가스 배관 손상 방지기준으로 틀린 것은?

① 착공 전 도면에 표시된 가스 배관과 기타지장물 매설유무를 조사하여야 한다.

② 도로굴착자의 굴착공사로 인하여 노출된 배관길이가 10m 이상인 경우에 점검통로 및 조명시설을 하여야 한다.

③ 가스 배관이 있을 것으로 예상되는 지점으로부터 2m 이내에서 줄파기를 할 때에는 안전관리전담자의 입회하에 시행하여야 한다.

④ 가스 배관의 주위를 굴착하고자 할 때에는 가스 배관의 좌우 1m 이내의 부분은 인력으로 굴착한다.

02 도시가스 배관이 하천을 횡단하는 배관 주위의 흙이 사질토의 경우 방호구조물의 비중은?

① 배관 내 유치 비중 이상의 값

② 물의 비중 이상의 값

③ 토양의 비중 이상의 값

④ 공기의 비중 이상의 값

03 액화석유가스 사용시설에서 LPG 용기 접합설비의 저장능력이 얼마 이하일 때 용기, 용기밸브, 압력조정기가 직사광선, 눈 또는 빗물에 노출되지 않도록 해야 하는가?

① 50kg 이하   ② 100kg 이하

③ 300kg 이하   ④ 500kg 이하

04 아세틸렌용기를 제조하고자 하는 자가 갖추어야 하는 설비가 아닌 것은?

① 원료혼합기

② 건조로

③ 원료충전기

④ 소결로

05 가스의 연소한계에 대하여 가장 바르게 나타낸 것은?

① 착화온도의 상한과 하한

② 물질이 탈 수 있는 최저온도

③ 완전연소가 될 때의 산소공급 한계

④ 연소가 가능한 가스의 공기와의 혼합 비율의 상한과 하한

06 LPG 사용시설에서 가스누출 경보장치 검지부 설치높이의 기준으로 옳은 것은?

① 지면에서 30cm 이내

② 지면에서 60cm 이내

③ 천장에서 30cm 이내

④ 천장에서 60cm 이내

07 도시가스사업자는 가스공급시설을 효율적으로 관리하기 위하여 배관 정압기에 대하여 도시가스 배관망을 전산화하여야 한다. 이때 전산관리 대상이 아닌 것은?

① 설치도면
② 시방서
③ 시공자
④ 배관 제조자

08 겨울철 LP 가스용기 표면에 성에가 생겨 가스가 잘 나오지 않을 경우 가스를 사용하기 위한 가장 적절한 조치는?

① 연탄불로 쪼인다.
② 용기를 힘차게 흔든다.
③ 열 습포를 사용한다.
④ 90℃ 정도의 물을 용기에 붓는다.

09 액화석유가스를 저장하기 위하여 지상 또는 지하에 고정 설치된 탱크로서 액화석유가스의 안전관리 및 사업법에서 정한 "소형저장탱크"는 그 저장능력이 얼마인 것을 말하는가?

① 1톤 미만
② 3톤 미만
③ 5톤 미만
④ 10톤 미만

10 차량이 고정된 탱크로 염소를 운반할 때 탱크의 최대 내용적은?

① 12000L
② 18000L
③ 20000L
④ 38000L

11 굴착으로 인하여 도시가스 배관이 65m가 노출되었을 경우 가스누출경보기의 설치 개수로 알맞은 것은?

① 1개
② 2개
③ 3개
④ 4개

12 도시가스 제조소 저장탱크 방류둑에 대한 설명으로 틀린 것은?

① 지하에 묻은 저장탱크 내의 액화가스가 전부 유출된 경우에 그 액면이 지면보다 낮도록 된 구조는 방류둑을 설치한 것으로 본다.
② 방류둑의 용량은 저장탱크 저장능력의 90%에 상당하는 용적 이상이어야 한다.
③ 방류둑의 재료는 철근콘크리트, 금속, 흙, 철골·철근콘크리트 또는 이들을 혼합하여야 한다.
④ 방류둑은 액밀한 것이어야 한다.

13 냉동기란 고압가스를 사용하여 냉동하기 위한 기기로서 냉동능력 산정기준에 따라 계산된 냉동능력 몇 톤 이상인 것을 말하는가?

① 1톤   ② 1.2톤
③ 2톤   ④ 3톤

14 에어졸 제조설비와 인화성 물질과의 최소 우회거리는?

① 2m 이상
② 5m 이상
③ 8m 이상
④ 10m 이상

15 지상 배관은 안전을 확보하기 위해 그 배관의 외부에 다음의 항목들을 표기하여야 한다. 해당하지 않는 것은?

① 사용가스명
② 최고사용압력
③ 가스의 흐름방향
④ 공급회사명

16 고압가스 제조시설에서 가연성가스 가스설비 중 전기설비를 방폭구조로 하여야 하는 가스는?

① 암모니아
② 브롬화메탄
③ 수소
④ 공기 중에서 자기 발화하는 가스

17 용기 종류별 부속품의 기호 중 아세틸렌을 충전하는 용기의 부속품 기호는?

① AT
② AG
③ AA
④ AB

18 도시가스 배관을 노출하여 설치하고자 할 때 배관 손상방지를 위한 방호조치 기준으로 옳은 것은?

① 방호 철판두께는 최소 10mm 이상으로 한다.
② 방호 철판의 크기는 1m 이상으로 한다.
③ 철근콘크리트재 방호구조물은 두께가 15cm 이상이어야 한다.
④ 철근콘크리트재 방호구조물은 높이가 1.5m 이상이어야 한다.

19 다음 중 누출 시 다량의 물로 제독할 수 있는 가스는?

① 산화에틸렌
② 염소
③ 일산화탄소
④ 황화수소

20 시안화수소의 충전 시 사용되는 안정제가 아닌 것은?

① 암모니아
② 황산
③ 염화칼슘
④ 인산

21 가스계량기와 전기개폐기와의 최소 안전 거리는?

① 15cm ② 30cm
③ 60cm ④ 80cm

22 다음 중 공동주택 등에 도시가스를 공급하기 위한 것으로서 압력조정기의 설치가 가능한 경우는?

① 가스압력이 중압으로서 전체 세대 수가 100세대인 경우
② 가스압력이 중압으로서 전체 세대 수가 150세대인 경우
③ 가스압력이 저압으로서 전체 세대 수가 250세대인 경우
④ 가스압력이 저압으로서 전체 세대 수가 300세대인 경우

23 다음 중 동일차량에 적재하여 운반할 수 없는 가스는?

① 산소와 질소
② 염소와 아세틸렌
③ 질소와 탄산가스
④ 탄산가스와 아세틸렌

24 고압가스 배관의 설치기준 중 하천과 병행하여 매설하는 경우에 대한 설명으로 틀린 것은?

① 배관은 견고하고 내구력을 갖는 방호구조물 안에 설치한다.
② 배관의 외면으로부터 2.5m 이상의 매설심도를 유지한다.
③ 하상(河床, 하천의 바닥)을 포함한 하천구역에 하천과 병행하여 설치한다.
④ 배관손상으로 인한 가스누출 등 위급한 상황이 발생한 때에 그 배관에 유입되는 가스를 신속히 차단할 수 있는 장치를 설치한다.

25 가스사용시설에서 원칙적으로 PE배관을 노출배관으로 사용할 수 있는 경우는?

① 지상 배관과 연결하기 위하여 금속관을 사용하여 보호조치를 한 경우로서 지면에서 20cm 이하로 노출하여 시공하는 경우
② 지상 배관과 연결하기 위하여 금속관을 사용하여 보호조치를 한 경우로서 지면에서 30cm 이하로 노출하여 시공하는 경우
③ 지상 배관과 연결하기 위하여 금속관을 사용하여 보호조치를 한 경우로서 지면에서 50cm 이하로 노출하여 시공하는 경우
④ 지상 배관과 연결하기 위하여 금속관을 사용하여 보호조치를 한 경우로서 지면에서 1m 이하로 노출하여 시공하는 경우

26 가연물의 종류에 따른 화재의 구분이 잘못된 것은?

① A급 : 일반 화재
② B급 : 유류 화재
③ C급 : 전기 화재
④ D급 : 식용유 화재

27 정전기에 대한 설명 중 틀린 것은?

① 습도가 낮을수록 정전기를 축적하기 쉽다.
② 화학섬유로 된 의류는 흡수성이 높으므로 정전기가 대전하기 쉽다.
③ 액상의 LP가스는 전기절연성이 높으므로 유동 시에는 대전하기 쉽다.
④ 재료 선택 시 접촉 전위차를 적게 하여 정전기 발생을 줄인다.

28 비중이 공기보다 커서 바닥에 체류하는 가스로만 나열된 것은?

① 프로판, 염소, 포스겐
② 프로판, 수소, 아세틸렌
③ 염소, 암모니아, 아세틸렌
④ 염소, 포스겐, 암모니아

29 아세틸렌을 용기에 충전 시 미리 용기에 다공물질을 채우는데 이때 다공도의 기준은?

① 75% 이상 92% 미만
② 80% 이상 95% 미만
③ 95% 이상
④ 98% 이상

30 다음 중 폭발방지 대책으로서 가장 거리가 먼 것은?

① 압력계 설치
② 정전기 제거를 위한 접지
③ 방폭성능 전기설비 설치
④ 폭발하한 이내로 불활성 가스에 의한 희석

31 재료에 인장과 압축하중을 오랜 시간 반복적으로 작용시키면 그 응력이 인장강도보다 작은 경우에도 파괴되는 현상은?

① 인성파괴
② 피로파괴
③ 취성파괴
④ 크리프파괴

32 아세틸렌용기에 주로 사용되는 안전밸브의 종류는?

① 스프링식
② 가용전식
③ 파열판식
④ 압전식

33 다량의 메탄을 액화시키려면 어떤 액화사이클을 사용해야 하는가?

① 캐스케이드 사이클
② 필립스 사이클
③ 캐피자 사이클
④ 클라우드 사이클

34 저온액체 저장설비에서 열의 침입요인으로 가장 거리가 먼 것은?

① 단열재를 직접 통한 열대류
② 외면으로부터의 열복사
③ 연결 파이프를 통한 열전도
④ 밸브 등에 의한 열전도

35 LP가스 이송설비 중 압축기의 부속장치로서 토출측과 흡수측을 전환시키며 액송과 가스 회수를 한 동작으로 할 수 있는 것은?

① 액트랩
② 액가스 분리기
③ 전자밸브
④ 사방밸브

36 다음 중 고압배관용 탄소강 강관의 KS 규격 기호는?

① SPPS
② SPHT
③ STS
④ SPPH

37 저온장치용 재료 선정에 있어서 가장 중요하게 고려해야 하는 사항은?

① 고온취성에 의한 충격치의 증가
② 저온취성에 의한 충격치의 감소
③ 고온취성에 의한 충격치의 감소
④ 저온취성에 의한 충격치의 증가

38 다음 가연성가스 검출기 중 가연성가스의 굴절률 차이를 이용하여 농도를 측정하는 것은?

① 열선형
② 안전등형
③ 검지관형
④ 간섭계형

39 다음 곡률반지름(r)이 50mm일 때 90° 구부림 곡선길이는 얼마인가?

① 48.75mm
② 58.75mm
③ 68.75mm
④ 78.75mm

40 다음 펌프 중 시동하기 전에 프라이밍이 필요한 펌프는?

① 기어펌프
② 원심펌프
③ 축류펌프
④ 왕복펌프

41 강관의 녹을 방지하기 위해 페인트를 칠하기 전에 먼저 사용되는 도료는?

① 알루미늄 도료
② 산화철 도료
③ 합성수지 도료
④ 광명단 도료

42 "압축된 가스를 단열팽창시키면 온도가 강하한다"는 것을 무슨 효과라고 하는가?

① 단열 효과
② 줄-톰슨 효과
③ 정류 효과
④ 팽윤 효과

43 다음 중 저온장치의 재료로서 가장 우수한 것은?

① 13% 크롬강
② 9% 니켈강
③ 탄소강
④ 주철

44 펌프의 회전수를 1000rpm에서 1200rpm으로 변환시키면 동력은 약 몇 배가 되는가?

① 1.3배
② 1.5배
③ 1.7배
④ 2.0배

45 왕복동 압축기의 특징이 아닌 것은?

① 압축하면 맥동이 생기기 쉽다.
② 기체의 비중에 관계없이 고압이 얻어진다.
③ 용량조절의 폭이 넓다.
④ 비용적식 압축기이다.

46 각 가스의 성질에 대한 설명으로 옳은 것은?

① 질소는 안정한 가스로서 불활성 가스라고도 하고, 고온에서도 금속과 화합하지 않는다.
② 염소는 반응성이 강한 가스로 강재에 대하여 상온에서도 무수(無水) 상태로 현저한 부식성을 갖는다.
③ 암모니아는 동을 부식하고 고온·고압에서는 강재를 침식한다.
④ 산소는 액체공기를 분류하여 제조하는 반응성이 강한 가스로 그 자신이 잘 연소한다.

47 어떤 액의 비중을 측정하였더니 2.5이었다. 이 액의 액주 5m의 압력은 몇 [kg/cm^2]인가?

① 15kg/cm^2
② 1.25kg/cm^2
③ 0.15kg/cm^2
④ 0.015kg/cm^2

48 100℃를 화씨온도로 단위환산하면 몇 [℉]인가?

① 212℉

② 234℉

③ 248℉

④ 273℉

49 밀도의 단위로 옳은 것은?

① g/S^2

② L/g

③ g/cm^3

④ lb/in^2

50 수돗물의 살균과 섬유의 표백용으로 주로 사용되는 가스는?

① F_2

② Cl_2

③ O_2

④ CO_2

51 다음 중 1atm에 해당하지 않는 것은?

① 760mmHg

② 14.7PSI

③ 29.92inHg

④ $1013kg/m^2$

52 다음 중 액화석유가스의 일반적인 특성이 아닌 것은?

① 기화 및 액화가 용이하다.

② 공기보다 무겁다.

③ 액상의 액화석유가스는 물보다 무겁다.

④ 증발잠열이 크다.

53 다음 가스 1몰을 완전연소시키고자 할 때 공기가 가장 적게 필요한 것은?

① 수소

② 메탄

③ 아세틸렌

④ 에탄

54 다음 중 열(熱)에 대한 설명이 틀린 것은?

① 비열이 큰 물질은 열용량이 크다.

② 1cal는 약 4.2J이다.

③ 열은 고온에서 저온으로 흐른다.

④ 비열은 물보다 공기가 크다.

55 다음 중 무색, 무취의 가스가 아닌 것은?

① O_2

② N_2

③ CO_2

④ O_3

56 불완전연소 현상의 원인으로 옳지 않은 것은?

① 가스압력에 비하여 공급 공기량이 부족할 때
② 환기가 불충분한 공간에 연소기가 설치되었을 때
③ 공기와의 접촉혼합이 불충분할 때
④ 불꽃의 온도가 증대되었을 때

57 무색의 복숭아 냄새가 나는 독성가스는?

① Cl_2
② HCN
③ NH_3
④ PH_3

58 기체밀도가 가장 작은 것은?

① 프로판
② 메탄
③ 부탄
④ 아세틸렌

59 수소의 성질에 대한 설명 중 틀린 것은?

① 무색, 무미, 무취의 가연성 기체이다.
② 밀도가 아주 작아 확산속도가 빠르다.
③ 열전도율이 작다.
④ 높은 온도일 때에는 강재, 기타 금속 재료라도 쉽게 투과한다.

60 액화천연가스(LNG)의 폭발성 및 인화성에 대한 설명으로 틀린 것은?

① 다른 지방족 탄화수소에 비해 연소속도가 느리다.
② 다른 지방족 탄화수소에 비해 최소발화에너지가 낮다.
③ 다른 지방족 탄화수소에 비해 폭발하한 농도가 높다.
④ 전기저항이 작으며 유동 등에 의한 정전기 발생은 다른 가연성 탄화수소류보다 크다.

01 고압가스 특정제조시설에서 긴급이송설비에 의하여 이송되는 가스를 안전하게 연소시킬 수 있는 장치는?

① 플레어스택
② 벤트스택
③ 인터록 기구
④ 긴급차단장치

02 어떤 도시가스의 웨버지수를 측정하였더니 35.52MJ/m³이었다. 품질검사기준에 의한 합격 여부는?

① 웨버지수 허용기준보다 높으므로 합격이다.
② 웨버지수 허용기준보다 낮으므로 합격이다.
③ 웨버지수 허용기준보다 높으므로 불합격이다.
④ 웨버지수 허용기준보다 낮으므로 불합격이다.

03 다음 아세틸렌의 성질에 대한 설명으로 틀린 것은?

① 색이 없고, 불순물이 있을 경우 악취가 난다.
② 융점과 비점이 비슷하여 고체아세틸렌은 융해하지 않고 승화한다.
③ 발열화합물이므로 대기에 개방하면 분해 폭발할 우려가 있다.
④ 액체아세틸렌보다 고체아세틸렌이 안정하다.

04 교량에 도시가스 배관을 설치하는 경우 보호조치 등 설계·시공에 대한 설명으로 옳은 것은?

① 교량첨가 배관은 강관을 사용하며, 기계적 접합을 원칙으로 한다.
② 제3자의 출입이 용이한 교량설치 배관의 경우 보행방지 철조망 또는 방호철조망을 설치한다.
③ 지진발생 시 등 비상 시 긴급차단을 목적으로 첨가 배관의 길이가 200m 이상인 경우 교량 양단의 가까운 곳에 밸브를 설치토록 한다.
④ 교량첨가 배관에 가해지는 여러 하중에 대한 합성응력이 배관의 허용응력을 초과하도록 설계한다.

05 가스 폭발을 일으키는 영향요소로 가장 거리가 먼 것은?

① 온도
② 매개체
③ 조성
④ 압력

06 프로판을 사용하고 있던 버너에 부탄을 사용하려고 한다. 프로판의 경우보다 약 몇 배의 공기가 필요한가?

① 1.2배

② 1.3배

③ 1.5배

④ 2.0배

07 차량에 고정된 충전탱크는 그 온도를 항상 몇 [℃] 이하로 유지하여야 하는가?

① 20

② 30

③ 40

④ 50

08 아세틸렌의 취급 방법에 대한 설명으로 가장 부적절한 것은?

① 저장소는 화기엄금을 명기한다.

② 가스출구 동결 시 60℃ 이하의 온수로 녹인다.

③ 산소용기와 같이 저장하지 않는다.

④ 저장소는 통풍이 양호한 구조이어야 한다.

09 용기의 안전점검 기준에 대한 설명으로 틀린 것은?

① 용기의 도색 및 표시 여부를 확인

② 용기의 내·외면을 점검

③ 재검사 기간의 도래여부를 확인

④ 열영향을 받은 용기는 재검사와 상관없이 새 용기로 교환

10 독성가스 사용시설에서 처리설비의 저장능력이 45000kg인 경우 제2종 보호시설까지 안전거리는 얼마 이상 유지하여야 하는가?

① 14m

② 16m

③ 18m

④ 20m

11 300kg의 액화프레온 12(R-12) 가스를 내용적 50L 용기에 충전할 때 필요한 용기의 개수는? (단, 가스정수 C는 0.86이다.)

① 5개

② 6개

③ 7개

④ 8개

12 상용의 온도에서 사용압력이 1.2MPa인 고압가스 설비에 사용되는 배관의 재료로서 부적합한 것은?

① KSD 3562(압력배관용 탄소강관)

② KSD 3570(고온배관용 탄소강관)

③ KSD 3507(배관용 탄소강관)

④ KSD 3576(배관용 스테인리스강관)

13 도시가스 사용시설의 지상 배관은 표면색상을 무슨 색으로 도색하여야 하는가?

① 황색
② 적색
③ 회색
④ 백색

14 LPG 저장탱크 지하 설치 시 저장탱크실 상부 윗면으로부터 저장탱크 상부까지의 깊이는 얼마 이상으로 하여야 하는가?

① 0.6m
② 0.8m
③ 1m
④ 1.2m

15 고압가스용 이음매 없는 용기의 재검사 시 내압시험 합격 판정의 기준이 되는 영구증가율은?

① 0.1% 이하
② 3% 이하
③ 5% 이하
④ 10% 이하

16 초저온용기나 저온용기의 부속품에 표시하는 기호는?

① AG
② PG
③ LG
④ LT

17 액화석유가스 충전시설 중 충전설비는 그 외면으로부터 사업소 경계까지 몇 [m] 이상의 거리를 유지하여야 하는가?

① 5m
② 10m
③ 15m
④ 24m

18 가연성이면서 독성가스인 것은?

① NH_3
② H_2
③ CH_4
④ N_2

19 가스의 연소에 대한 설명으로 틀린 것은?

① 인화점은 낮을수록 위험하다.
② 발화점은 낮을수록 위험하다.
③ 탄화수소에서 착화점은 탄소 수가 많은 분자일수록 낮아진다.
④ 최소점화에너지는 가스의 표면장력에 의해 주로 결정된다.

20 에어졸 시험 방법에서 불꽃길이 시험을 위해 채취한 시료의 온도조건은?

① 24℃ 이상 26℃ 이하
② 26℃ 이상 30℃ 미만
③ 46℃ 이상 50℃ 미만
④ 60℃ 이상 66℃ 미만

21 도시가스로 천연가스를 사용하는 경우 가스누출경보기의 검지부 설치위치로 가장 적합한 것은?

① 바닥에서 15cm 이내
② 바닥에서 30cm 이내
③ 천장에서 15cm 이내
④ 천장에서 30cm 이내

22 다음 각 독성가스 누출 시 사용하는 제독제로서 적합하지 않은 것은?

① 염소 : 탄산소다수용액
② 포스겐 : 소석회
③ 산화에틸렌 : 소석회
④ 황화수소 : 가성소다수용액

23 저장탱크에 의한 액화석유가스 사용시설에서 가스계량기는 화기와 몇 [m] 이상의 우회거리를 유지해야 하는가?

① 2m
② 3m
③ 5m
④ 8m

24 가연성 물질을 공기로 연소시키는 경우 공기 중의 산소농도를 높게 하면 연소속도와 발화온도는 어떻게 변하는가?

① 연소속도는 빠르게 되고, 발화온도는 높아진다.
② 연소속도는 빠르게 되고, 발화온도는 낮아진다.
③ 연소속도는 느리게 되고, 발화온도는 높아진다.
④ 연소속도는 느리게 되고, 발화온도는 낮아진다.

25 다음 중 독성(LC_{50})이 강한 가스는?

① 염소
② 시안화수소
③ 산화에틸렌
④ 불소

26 가스사고가 발생하면 산업통상자원부령에서 정하는 바에 따라 관계 기관에 가스사고를 통보해야 한다. 다음 중 사고 통보내용이 아닌 것은?

① 통보자의 소속, 직위, 성명 및 연락처
② 사고원인자 인적사항
③ 사고발생 일시 및 장소
④ 시설현황 및 피해현황(인명 및 재산)

27 가스의 경우 폭굉(Detonation)의 연소속도는 약 몇 [m/s] 정도인가?

① 0.03~10
② 10~50
③ 100~600
④ 1000~3500

28 다음 가스 중 위험도(H)가 가장 큰 것은?

① 프로판
② 일산화탄소
③ 아세틸렌
④ 암모니아

29 의료용 가스용기의 도색구분이 틀린 것은?

① 산소 – 백색
② 액화탄산가스 – 회색
③ 질소 – 흑색
④ 에틸렌 – 갈색

30 고압가스 저장실 등에 설치하는 경계책과 관련된 기준으로 틀린 것은?

① 저장설치·처리설비 등을 설치한 장소의 주위에는 높이 1.5m 이상의 철책 또는 철망 등의 경계표지를 설치하여야 한다.
② 건축물 내에 설치하였거나, 차량의 통행 등 조업시행이 현저히 곤란하여 위해 요인이 가중될 우려가 있는 경우에는 경계책 설치를 생략할 수 있다.
③ 경계책 주위에는 외부 사람이 무단출입을 금하는 내용의 경계표지를 보기 쉬운 장소에 부착하여야 한다.
④ 경계책 안에는 불가피한 사유발생 등 어떠한 경우라도 화기, 발화 또는 인화하기 쉬운 물질을 휴대하고 들어가서는 아니 된다.

31 가스 여과분리장치에서 냉동사이클과 액화사이클을 응용한 장치는?

① 한냉발생장치
② 정유분출장치
③ 정유흡수장치
④ 불순물제거장치

32 양정 90m, 유량이 90m³/h인 송수 펌프의 소요동력은 약 몇 [kw]인가? (단, 펌프의 효율은 60%이다.)

① 30.6
② 36.8
③ 50.2
④ 56.8

33 도시가스 공급시설에서 사용되는 안전제어장치와 관계가 없는 것은?

① 중화장치
② 압력안전장치
③ 가스누출 검지경보장치
④ 긴급차단장치

34 재료가 일정온도 이상에서 응력이 작용할 때 시간이 경과함에 따라 변형이 증대되고 때로는 파괴되는 현상을 무엇이라 하는가?

① 피로
② 크리프
③ 에로션
④ 탈탄

35 저압가스 수송 배관의 유량공식에 대한 설명으로 틀린 것은?

① 배관길이에 반비례한다.
② 가스비중에 비례한다.
③ 허용압력손실에 비례한다.
④ 관경에 의해 결정되는 계수에 비례한다.

36 구조에 따라 외치식, 내치식, 편심로터리식 등이 있으며 베이퍼록 현상이 일어나기 쉬운 펌프는?

① 제트펌프
② 기포펌프
③ 왕복펌프
④ 기어펌프

37 탄소강 중에서 저온취성을 일으키는 원소로 옳은 것은?

① P
② S
③ Mo
④ Cu

38 유량을 측정하는 데 사용하는 계측기기가 아닌 것은?

① 피토관
② 오리피스
③ 벨로즈
④ 벤투리

39 가스의 연소방식이 아닌 것은?

① 적화식
② 세미분젠식
③ 분젠식
④ 원지식

40 다음 중 터보(Turbo)형 펌프가 아닌 것은?

① 원심펌프
② 사류펌프
③ 축류펌프
④ 플런저펌프

41 LP가스 공급방식 중 강제기화방식의 특징으로 틀린 것은?

① 기화량 가감이 용이하다.
② 공급가스의 조성이 일정하다.
③ 계량기를 설치하지 않아도 된다.
④ 한냉 시에도 충분히 기화시킬 수 있다.

42 LPG나 액화가스와 같이 비점이 낮고 내압이 0.4~0.5MPa 이상인 액체에 주로 사용되는 펌프의 메커니컬 시일의 형식은?

① 더블 시일형
② 인사이드 시일형
③ 아웃사이드 시일형
④ 밸런스 시일형

43 기화기의 성능에 대한 설명으로 틀린 것은?

① 온수가열방식은 그 온수의 온도가 90℃ 이하일 것
② 증기가열방식은 그 증기의 온도가 120℃ 이하일 것
③ 압력계는 그 최고눈금이 상용압력의 1.5~2배일 것
④ 기화통 안의 가스액이 토출 배관으로 흐르지 않도록 적합한 자동제어장치를 설치할 것

44 가스크로마토그래피의 구성요소가 아닌 것은?

① 광원
② 칼럼
③ 검출기
④ 기록계

45 고압장치의 재료로서 가장 적합하게 연결된 것은?

① 액화염소용기 – 화이트메탈
② 압축기의 베어링 – 13% 크롬강
③ LNG 탱크– 9% 니켈강
④ 고온·고압의 수소반응탑 – 탄소강

46 섭씨온도(℃)의 눈금과 일치하는 화씨온도 (℉)는?

① 0℉

② -10℉

③ -30℉

④ -40℉

47 연소기 연소상태 시험에 사용되는 도시가 스 중 역화하기 쉬운 가스는?

① 13A-1

② 13A-2

③ 13A-3

④ 13A-R

48 가스분석 시 이산화탄소의 흡수제로 사용 되는 것은?

① KOH

② H_2SO_4

③ NH_4Cl

④ $CaCl_2$

49 기체의 성질을 나타내는 보일의 법칙 (Boyles law)에서 일정한 값으로 가정한 인자는 어느 것인가?

① 압력

② 온도

③ 부피

④ 비중

50 산소(O_2)에 대한 설명 중 틀린 것은?

① 무색, 무취의 기체이며, 물에는 약간 녹는다.

② 가연성가스이나 그 자신은 연소하지 않는다.

③ 용기의 도색은 일반 공업용이 녹색, 의료용이 백색이다.

④ 저장용기는 무계목 용기를 사용한다.

51 다음 중 폭발범위가 가장 넓은 가스는?

① 암모니아

② 메탄

③ 황화수소

④ 일산화탄소

52 다음 중 암모니아 건조제로 사용되는 것은?

① 진한 황산

② 할로겐화합물

③ 소다석회

④ 황산동수용액

53 공기보다 무거워서 누출 시 낮은 곳에 체 류하며, 기화 및 액화가 용이하고, 발열량 이 크며, 증발잠열이 크기 때문에 냉매로 도 이용되는 성질을 갖는 것은?

① O_2 ② CO

③ LPG   ④ C_2H_4

54 "열은 스스로 저온의 물체에서 고온의 물체로 이동하는 것은 불가능하다."와 관계 있는 법칙은?

① 에너지 보존의 법칙

② 열역학 제2법칙

③ 평형이동의 법칙

④ 보일-샤를의 법칙

55 다음 중 가장 높은 압력은?

① $1.5kg/cm^2$

② $10mH_2O$

③ 745mmHg

④ 0.6atm

56 게이지압력을 옳게 표시한 것은?

① 게이지압력 = 절대압력 − 대기압

② 게이지압력 = 대기압 − 절대압력

③ 게이지압력 = 대기압 + 절대압력

④ 게이지압력 = 절대압력 + 진공압력

57 다음 중 나프타(Naphtha)의 가스화 효율이 좋으려면?

① 올레핀계 탄화수소 함량이 많을수록 좋다.

② 파라핀계 탄화수소 함량이 많을수록 좋다.

③ 나프텐계 탄화수소 함량이 많을수록 좋다.

④ 방향족계 탄화수소 함량이 많을수록 좋다.

58 10L 용기에 들어있는 산소의 압력이 10MPa 이었다. 이 기체를 20L 용기에 옮겨놓으면 압력은 몇 [MPa]로 변하는가?

① 2MPa

② 5MPa

③ 10MPa

④ 20MPa

59 순수한 물 1kg을 1℃ 높이는 데 필요한 열량을 무엇이라 하는가?

① 1kcal

② 1BTU

③ 1CHU

④ 1kJ

60 같은 조건일 때 액화시키기 가장 쉬운 가스는 어느 것인가?

① 수소

② 암모니아

③ 아세틸렌

④ 네온

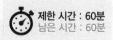
01 다음 중 가연성이면서 유독한 가스는 어느 것인가?

① NH_3

② H_2

③ CH_4

④ N_2

02 시안화수소(HCN)의 위험성에 대한 설명으로 틀린 것은?

① 인화온도가 아주 낮다.

② 오래된 시안화수소는 자체 폭발할 수 있다.

③ 용기에 충전한 후 60일을 초과하지 않아야 한다.

④ 호흡 시 흡입하면 위험하나 피부에 묻으면 아무 이상이 없다.

03 도시가스 배관의 지하매설 시 사용하는 침상재료(Bedding)는 배관 하단에서 배관 상단 몇 [cm]까지 포설하는가?

① 10cm

② 20cm

③ 30cm

④ 50cm

04 다음은 이동식 압축도시가스 자동차 충전 시설을 점검한 내용이다. 이 중 기준에 부적합한 경우는?

① 이동충전차량과 가스배관구를 연결하는 호스의 길이가 6m이었다.

② 가스배관구 주위에는 가스배관구를 보호하기 위하여 높이 40cm, 두께 13cm인 철근콘크리트 구조물이 설치되어 있었다.

③ 이동충전차량과 충전설비 사이 거리는 8m이었고, 이동충전차량과 충전설비 사이에 강관제 방호벽이 설치되어 있었다.

④ 충전설비 근처 및 충전설비에서 6m 떨어진 장소에 수동긴급차단장치가 각각 설치되어 있었으며 눈에 잘 띄었다.

05 고정식 압축도시가스 자동차 충전의 저장설치, 처리설비, 압축가스설비 외부에 설치하는 경계책의 설치기준으로 틀린 것은?

① 긴급차단장치를 설치할 경우에는 설치하지 아니할 수 있다.

② 방호벽(철근콘크리트로 만든 것)을 설치할 경우는 설치하지 아니할 수 있다.

③ 처리설비 및 압축가스설비가 밀폐형 구조물 안에 설치된 경우는 설치하지 아니할 수 있다.

④ 저장설비 및 처리설비가 액확산방지시설 내에 설치된 경우는 설치하지 아니할 수 있다.

06 다음 중 일반도시가스사업 가스공급시설의 입상관 밸브는 분리가 가능한 것으로서 바닥으로부터 몇 [m] 범위에 설치하여야 하는가?

① 0.5~1m
② 1.2~1.5m
③ 1.6~2.0m
④ 2.5~3.0m

07 연소에 대한 일반적인 설명 중 옳지 않은 것은?

① 인화점이 낮을수록 위험성이 크다.
② 인화점보다 착화점의 온도가 낮다.
③ 발열량이 높을수록 착화온도가 낮아진다.
④ 가스의 온도가 높아지면 연소범위는 넓어진다.

08 독성가스 저장시설의 제독 조치로서 옳지 않은 것은?

① 흡수, 중화조치
② 흡착, 제거조치
③ 이송설비로 대기 중에 배출
④ 연소조치

09 다음 굴착공사 중 굴착공사를 하기 전에 도시가스사업자와 협의를 하여야 하는 것은?

① 굴착공사 예정지역 범위에 묻혀 있는 도시가스 배관의 길이가 110m인 굴착공사
② 굴착공사 예정지역 범위에 묻혀 있는 송유관의 길이가 200m인 굴착공사
③ 해당 굴착공사로 인하여 압력이 3.2 kPa인 도시가스 배관의 길이가 30m 노출된 것으로 예상되는 굴착공사
④ 해당 굴착공사로 인하여 압력이 0.8 MPa인 도시가스 배관의 길이가 8m 노출될 것으로 예상되는 굴착공사

10 고압가스 제조설비에 설치하는 가스누출 경보 및 자동차단장치에 대한 설명으로 틀린 것은?

① 계기실 내부에도 1개 이상 설치한다.
② 잡가스에는 경보하지 아니 하는 것으로 한다.
③ 누출을 검지하여 그 농도를 지시함과 동시에 경보를 울리는 방식으로 한다.
④ 가연성가스의 제조설비에 격막 갈바니 전지방식의 것을 설치한다.

11 건축물 내 도시가스 매설배관으로 부적합한 것은?

① 동관
② 강관
③ 스테인리스강
④ 가스용 금속 플렉시블호스

12 시안화수소를 충전한 용기는 충전 후 몇 시간 정치한 뒤 가스의 누출검사를 해야 하는가?

① 6
② 12
③ 18
④ 24

13 도시가스 공급시설의 공사계획 승인 및 신고대상에 대한 설명으로 틀린 것은?

① 제조소 안에서 액화가스용 저장탱크의 위치변경 공사는 공사계획 신고대상이다.
② 밸브 기지의 위치변경 공사는 공사계획 신고대상이다.
③ 호칭지름 50mm 이하인 저압의 공급관을 설치하는 공사는 공사계획 신고대상에서 제외한다.
④ 저압인 사용자 공급관 50m를 변경하는 공사는 공사계획 신고대상이다.

14 고압가스용 냉동기에 설치하는 안전장치의 구조에 대한 설명으로 틀린 것은?

① 고압차단장치는 그 설정압력이 눈으로 판별할 수 있는 것으로 한다.
② 고압차단장치는 원칙적으로 자동복귀방식으로 한다.
③ 안전밸브는 작동압력을 설정한 후 봉인될 수 있는 구조로 한다.
④ 안전밸브 각 부의 가스 통과면적은 안전밸브의 구경면적 이상으로 한다.

15 염소(Cl_2)의 재해방지용으로서 흡수제 및 제해제가 아닌 것은?

① 가성소다수용액
② 소석회
③ 탄산소다수용액
④ 물

16 아세틸렌은 폭발 형태에 따라 크게 3가지로 분류된다. 이에 해당되지 않은 폭발은 어느 것인가?

① 화합폭발
② 중합폭발
③ 산화폭발
④ 분해폭발

17 다음 중 고압가스안전관리법의 적용을 받는 가스는?

① 철도 차량의 에어컨디셔너 안의 고압가스

② 냉동능력 3톤 미만의 냉동설비 안의 고압가스

③ 용접용 아세틸렌가스

④ 액화브롬화메탄 제조설비 외에 있는 액화브롬화메탄

18 액화석유가스 사용시설을 변경하여 도시가스를 사용하기 위해서 실시하여야 하는 안전조치 중 잘못 설명한 것은?

① 일반도시가스 사업자는 도시가스를 공급한 이후에 연소기 열량의 변경 사실을 확인하여야 한다.

② 액화석유가스의 배관 양단에 막음조치를 하고 호스는 철거하여 설치하려는 도시가스 배관과 구분되도록 한다.

③ 용기 및 부대설비가 액화석유가스 공급자의 소유인 경우에는 도시가스 공급 예정일까지 용기 등을 철거해 줄 것을 공급자에게 요청해야 한다.

④ 도시가스로 연료를 전환하기 전에 액화석유가스 안전공급계약을 해지하고 용기 등의 철거와 안전조치를 확인하여야 한다.

19 고압가스설비에 장치하는 압력계의 눈금은?

① 상용압력의 2.5배 이상 3배 이하

② 상용압력의 2배 이상 2.5배 이하

③ 상용압력의 1.5배 이상 2배 이하

④ 상용압력의 1배 이상 1.5배 이하

20 LP가스 충전설비의 작동상황 점검주기로 옳은 것은?

① 1일 1회 이상

② 1주일 1회 이상

③ 1월 1회 이상

④ 1년 1회 이상

21 다음은 어떤 안전설비에 대한 설명인가?

설비가 잘못 조작되거나 정상적인 제조를 할 수 없는 경우 자동으로 원재료의 공급을 차단시키는 등 고압가스 제조설비 안에 제조를 제어하는 기능을 한다.

① 긴급이송설비

② 인터록 기구

③ 안전밸브

④ 벤트스택

22 일반도시가스사업자의 가스공급시설 중 정압기의 분해 점검주기 기준은?

① 1년에 1회 이상
② 2년에 1회 이상
③ 3년에 1회 이상
④ 5년에 1회 이상

23 공기 중 폭발범위에 따른 위험도가 가장 큰 가스는?

① 암모니아
② 황화수소
③ 석탄가스
④ 이황화탄소

24 공기 중에서 폭발하한값이 가장 낮은 것은?

① 시안화수소
② 암모니아
③ 에틸렌
④ 부탄

25 폭발등급은 안전간격에 따라 구분한다. 폭발등급 1급이 아닌 것은?

① 일산화탄소
② 메탄
③ 암모니아
④ 수소

26 다음 (   ) 안의 ⓐ와 ⓑ에 들어갈 명칭은 무엇인가?

> 아세틸렌을 용기에 충전하는 때에는 미리 용기에 다공물질을 고루 채워 다공도가 75% 이상 92% 미만이 되도록 한 후 (ⓐ) 또는 (ⓑ)를(을) 고루 침윤시키고 충전하여야 한다.

① ⓐ 아세톤, ⓑ 알코올
② ⓐ 아세톤, ⓑ 물(H_2O)
③ ⓐ 아세톤, ⓑ 디메틸포름아미드
④ ⓐ 알코올, ⓑ 물(H_2O)

27 고압가스 용기의 파열사고 원인으로서 가장 거리가 먼 내용은?

① 압축산소를 충전한 용기를 차량에 눕혀서 운반하였을 때
② 용기의 내압이 이상 상승하였을 때
③ 용기 재질의 불량으로 인하여 인장강도가 떨어질 때
④ 균열되었을 때

28 도시가스 사용시설 중 자연배기식 반밀폐식, 보일러에서 배기톱의 옥상돌출부는 지붕면으로부터 수직거리로 몇 [cm] 이상으로 하여야 하는가?

① 30
② 50
③ 90
④ 100

29 자동차용 압축천연가스 완속충전설비에서 실린더 내경이 100mm, 실린더의 행정이 200mm, 회전수가 100rpm일 때 처리능력(m³/h)은 얼마인가?

① 9.42

② 8.21

③ 7.05

④ 6.15

30 공정과 설비의 고장 형태 및 영향, 고장 형태별 위험도 순위 등을 결정하는 안전성 평가 기법은?

① 위험과 운전분석(HAZOP)

② 예비위험분석(PHA)

③ 결함수분석(FTA)

④ 이상위험도분석(FMECA)

31 3단 토출압력이 2MPag이고, 압축비가 2인 4단 공기압축기에서 1단 흡입압력은 약 몇 [MPag]인가? (단, 대기압은 0.1MPa로 한다.)

① 0.16

② 0.26

③ 0.36

④ 0.46

32 다음 중 [보기]에서 설명하는 정압기의 종류는?

[보기]
• Unloading형이다.
• 본체는 복좌밸브로 되어 있어 상부에 다이어프램을 가진다.
• 정특성은 아주 좋으나 안정성은 떨어진다.
• 다른 형식에 비하여 크기가 크다.

① 레이놀즈 정압기

② 엠코 정압기

③ 피셔식 정압기

④ 엑셀 플로우식 정압기

33 대형 저장탱크 내를 가는 스테인리스관으로 상하로 움직여 관내에서 분출하는 가스상태와 액체상태의 경계면을 찾아 액면을 측정하는 액면계로 옳은 것은?

① 슬립튜브식 액면계

② 유리관식 액면계

③ 클린카식 액면계

④ 플로트식 액면계

34 다음 배관재료 중 사용온도 350℃ 이하, 압력 10MPa 이상의 고압관에 사용되는 것은?

① SPP

② SPPH

③ SPPW

④ SPPG

35 반복하중에 의해 재료의 저항력이 저하하는 현상을 무엇이라고 하는가?

① 교축
② 크리프
③ 피로
④ 응력

36 다음 중 왕복식 펌프에 해당하는 것은?

① 기어 펌프
② 베인 펌프
③ 터빈 펌프
④ 플런저 펌프

37 LP가스 공급방식 중 자연기화방식의 특징에 대한 설명으로 틀린 것은?

① 기화능력이 좋아 대량 소비 시에 적당하다.
② 가스 조성의 변화량이 크다.
③ 설비장소가 크게 된다.
④ 발열량의 변화량이 크다.

38 LPG를 탱크로리에서 저장탱크로 이송 시 작업을 중단해야 되는 경우가 아닌 것은?

① 과충전이 된 경우
② 충전기에서 자동차에 충전하고 있을 때
③ 작업 중 주위에서 화재 발생 시
④ 누출이 생길 경우

39 저온액화가스탱크에서 발생할 수 있는 열의 침입현상으로 가장 거리가 먼 것은?

① 연결된 배관을 통한 열전도
② 단열재를 충전한 공간에 남은 가스분자의 열전도
③ 내면으로부터의 열전도
④ 외면의 열복사

40 내압이 0.4~0.5MPa 이상이고, LPG나 액화가스와 같이 낮은 비점의 액체일 때 사용되는 터보식 펌프의 메커니컬 시일 형식은?

① 더블 시일
② 아웃사이드 시일
③ 밸런스 시일
④ 언밸런스 시일

41 펌프의 실제송출유량을 Q, 펌프 내부에서의 누설유량을 $0.6Q$, 임펠러 속을 지나는 유량을 $1.6Q$라 할 때 펌프의 체적효율(η_v)은?

① 37.5%
② 40%
③ 60%
④ 62.5%

42 도시가스의 측정 사항에 있어서 반드시 측정하지 않아도 되는 것은?

① 농도 측정
② 연소성 측정
③ 압력 측정
④ 열량 측정

43 가연성 냉매로 사용되는 냉동제조시설의 수액기에는 액면계를 설치한다. 다음 중 수액기의 액면계로 사용할 수 없는 것은?

① 환형유리관 액면계
② 차압식 액면계
③ 초음파식 액면계
④ 방사선식 액면계

44 가연성가스 검출기 중 탄광에서 발생하는 CH_4의 농도를 측정하는 데 주로 사용되는 것은?

① 간섭계형
② 안전등형
③ 열선형
④ 반도체형

45 LP가스 자동차충전소에서 사용하는 디스펜서(Dispenser)에 대해 옳게 설명한 것은?

① LP가스 충전소에서 용기에 일정량의 LP가스를 충전하는 충전기기이다.
② LP가스 충전소에서 용기에 충전하는 가스용적을 계량하는 기기이다.
③ 압축기를 이용하여 탱크로리에서 저장탱크로 LP가스를 이송하는 장치이다.
④ 펌프를 이용하여 LP가스를 저장탱크로 이송할 때 사용하는 안전장치이다.

46 고압가스의 성질에 따른 분류가 아닌 것은?

① 가연성가스
② 액화가스
③ 조연성가스
④ 불연성가스

47 다음 중 확산속도가 가장 빠른 것은?

① O_2
② N_2
③ CH_4
④ CO_2

48 다음 각 온도의 단위환산 관계로서 틀린 것은?

① $0℃ = 273K$
② $32°F = 492°R$
③ $0K = -273℃$
④ $0K = 460°R$

49 수소의 공업적 용도가 아닌 것은?

① 수증기의 합성
② 경화유의 제조
③ 메탄올의 합성
④ 암모니아 합성

50 압력이 일정할 때 절대온도와 체적은 어떤 관계가 있는가?

① 절대온도와 체적은 비례한다.
② 절대온도와 체적은 반비례한다.
③ 절대온도와 체적의 제곱에 비례한다.
④ 절대온도는 체적의 제곱에 반비례한다.

51 다음 중에서 수소(H_2)의 제조법이 아닌 것은?

① 공기액화분리법
② 석유분해법
③ 천연가스분해법
④ 일산화탄소전화법

52 프로판의 완전연소 반응식으로 옳은 것은?

① $C_3H_8 + 4O_2 \rightarrow 3CO_2 + 2H_2O$
② $C_3H_8 + 5O_2 \rightarrow 3CO_2 + 4H_2O$
③ $C_3H_8 + 2O_2 \rightarrow 3CO + H_2O$
④ $C_3H_8 + O_2 \rightarrow CO_2 + H_2O$

53 도시가스 제조방식 중 촉매를 사용하여 사용온도 400~800℃에서 탄화수소와 수증기를 반응시켜 수소, 메탄, 일산화탄소, 탄산가스 등의 저급 탄화수소로 변환시키는 프로세스는?

① 열분해 프로세스
② 접촉분해 프로세스
③ 부분연소 프로세스
④ 수소화분해 프로세스

54 표준상태에서 분자량이 44인 기체의 밀도는?

① 1.96g/L
② 1.96kg/L
③ 1.55g/L
④ 1.55kg/L

55 다음 중 저장소의 바닥부 환기에 가장 중점을 두어야 하는 가스는?

① 메탄
② 에틸렌
③ 아세틸렌
④ 부탄

56 다음 중 일산화탄소의 성질에 대한 설명 중 틀린 것은?

① 산화성이 강한 가스이다.
② 공기보다 약간 가벼우므로 수상치환으로 포집한다.
③ 개미산에 진한 황산을 작용시켜 만든다.
④ 혈액 속의 헤모글로빈과 반응하여 산소의 운반력을 저하시킨다.

57 수은주 760mmHg 압력은 수주로는 얼마가 되는가?

① $9.33mH_2O$
② $10.33mH_2O$
③ $11.33mH_2O$
④ $12.33mH_2O$

58 고압가스 종류별 발생 현상 또는 작용으로 틀린 것은?

① 수소 – 탈탄작용

② 염소 – 부식

③ 아세틸렌 – 아세틸라이드 생성

④ 암모니아 – 카르보닐 생성

59 100J의 일의 양을 [cal] 단위로 나타내면 약 얼마인가?

① 24cal

② 40cal

③ 240cal

④ 400cal

60 정압비열(C_P)와 정적비열(C_V)의 관계를 나타내는 비열비(K)를 옳게 나타낸 것은?

① $K = C_P/C_V$

② $K = C_V/C_P$

③ $K < 1$

④ $K = C_V - C_P$

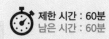
01 다음 각 가스의 정의에 대한 설명으로 틀린 것은?

① 압축가스란 일정한 압력에 의하여 압축되어 있는 가스를 말한다.

② 액화가스란 가압·냉각 등의 방법에 의하여 액체상태로 되어 있는 것으로서 대기압에서의 끓는점이 40℃ 이하 또는 상용온도 이하인 것을 말한다.

③ 독성가스란 인체에 유해한 독성을 가진 가스로서 허용농도가 100만분의 3000 이하인 것을 말한다.

④ 가연성가스란 공기 중에서 연소하는 가스로서 폭발한계의 하한의 10% 이하인 것과 폭발한계의 상한과 하한의 차가 20% 이상인 것을 말한다.

02 용기 신규검사에 합격된 용기 부속품 각인에서 초저온용기나 저온용기의 부속품에 해당하는 기호는?

① LT

② PT

③ MT

④ UT

03 용기의 재검사 주기에 대한 기준으로 맞는 것은?

① 압력용기는 1년마다 재검사

② 저장탱크가 없는 곳에 설치한 기화기는 2년마다 재검사

③ 500L 이상 이음매 없는 용기는 5년마다 재검사

④ 용접용기로서 신규검사 후 15년 이상 20년 미만인 용기는 3년마다 재검사

04 가스사용시설인 가스보일러의 급·배기 방식에 따른 구분으로 틀린 것은?

① 반밀폐형 자연배기식(CF)

② 반밀폐형 강제배기식(FE)

③ 밀폐형 자연배기식(RF)

④ 밀폐형 강제급·배기식(FF)

05 도시가스 배관을 지상에 설치 시 검사 및 보수를 위하여 지면으로부터 몇 [cm] 이상의 거리를 유지하여야 하는가?

① 10cm

② 15cm

③ 20cm

④ 30cm

06 차량에 고정된 산소용기 운반차량에는 일반인이 쉽게 식별할 수 있도록 표시하여야 한다. 운반차량에 표시하여야 하는 것은?

① 위험고압가스, 회사명
② 위험고압가스, 전화번호
③ 화기엄금, 회사명
④ 화기엄금, 전화번호

07 LPG 충전·집단공급 저장시설의 공기에 의한 내압시험 시 상용압력의 일정압력 이상으로 승압한 후 단계적으로 승압시킬 때, 상용압력의 몇 [%]씩 증가시켜 내압시험 압력에 달하였을 때 이상이 없어야 하는가?

① 5%
② 10%
③ 15%
④ 20%

08 도시가스 도매사업자가 제조소 내에 저장능력이 20만톤인 지상식 액화천연가스 저장탱크를 설치하고자 한다. 이때 처리능력이 30만m³인 압축기와 얼마 이상의 거리를 유지하여야 하는가?

① 10m
② 24m
③ 30m
④ 50m

09 특정 고압가스 사용시설에서 독성가스 감압설비와 그 가스의 반응설비 간의 배관에 반드시 설치하여야 하는 설비는?

① 안전밸브
② 역화방지장치
③ 중화장치
④ 역류방지장치

10 과압안전장치 형식에서 용전의 용융온도로서 옳은 것은? (단, 저압부에 사용하는 것은 제외한다.)

① 40℃ 이하
② 60℃ 이하
③ 75℃ 이하
④ 105℃ 이하

11 차량에 고정된 탱크 중 독성가스는 내용적을 얼마 이하로 하여야 하는가?

① 12000L
② 15000L
③ 16000L
④ 18000L

12 다음 중 2중관으로 하여야 하는 가스가 아닌 것은?

① 일산화탄소
② 암모니아
③ 염화메탄
④ 염소

13 LPG 저장탱크에 설치하는 압력계는 상용 압력 몇 배 범위의 최고눈금이 있는 것을 사용하여야 하는가?

① 1~1.5배
② 1.5~2배
③ 2~2.5배
④ 2.5~3배

14 암모니아 취급 시 피부에 닿았을 때 조치 사항으로 가장 적당한 것은?

① 열습포로 감싸준다.
② 아연화 연고를 바른다.
③ 산으로 중화시키고 붕대로 감는다.
④ 다량의 물로 세척 후 붕산수를 바른다.

15 압축, 액화 등의 방법으로 처리할 수 있는 가스의 용적이 1일 100m³ 이상인 사업소에는 표준이 되는 압력계를 몇 개 이상 비치하여야 하는가?

① 1개
② 2개
③ 3개
④ 4개

16 압력조정기 출구에서 연소기 입구까지의 호수는 얼마 이상의 압력으로 기밀시험을 실시하는가?

① 2.3kPa
② 3.3kPa
③ 5.63kPa
④ 8.4kPa

17 가연성가스 및 독성가스의 충전용기 보관실에 대한 안전거리 규정으로 옳은 것은?

① 충전용기 보관실 1m 이내에 발화성 물질을 두지 말 것
② 충전용기 보관실 2m 이내에 인화성 물질을 두지 말 것
③ 충전용기 보관실 5m 이내에 발화성 물질을 두지 말 것
④ 충전용기 보관실 8m 이내에 인화성 물질을 두지 말 것

18 액화염소가스 1375kg을 용량 50L인 용기에 충전하려면 몇 개의 용기가 필요한가? (단, 액화염소가스의 정수(C)는 0.80이다.)

① 20개
② 22개
③ 35개
④ 37개

19 고압가스 품질검사에 대한 설명으로 틀린 것은?

① 품질검사 대상가스는 산소, 아세틸렌, 수소이다.

② 품질검사는 안전관리책임자가 실시한다.

③ 산소는 동암모니아 시약을 사용한 오르자트법에 의한 시험결과 순도가 99.5% 이상이어야 한다.

④ 수소는 하이드로설파이드 시약을 사용한 오르자트법에 의한 시험결과 순도가 99.0% 이상이어야 한다.

20 저장탱크 방류둑 용량은 저장능력에 상당하는 용적 이상의 용적이어야 한다. 다만, 액화산소 저장탱크의 경우에는 저장능력 상당용적의 몇 [%] 이상으로 할 수 있는가?

① 40%

② 60%

③ 80%

④ 90%

21 도시가스 중압 배관을 매몰할 경우 다음 중 적당한 색상은?

① 회색

② 청색

③ 녹색

④ 적색

22 가연성가스를 취급하는 장소에서 공구의 재질로 사용하였을 경우 불꽃이 발생할 가능성이 가장 큰 것은?

① 고무

② 가죽

③ 알루미늄합금

④ 나무

23 고압가스 저장능력 산정기준에서 액화가스의 저장탱크 저장능력을 구하는 식은? (단, Q, W는 저장능력, P는 최고충전압력, V는 내용적, C는 가스 종류에 따른 정수, d는 가스의 비중이다.)

① $W = 0.9dV$

② $Q = 10PV$

③ $W = \dfrac{V}{C}$

④ $Q = (10P+1)V$

24 도시가스 공급시설의 안전조작에 필요한 조명 등의 조도는 몇 럭스 이상이어야 하는가?

① 100럭스

② 150럭스

③ 200럭스

④ 300럭스

25 도시가스사업법에서 정한 특정가스 사용시설에 해당하지 않는 것은?

① 제1종 보호시설 내 월 사용예정량 1000m³ 이상인 가스사용시설

② 제2종 보호시설 내 월 사용예정량 2000m³ 이상인 가스사용시설

③ 월 사용예정량 2000m³ 이하인 가스사용시설 중 많은 사람이 이용하는 시설로 시·도지사가 지정하는 시설

④ 전기사업법, 에너지이용합리화법에 의한 가스사용시설

26 가연성가스용 가스누출경보 및 자동차단장치의 경보농도 설정치의 기준은?

① ±5% 이하

② ±10% 이하

③ ±15% 이하

④ ±25% 이하

27 액화가스를 충전하는 탱크는 그 내부에 액면요동을 방지하기 위하여 무엇을 설치하여야 하는가?

① 방파판

② 안전밸브

③ 액면계

④ 긴급차단장치

28 고압가스 충전용 밸브를 가열할 때의 방법으로 가장 적당한 것은?

① 60℃ 이상의 더운 물을 사용한다.

② 열습포를 사용한다.

③ 가스버너를 사용한다.

④ 복사열을 사용한다.

29 일반도시가스사업 정압기실에 설치되는 기계환기설비 중 배기구의 관경은 얼마 이상으로 하여야 하는가?

① 10cm   ② 20cm

③ 30cm   ④ 50cm

30 도시가스 공급시설을 제어하기 위한 기기를 설치한 계기실의 구조에 대한 설명으로 틀린 것은?

① 계기실의 구조는 내화구조로 한다.

② 내장재는 불연성 재료로 한다.

③ 창문은 망입(網入)유리 및 안전유리 등으로 한다.

④ 출입구는 1곳 이상에 설치하고 출입문은 방폭문으로 한다.

31 가스미터의 설치장소로서 가장 부적당한 곳은?

① 통풍이 양호한 곳

② 전기공작물 주변의 직사광선이 비치는 곳

③ 가능한 한 배관의 길이가 짧고 꺾이지 않는 곳

④ 화기와 습기에서 멀리 떨어져 있고 청결하며 진동이 없는 곳

32 액주식 압력계에 사용되는 액체의 구비조건으로 틀린 것은?

① 화학적으로 안정되어야 한다.
② 모세관 현상이 없어야 한다.
③ 점도와 팽창계수가 작아야 한다.
④ 온도변화에 의한 밀도변화가 커야 한다.

33 고압가스안전관리법령에 따라 고압가스 판매시설에서 갖추어야 할 계측설비가 바르게 짝지어진 것은?

① 압력계, 계량기
② 온도계, 계량기
③ 압력계, 온도계
④ 온도계, 가스분석계

34 사용압력이 2MPa, 관의 인장강도가 20kg/mm²일 때의 스케줄 번호(SCH No)는? (단, 안전율은 4로 한다.)

① 10
② 20
③ 40
④ 80

35 부취제 주입용기를 가스압으로 밸런스시켜 중력에 의해서 부취제를 가스흐름 중에 주입하는 방식은?

① 적하주입방식
② 펌프주입방식
③ 위크증발식 주입방식
④ 미터연결 바이패스 주입방식

36 도시가스의 품질검사 시 가장 많이 사용되는 검사 방법은?

① 원자흡광광도법
② 가스 크로마토그래피법
③ 자외선, 적외선 흡수분광법
④ ICP법

37 도시가스시설 중 입상관에 대한 설명으로 틀린 것은?

① 입상관이 화기가 있을 가능성이 있는 주위를 통과하여 불연재료로 차단조치를 하였다.
② 입상관의 밸브는 분리가능한 것으로서 바닥으로부터 1.7m 높이에 설치하였다.
③ 입상관의 밸브를 어린아이들이 장난을 못하도록 3m의 높이에 설치하였다.
④ 입상관의 밸브높이가 1m 이어서 보호상자 안에 설치하였다.

38 배관 속을 흐르는 액체의 속도를 급격히 변화시키면 물이 관벽을 치는 현상이 일어나는데 이런 현상을 무엇이라 하는가?

① 캐비테이션 현상
② 워터해머링 현상
③ 서징 현상
④ 맥동 현상

39 연소기의 설치 방법으로 틀린 것은?

① 환기가 잘 되지 않은 곳에는 가스온수기를 설치하지 아니 한다.

② 밀폐형 연소기는 급기구 및 배기통을 설치하여야 한다.

③ 배기통의 재료는 불연성 재료로 한다.

④ 개방형 연소기가 설치된 실내에는 환풍기를 설치한다.

40 오리피스미터 특징의 설명으로 옳은 것은?

① 압력손실이 매우 적다.

② 침전물이 관벽에 부착되지 않는다.

③ 내구성이 좋다.

④ 제작이 간단하고 교환이 쉽다.

41 압력조정기의 종류에 따른 조정압력이 틀린 것은?

① 1단 감압식 저압조정기 : 2.3~3.3kPa

② 1단 감압식 준저압조정기 : 5~30kPa 이내에서 제조자가 설정한 기준압력의 ±20%

③ 2단 감압식 2차용 저압조정기 : 2.3~3.3kPa

④ 자동절체식 일체형 저압조정기 : 2.3~3.3kPa

42 용기의 내용적이 105L인 액화암모니아 용기에 충전할 수 있는 가스의 충전량은 약 몇 [kg]인가? (단, 액화암모니아의 가스정수 C값은 1.86이다.)

① 20.5

② 45.5

③ 56.5

④ 117.5

43 증기압축식 냉동기에서 냉매가 순환되는 경로로 옳은 것은?

① 압축기 → 증발기 → 응축기 → 팽창밸브

② 증발기 → 응축기 → 압축기 → 팽창밸브

③ 증발기 → 팽창밸브 → 응축기 → 압축기

④ 압축기 → 응축기 → 팽창밸브 → 증발기

44 도시가스 정압기에 사용되는 정압기용 필터의 제조기술 기준으로 옳은 것은?

① 내가스 성능시험의 질량변화율은 5~8%이다.

② 입·출구 연결부는 플랜지식으로 한다.

③ 기밀시험은 최고사용압력 1.25배 이상의 수압으로 실시한다.

④ 내압시험은 최고사용압력 2배의 공기압으로 실시한다.

45 구조가 간단하고 고압·고온 밀폐탱크의 압력까지 측정이 가능하여 가장 널리 사용되는 액면계는?

① 클린카식 액면계
② 벨로즈식 액면계
③ 차압식 액면계
④ 부자식 액면계

46 주기율표의 0족에 속하는 불활성가스의 성질이 아닌 것은?

① 상온에서 기체이며, 단원자 분자이다.
② 다른 원소와 잘 화합한다.
③ 상온에서 무색, 무미, 무취의 기체이다.
④ 방전관에 넣어 방전시키면 특유의 색을 낸다.

47 LPG 1L가 기화해서 약 250L의 가스가 된다면 10kg의 액화 LPG가 기화하면 가스 체적은 얼마나 되는가? (단, 액화 LPG의 비중은 0.50이다.)

① 1.25m³
② 5.0m³
③ 10.1m³
④ 25m³

48 공급가스인 천연가스 비중이 0.6이라 할 때 45m 높이의 아파트 옥상까지 압력손실은 약 몇 [mmH$_2$O]인가?

① 18.0mmH$_2$O
② 23.3mmH$_2$O
③ 34.9mmH$_2$O
④ 27.0mmH$_2$O

49 시안화수소 충전에 대한 설명 중 틀린 것은?

① 용기에 충전하는 시안화수소는 순도가 98% 이상이어야 한다.
② 시안화수소를 충전한 용기는 충전 후 24시간 이상 정치한다.
③ 시안화수소는 충전 후 30일이 경과되기 전에 다른 용기에 옮겨 충전하여야 한다.
④ 시안화수소 충전용기는 1일 1회 이상 질산구리, 벤젠 등의 시험지로 가스누출검사를 한다.

50 다음 중 절대압력을 정하는 데 기준이 되는 것은?

① 게이지압력
② 국소 대기압
③ 완전진공
④ 표준 대기압

51 일산화탄소 전화법에 의해 얻고자 하는 가스는?

① 암모니아
② 일산화탄소
③ 수소
④ 수성 가스

52 도시가스는 무색, 무취이기 때문에 누출 시 중독 및 사고를 미연에 방지하기 위하여 부취제를 첨가하는데, 그 첨가 비율의 용량이 얼마의 상태에서 냄새를 감지할 수 있어야 하는가?

① 0.1%　　　② 0.01%

③ 0.2%　　　④ 0.02%

53 절대영도로 표시한 것 중 가장 거리가 먼 것은?

① −273.15℃

② 0K

③ 0°R

④ 0°F

54 염소(Cl_2)에 대한 설명으로 틀린 것은?

① 황록색의 기체로 조연성이 있다.

② 강한 자극성의 취기가 있는 독성 기체이다.

③ 수소와 염소의 등량 혼합기체를 염소 폭명기라 한다.

④ 건조 상태의 상온에서 강재에 대하여 부식성을 갖는다.

55 '효율이 100%인 열기관은 제작이 불가능하다.'라고 표현되는 법칙은?

① 열역학 제0법칙

② 열역학 제1법칙

③ 열역학 제2법칙

④ 열역학 제3법칙

56 순수한 물의 증발잠열은?

① 539kcal/kg

② 79.68kcal/kg

③ 539cal/kg

④ 79.68cal/kg

57 게이지압력 1520mmHg는 절대압력으로 몇 기압인가?

① 0.33atm

② 3atm

③ 30atm

④ 33atm

58 입력단위를 나타낸 것은?

① kg/cm^2

② kL/m^2

③ $kcal/mm^2$

④ kV/km^2

59 A의 분자량은 B의 분자량의 2배이다. A와 B의 확산속도의 비는?

① $\sqrt{2} : 1$　　　② $4 : 1$

③ $1 : 4$　　　④ $1 : \sqrt{2}$

60 부탄(C_4H_{10}) 가스의 비중은?

① 0.55　　　② 0.9

③ 1.5　　　④ 2

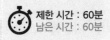
01 도시가스의 매설 배관에 설치하는 보호판은 누출가스가 지면으로 확산되도록 구멍을 뚫는데 그 간격의 기준으로 옳은 것은?

① 1m 이하 간격

② 2m 이하 간격

③ 3m 이하 간격

④ 5m 이하 간격

02 처리능력이 1일 35000m³인 산소 처리설비로 전용 공업지역이 아닌 지역일 경우 처리설비 외면과 사업소 밖에 있는 병원과는 몇 [m] 이상 안전거리를 유지하여야 하는가?

① 16m

② 17m

③ 18m

④ 20m

03 도시가스사업자는 굴착공사 정보지원센터로부터 굴착계획의 통보 내용을 통지받은 때에는 얼마 이내에 매설된 배관이 있는지를 확인하고 그 결과를 굴착공사 정보지원센터에 통지하여야 하는가?

① 24시간

② 36시간

③ 48시간

④ 60시간

04 공기 중에서 폭발범위가 가장 좁은 것은?

① 메탄

② 프로판

③ 수소

④ 아세틸렌

05 용기에 의한 액화석유가스 저장소에서 실외 저장소 주위의 경계울타리와 용기보관장소 사이에는 얼마 이상의 거리를 유지하여야 하는가?

① 2m

② 8m

③ 15m

④ 20m

06 다음 중 고압가스 특정 제조허가의 대상이 아닌 것은?

① 석유정제시설에서 고압가스를 제조하는 것으로서 그 저장능력이 100톤 이상인 것

② 석유화학공업시설에서 고압가스를 제조하는 것으로서 그 처리능력이 1만세제곱미터 이상인 것

③ 철강공업시설에서 고압가스를 제조하는 것으로서 그 처리능력이 1만세제곱미터 이상인 것

④ 비료 제조시설에서 고압가스를 제조하는 것으로서 그 저장능력이 100톤 이상인 것

07 가연성가스의 제조설비 중 전기설비를 방폭 성능을 가지는 구조로 갖추지 아니하여도 되는 가스는?

① 암모니아
② 염화메탄
③ 아크릴알데히드
④ 산화에틸렌

08 가스도매사업 제조소의 배관장치에 설치하는 경보장치가 울려야 하는 시기의 기준으로 잘못된 것은?

① 배관 안의 압력이 상용압력의 1.05배를 초과한 때
② 배관 안의 압력이 정상운전 때의 압력보다 15% 이상 강하한 경우 이를 검지한 때
③ 긴급차단밸브의 조작회로가 고장난 때 또는 긴급차단밸브가 폐쇄된 때
④ 상용압력이 5MPa 이상인 경우에는 상용압력에 0.5MPa를 더한 압력을 초과한 때

09 다음 중 상온에서 가스를 압축, 액화상태로 용기에 충전시키기가 가장 어려운 가스는?

① C_3H_8
② CH_4
③ Cl_2
④ CO_2

10 일반도시가스사업의 가스공급시설 기준에서 배관을 지상에 설치할 경우 가스 배관의 표면 색상은?

① 흑색
② 청색
③ 적색
④ 황색

11 가스도매사업의 가스공급시설 중 배관을 지하에 매설할 때의 기준으로 틀린 것은?

① 배관은 그 외면으로부터 수평거리로 건축물까지 1.0m 이상을 유지한다.
② 배관은 그 외면으로부터 지하의 다른 시설물과 0.3m 이상의 거리를 유지한다.
③ 배관을 산과 들에 매설할 때는 지표면으로부터 배관의 외면까지의 매설깊이를 1m 이상으로 한다.
④ 배관은 지반 동결로 손상을 받지 아니하는 깊이로 매설한다.

12 운반책임자를 동승시키지 않고 운반하는 액화석유가스용 차량에서 고정된 탱크에 설치하여야 하는 장치는?

① 살수장치
② 누설방지장치
③ 폭발방지장치
④ 누설경보장치

13 수소의 특징에 대한 설명으로 옳은 것은?

① 조연성 기체이다.

② 폭발범위가 넓다.

③ 가스의 비중이 커서 확산이 느리다.

④ 저온에서 탄소와 수소취성을 일으킨다.

14 다음 중 제1종 보호시설이 아닌 것은?

① 가설건축물이 아닌 사람을 수용하는 건축물로서 사실상 독립된 부분의 연면적이 1500m²인 건축물

② 문화재보호법에 의하여 지정문화재로 지정된 건축물

③ 수용 능력이 100인 이상인 공연장

④ 어린이집 및 어린이 놀이시설

15 가연성가스와 동일차량에 적재하여 운반할 경우 충전용기의 밸브가 서로 마주보지 않도록 적재해야 할 가스는?

① 수소

② 산소

③ 질소

④ 아르곤

16 천연가스의 발열량이 10400kcal/Sm³이다. SI 단위인 [MJ/Sm³]으로 나타내면?

① 2.47

② 43.68

③ 2476

④ 43680

17 다음 중 연소의 3요소가 아닌 것은?

① 가연물

② 산소공급원

③ 점화원

④ 인화점

18 다음 중 허가대상 가스용품이 아닌 것은?

① 용접절단기용으로 사용되는 LPG 압력조정기

② 가스용 폴리에틸렌 플러그형 밸브

③ 가스소비량이 132.6kw인 연료전지

④ 도시가스 정압기에 내장된 필터

19 가연성가스 충전용기 보관실의 벽 재료의 기준은?

① 불연재료

② 난연재료

③ 가벼운 재료

④ 불연 또는 난연 재료

20 고압가스안전관리법상 독성가스는 공기 중에 일정량 이상 존재하는 경우 인체에 유해한 독성을 가진 가스로서 허용농도(해당 가스를 성숙한 흰쥐 집단에게 대기 중에서 1시간 동안 계속하여 노출시킨 경우 14일 이내에 그 흰쥐의 2분의 1 이상이 죽게 되는 가스의 농도를 말한다.)가 얼마인 것을 말하는가?

① 100만 분의 2000 이하

② 100만 분의 3000 이하

③ 100만 분의 4000 이하

④ 100만 분의 5000 이하

21 고압가스 저장의 시설에서 가연성가스 시설에 설치하는 유동방지 시설의 기준은?

① 높이 2m 이상의 내화성 벽으로 한다.

② 높이 1.5m 이상의 내화성 벽으로 한다.

③ 높이 2m 이상의 불연성 벽으로 한다.

④ 높이 1.5m 이상의 불연성 벽으로 한다.

22 다음 중 고압가스 용기 재료의 구비조건이 아닌 것은?

① 내식성, 내마모성을 가질 것

② 무겁고 충분한 강도를 가질 것

③ 용접성이 좋고 가공 중 결함이 생기지 않을 것

④ 저온 및 사용온도에 견디는 연성과 점성강도를 가질 것

23 LPG 충전소에는 시설의 안전확보상 "충전 중 엔진정지"를 주위의 보기 쉬운 곳에 설치해야 한다. 이 표지판의 바탕색과 문자색은?

① 흑색바탕에 백색글씨

② 흑색바탕에 황색글씨

③ 백색바탕에 흑색글씨

④ 황색바탕에 흑색글씨

24 도시가스 배관의 지름이 15mm인 배관에 대한 고정장치의 설치 간격은 몇 [m] 이내마다 설치하여야 하는가?

① 1m

② 2m

③ 3m

④ 4m

25 가스 운반 시 차량 비치 항목이 아닌 것은?

① 가스 표시 색상

② 가스 특성(온도와 압력과의 관계, 비중, 색깔 냄새)

③ 인체에 대한 독성 유무

④ 화재, 폭발의 위험성 유무

26 다음 중 고압가스 판매자가 실시하는 용기의 안전점검 및 유지관리의 기준으로 틀린 것은?

① 용기 아래부분의 부식상태를 확인할 것

② 완성검사 도래 여부를 확인할 것

③ 밸브의 그랜드너트가 고정핀으로 이탈방지를 위한 조치가 되어 있는지의 여부를 확인할 것

④ 용기 캡이 씌워져 있거나 프로텍터가 부착되어 있는지의 여부를 확인할 것

27 독성가스인 암모니아의 저장탱크에는 그 가스의 용량이 그 저장탱크 내용적의 몇 [%]를 초과하지 않아야 하는가?

① 80%
② 85%
③ 90%
④ 95%

28 다음 중 액화암모니아 10kg을 기화시키 면 표준상태에서 약 몇 [m³]의 기체로 되 는가?

① 80m³
② 5m³
③ 13m³
④ 26m³

29 용기에 의한 고압가스 판매시설의 충전용 기 보관실 기준으로 옳지 않은 것은?

① 가연성가스 충전용기 보관실은 불연 성 재료나 난연성 재료를 사용한 가벼 운 지붕을 설치한다.
② 공기보다 무거운 가연성가스의 용기 보관실에는 가스누출 검지경보장치를 설치한다.
③ 충전용기 보관실은 가연성가스가 새 어나오지 못하도록 밀폐구조로 한다.
④ 용기보관실의 주변에는 화기 또는 인 화성 물질이나 발화성 물질을 두지 않 는다.

30 도시가스 배관의 용어에 대한 설명으로 틀 린 것은?

① 배관이란 본관, 공급관, 내관 또는 그 밖의 관을 말한다.
② 본관이란 도시가스 제조사업소의 부 지경계에서 정압기까지 이르는 배관 을 말한다.
③ 사용자 공급관이란 공급관 중 정압기 에서 가스사용자가 구분하여 소유하 는 건축물의 외벽에 설치된 계량기까 지 이르는 배관을 말한다.
④ 내관이란 가스사용자가 소유하거나 점유하고 있는 토지의 경계에서 연소 기까지 이르는 배관을 말한다.

31 측정압력이 0.01~10kg/cm² 정도이고, 오차가 ±1~2% 정도이며 유체 내의 먼지 등의 영향이 적으나, 압력변동에 적응하기 어렵고 주위온도차에 의한 충분한 주의를 요하는 압력계는?

① 전기저항 압력계
② 벨로즈(Bellows) 압력계
③ 부르동(bourdon)관 압력계
④ 피스톤 압력계

32 1단 감압식 저압조정기의 조정압력(출구 압력)은?

① 2.3~3.3kPa
② 5~30kPa
③ 32~83kPa
④ 57~83kPa

33 초저온 저장탱크에 주로 사용되며, 차압에 의하여 측정하는 액면계는?

① 시창식

② 햄프슨식

③ 부자식

④ 회전 튜브식

34 분말진공단열법에서 충진용 분말로 사용되지 않는 것은?

① 탄화규소

② 펄라이트

③ 규조토

④ 알루미늄 분말

35 압축기에서 다단 압축을 하는 목적으로 틀린 것은?

① 소요일량의 감소

② 이용효율의 증대

③ 힘의 평형 향상

④ 토출온도 상승

36 1000L의 액산탱크에 액산을 넣어 방출밸브를 개방하여 12시간 방치하였더니 탱크 내의 액산이 4.8kg 방출되었다면 1시간 당 탱크에 침입하는 열량은 약 몇 [kcal]인가? (단, 액산의 증발잠열은 60kcal/kg이다.)

① 12kcal

② 24kcal

③ 70kcal

④ 150kcal

37 도시가스용 압력조정기에 대한 설명으로 옳은 것은?

① 유량성능은 제조자가 제시한 설정압력의 ±10% 이내로 한다.

② 합격표시는 바깥지름이 5mm의 "K"자 각인을 한다.

③ 입구측 연결배관 관경은 50A 이상의 배관이 연결되어 사용되는 조정기이다.

④ 최대표시유량 $300Nm^3/h$ 이상인 사용처에 사용되는 조정기이다.

38 오리피스 유량계는 다음 중 어떤 형식의 유량계인가?

① 차압식

② 면적식

③ 용적식

④ 터빈식

39 질소를 취급하는 금속재료에서 내질화성을 증대시키는 원소는?

① Ni

② Al

③ Cr

④ Ti

40 다음 각 가스에 의한 부식 현상 중 틀린 것은?

① 암모니아에 의한 강의 질화
② 황화수소에 의한 철의 부식
③ 일산화탄소에 의한 금속의 카르보닐화
④ 수소원자에 의한 강의 탈수소화

41 다음 중 아세틸렌과 치환반응을 하지 않는 것은?

① Cu
② Ag
③ Hg
④ Ar

42 비점이 점차 낮은 냉매를 사용하여 저비점의 기체를 액화하는 사이클은?

① 클라우드 액화사이클
② 필립스 액화사이클
③ 캐스케이드 액화사이클
④ 캐피자 액화사이클

43 유체가 5m/s의 속도로 흐를 때 이 유체의 속도수두는 약 몇 [m]인가? (단, 중력가속도는 9.8m/s²이다.)

① 0.98m
② 1.28m
③ 12.2m
④ 14.1m

44 빙점 이하의 낮은 온도에서 사용되며 LPG 탱크, 저온에도 인성이 감소되지 않는 화학공업 배관 등에 주로 사용되는 관의 종류는?

① SPLT
② SPHT
③ SPPH
④ SPPS

45 고압가스용 이음매 없는 용기에서 내력비란?

① 내력과 압궤강도의 비를 말한다.
② 내력과 파열강도의 비를 말한다.
③ 내력과 압축강도의 비를 말한다.
④ 내력과 인장강도의 비를 말한다.

46 섭씨온도로 측정할 때 상승된 온도가 5℃ 이었다. 이때 화씨온도로 측정하면 상승온도는 몇 도인가?

① 7.5℃
② 8.3℃
③ 9.0℃
④ 41℃

47 어떤 물질의 고유의 양으로 측정하는 장소에 따라 변함이 없는 물리량은?

① 질량
② 중량
③ 부피
④ 밀도

48 하버–보시법으로 암모니아 44g을 제조하려면 표준상태에서 수소는 약 몇 [L]가 필요한가?

① 22L

② 44L

③ 87L

④ 100L

49 기체연료의 연소 특성으로 틀린 것은?

① 소형의 버너도 매연이 적고, 완전연소가 가능하다.

② 하나의 연료공급원으로부터 다수의 연소로와 버너에 쉽게 공급된다.

③ 미세한 연소조정이 어렵다.

④ 연소율의 가변범위가 넓다.

50 비중이 13.6인 수은은 76cm 높이를 갖는다. 비중이 0.5인 알코올로 환산하면 그 수주는 몇 [m]인가?

① 20.67

② 15.2

③ 13.6

④ 5

51 SNG에 대한 설명으로 가장 적당한 것은?

① 액화석유가스

② 액화천연가스

③ 정유가스

④ 대체천연가스

52 액체는 무색투명하고, 특유의 복숭아 향을 가진 맹독성가스는?

① 일산화탄소

② 포스겐

③ 시안화수소

④ 메탄

53 단위체적당 물체의 질량은 무엇을 나타내는 것인가?

① 중량

② 비열

③ 비체적

④ 밀도

54 다음 중 지연성가스로만 구성되어 있는 것은?

① 일산화탄소, 수소

② 질소, 아르곤

③ 산소, 이산화질소

④ 석탄가스, 수성가스

55 메탄가스의 특성에 대한 설명으로 틀린 것은?

① 메탄은 프로판에 비해 연소에 필요한 산소량이 많다.

② 폭발하한 농도가 프로판보다 높다.

③ 무색, 무취이다.

④ 폭발상한 농도가 부탄보다 높다.

56 암모니아의 성질에 대한 설명으로 옳지 않은 것은?

① 가스일 때 공기보다 무겁다.
② 물에 잘 녹는다.
③ 구리에 대하여 부식성이 강하다.
④ 자극성 냄새가 있다.

57 수소에 대한 설명으로 틀린 것은?

① 상온에서 자극성을 가지는 가연성 기체이다.
② 폭발범위는 공기 중에서 약 4~75%이다.
③ 염소와 반응하여 폭명기를 형성한다.
④ 고온·고압에서 강재 중 탄소와 반응하여 수소취성을 일으킨다.

58 다음 중 표준상태에서 가스상 탄화수소의 점도가 가장 높은 가스는?

① 메탄
② 암모니아
③ 부탄
④ 프로판

59 도시가스의 원료인 메탄가스를 완전연소시켰다. 이때 어떤 가스가 주로 발생되는가?

① 부탄
② 메탄
③ 콜타르
④ 이산화탄소

60 표준대기압 하에서 물 1kg의 온도를 1℃ 올리는 데 필요한 열량은 얼마인가?

① 0kcal
② 1kcal
③ 80kcal
④ 539kcal/kg℃

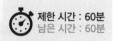
01 액화석유가스의 안전관리 및 사업법에서 정한 용어에 대한 설명으로 틀린 것은?

① 저장설비란 액화석유가스를 저장하기 위한 설비로서 각종 저장탱크 및 용기를 말한다.

② 저장탱크란 액화석유가스를 저장하기 위하여 지상 또는 지하에 고정 설치된 탱크로서 그 저장능력이 3톤 이상인 탱크를 말한다.

③ 용기집합설비란 2개 이상의 용기를 집합하여 액화석유가스를 저장하기 위한 설비를 말한다.

④ 충전용기란 액화석유가스 충전질량의 90% 이상이 충전되어 있는 상태의 용기를 말한다.

02 다음 중 방호벽을 설치하지 않아도 되는 곳은?

① 아세틸렌가스 압축기와 충전장소 사이

② 판매소의 용기 보관실

③ 고압가스 저장설비와 사업소 안 보호시설과의 사이

④ 아세틸렌가스 발생장치와 해당가스 충전용기 보관장소의 사이

03 공기와 혼합된 가스의 압력이 높아지면 폭발범위가 좁아지는 가스는?

① 메탄

② 프로판

③ 일산화탄소

④ 아세틸렌

04 천연가스 지하매설 배관의 퍼지용으로 주로 사용되는 가스는?

① N_2

② Cl_2

③ H_2

④ O_2

05 산소압축기의 내부 윤활유제로 주로 사용되는 것은?

① 석유

② 물

③ 유지

④ 황산

06 지하에 매설된 도시가스 배관의 전기방식 기준으로 틀린 것은?

① 전기방식전류가 흐르는 상태에서 토양 중에 있는 배관 등의 방식전위 상한값은 포화황산동 기준전극으로 -0.85V 이하일 것

② 전기방식전류가 흐르는 상태에서 자연전위와의 전위변화가 최소한 -300mV 이하일 것

③ 배관에 대한 전위측정은 가능한 배관 가까운 위치에서 실시할 것

④ 전기방식시설의 관대지전위 등을 2년에 1회 이상 점검할 것

07 충전용기 등을 적재한 차량의 운반 개시 전 용기 적재상태의 점검내용이 아닌 것은?

① 차량의 적재중량 확인
② 용기 고정상태 확인
③ 용기 보호캡의 부착유무 확인
④ 운반계획서 확인

08 도시가스 사용시설에서 안전을 확보하기 위하여 최고사용압력의 1.1배 또는 얼마의 압력 중 높은 압력으로 실시하는 기밀시험에 이상이 없어야 하는가?

① 5.4kPa
② 6.4kPa
③ 7.4kPa
④ 8.4kPa

09 다음 각 폭발의 종류와 그 관계로서 맞지 않는 것은?

① 화학폭발 : 화약의 폭발
② 압력폭발 : 보일러의 폭발
③ 촉매폭발 : C_2H_2의 폭발
④ 중합폭발 : HCN의 폭발

10 일반도시가스사업자가 설치하는 가스공급시설 중 정압기의 설치에 대한 설명으로 틀린 것은?

① 건축물 내부에 설치된 도시가스사업자의 정압기로서 가스누출경보기와 연동하여 작동하는 기계환기설비를 설치하고 1일 1회 이상 안전점검을 실시하는 경우에는 건축물의 내부에 설치할 수 있다.

② 정압기에 설치되는 가스방출관의 방출구는 주위에 불 등이 없는 안전한 위치로서 지면으로부터 3m 이상의 높이에 설치하여야 하며, 전기시설물과의 접촉 등으로 사고의 우려가 있는 장소에서는 5m 이상의 높이로 설치한다.

③ 정압기에 설치하는 가스차단장치는 정압기의 입구 및 출구에 설치한다.

④ 정압기는 2년에 1회 이상 분해점검을 실시하고 필터는 가스공급 개시 후 1월 이내 및 가스공급 개시 후 매년 1회 이상 분해점검을 실시한다.

11 아세틸렌(C_2H_2)에 대한 설명으로 틀린 것은?

① 폭발범위는 수소보다 넓다.
② 공기보다 무겁고 황색의 가스이다.
③ 공기와 혼합되지 않아도 폭발할 수 있다.
④ 구리, 은, 수은 및 그 합금과 폭발성 화합물을 만든다.

12 고압가스 충전용기는 항상 몇 [℃] 이하의 온도를 유지하여야 하는가?

① 10℃
② 30℃
③ 40℃
④ 50℃

13 용기에 의한 고압가스 운반기준으로 틀린 것은?

① 3000kg의 액화 조연성가스를 차량에 적재하여 운반할 때에는 운반책임자가 동승하여야 한다.
② 허용농도가 500ppm인 액화 독성가스 1000kg을 차량에 적재하여 운반할 때에는 운반책임자가 동승하여야 한다.
③ 충전용기와 위험물안전관리법에서 정하는 위험물과는 동일차량에 적재하여 운반할 수 없다.
④ 300m³의 압축 가연성가스를 차량에 적재하여 운반할 때에는 운전자가 운반책임자의 자격을 가진 경우에는 자격이 없는 사람을 동승시킬 수 있다.

14 공기 중으로 누출 시 냄새로 쉽게 알 수 있는 가스로만 나열된 것은?

① Cl_2, NH_3
② CO, Ar
③ C_2H_2, CO
④ O_2, Cl_2

15 신규검사 후 20년이 경과한 용접용기(액화석유가스용 용기는 제외한다)의 재검사 주기는?

① 3년마다
② 2년마다
③ 1년마다
④ 6개월마다

16 액화석유가스 저장탱크 벽면의 국부적인 온도상승에 따른 저장탱크의 파열을 방지하기 위하여 저장탱크 내벽에 설치하는 폭발방지장치의 재료로 맞는 것은?

① 다공성 철판
② 다공성 알루미늄판
③ 다공성 아연판
④ 오스테나이트계 스테인리스판

17 최대 지름 6m인 가연성가스 저장탱크 2 개가 서로 유지하여야 할 최소 거리는?

① 0.6m

② 1m

③ 2m

④ 3m

18 다음 중 연소의 형태가 아닌 것은?

① 분해연소

② 확산연소

③ 증발연소

④ 물리연소

19 고압가스 일반제조시설 중 에어졸의 제조 기준에 대한 설명으로 틀린 것은?

① 에어졸의 분사제는 독성가스를 사용 하지 아니 한다.

② 35℃에서 그 용기의 내압은 0.8MPa 이하로 한다.

③ 에어졸 제조설비는 화기 또는 인화성 물질과 5m 이상의 우회거리를 유지 한다.

④ 내용적이 30cm³ 이상인 용기는 에어 졸의 제조에 재사용하지 않는다.

20 가스누출 검지경보장치의 설치에 대한 설 명으로 틀린 것은?

① 통풍이 잘 되는 곳에 설치한다.

② 가스의 누출을 신속하게 검지하고 경 보하기에 충분한 개수 이상을 설치한 다.

③ 장치의 기능은 가스의 종류에 적절한 것으로 한다.

④ 가스가 체류할 우려가 있는 장소에 적 절하게 설치한다.

21 가스용기의 취급 및 주의사항에 대한 설명 으로 틀린 것은?

① 충전 시 용기는 용기 재검사기간이 지 나지 않았는지 확인한다.

② LPG 용기나 밸브를 가열할 때는 뜨거 운 물(40℃ 이상)을 사용한다.

③ 충전한 후에는 용기 밸브의 누출여부 를 확인한다.

④ 용기 내에 잔류물이 있을 때는 잔류물 을 제거하고 충전한다.

22 용기 신규검사에 합격된 용기 부속품 기호 중 압축가스를 충전하는 용기 부속품의 기 호는?

① AG

② PG

③ LG

④ LT

23 일반 액화석유가스 압력 조정기에 표시하는 사항이 아닌 것은?

① 제조자명이나 그 약호
② 제조번호나 로트번호
③ 입구압력(기호 : P, 단위 : MPa)
④ 검사 연월일

24 다음 중 산화에틸렌 취급 시 주로 사용되는 제독제는?

① 가성소다수용액
② 탄산소다수용액
③ 소석회수용액
④ 물

25 고압가스 설비에 설치하는 압력계의 최고 눈금에 대한 측정범위의 기준으로 옳은 것은?

① 상용압력의 1.0배 이상 1.2배 이하
② 상용압력의 1.2배 이상 1.5배 이하
③ 상용압력의 1.5배 이상 2.0배 이하
④ 상용압력의 2.0배 이상 3.0배 이하

26 0종 장소는 원칙적으로 어떤 방폭구조의 것으로 하여야 하는가?

① 내압방폭구조
② 본질안전방폭구조
③ 특수방폭구조
④ 안전증방폭구조

27 도시가스 사용시설에서 PE 배관은 온도가 몇 [℃] 이상이 되는 장소에 설치하지 아니하는가?

① 25℃
② 30℃
③ 40℃
④ 60℃

28 충전용 주관의 압력계는 정기적으로 표준 압력계로 그 기능을 검사하여야 한다. 다음 중 검사의 기준으로 옳은 것은?

① 매월 1회 이상
② 3개월에 1회 이상
③ 6개월에 1회 이상
④ 1년에 1회 이상

29 방류둑의 내측 및 그 외면으로부터 몇 [m] 이내에 그 저장탱크의 부속설비 외의 것을 설치하지 못하도록 되어 있는가?

① 3m
② 5m
③ 8m
④ 10m

30 가스의 성질로 옳은 것은?

① 일산화탄소는 가연성이다.
② 산소는 조연성이다.
③ 질소는 가연성과 조연성이다.
④ 아르곤은 공기 중에 함유되어 있는 가스로서 가연성이다.

31 부취제를 외기로 분출하거나 부취설비로부터 부취제가 흘러나오는 경우 냄새를 감소시키는 방법으로 틀린 것은?

① 연소법
② 수동조절
③ 화학적 산화처리
④ 활성탄에 의한 흡착

32 고압가스 매설배관에 실시하는 전기방식 중 외부전원법의 장점이 아닌 것은?

① 과방식의 염려가 없다.
② 전압·전류의 조정이 용이하다.
③ 전식에 대해서도 방식이 가능하다.
④ 전극의 소모가 적어서 관리가 용이하다.

33 압력 배관용 탄소강관의 사용압력범위로 가장 적당한 것은?

① 1~2MPa
② 1~10MPa
③ 10~20MPa
④ 10~50MPa

34 정압기(Governor)의 기능을 모두 옳게 나열한 것은?

① 감압기능
② 정압기능
③ 감압기능, 정압기능
④ 감압기능, 정압기능, 폐쇄기능

35 고압식 액화분리장치의 작동 개요에 대한 설명이 아닌 것은?

① 원료공기는 여과기를 통하여 압축기로 흡입하여 약 150~200kg/cm²로 압축시킨다.
② 압축기를 빠져나온 원료공기는 열교환기에서 약간 냉각되고 건조기에서 수분이 제거된다.
③ 압축공기는 수세정탑을 거쳐 축냉기로 송입되어 원료공기와 분순 질소류가 서로 교환된다.
④ 액체공기는 상부 정류탑에서 약 0.5 atm 정도의 압력으로 정류된다.

36 정압기의 분해점검 및 고장에 대비하여 예비정압기를 설치하여야 한다. 다음 중 예비정압기를 설치하지 않아도 되는 경우는 어느 것인가?

① 캐비닛형 구조의 정압기실에 설치된 경우
② 바이패스관이 설치되어 있는 경우
③ 단독 사용자에게 가스를 공급하는 경우
④ 공동 사용자에게 가스를 공급하는 경우

37 부유 피스톤형 압력계에서 실린더 지름이 0.02m, 추와 피스톤의 무게가 20000g일 때 이 압력계에 접속된 부르동관의 압력계 눈금이 7kg/cm²를 나타내었다. 이 부르동관 압력계의 오차는 약 몇 [%]인가?

① 5%
② 10%
③ 15%
④ 20%

38 저비점(低沸点) 액체용 펌프의 사용상 주의사항으로 틀린 것은?

① 밸브와 펌프 사이에 기화가스를 방출할 수 있는 안전밸브를 설치한다.

② 펌프의 흡입·토출관에는 신축 조인트를 장치한다.

③ 펌프는 가급적 저장용기(貯槽)로부터 멀리 설치한다.

④ 운전 개시 전에는 펌프를 청정(淸淨)하여 건조한 다음 충분히 예냉(豫冷)한다.

39 금속재료의 저온에서의 성질에 대한 설명으로 가장 거리가 먼 것은?

① 강은 암모니아 냉동기용 재료로서 적당하다.

② 탄소강은 저온도가 될수록 인장강도가 감소한다.

③ 구리는 액화분리장치용 금속재료로서 적당하다.

④ 18-8 스테인리스강은 우수한 저온장치용 재료이다.

40 사용압력 15MPa, 배관내경 15mm, 재료의 인장강도 480N/mm², 관내면 부식여유 1mm, 안전율 4, 외경과 내경의 비가 1.2 미만인 경우 배관의 두께는?

① 2mm

② 3mm

③ 4mm

④ 5mm

41 수소불꽃을 이용하여 탄화수소의 누출을 검지할 수 있는 가스누출 검출기는?

① FID

② OMD

③ 접촉연소식

④ 반도체식

42 압축기에 사용하는 윤활유 선택 시 주의사항으로 틀린 것은?

① 인화점이 높을 것

② 잔류탄소의 양이 적을 것

③ 점도가 적당하고 황유화성이 적을 것

④ 사용가스와의 화학반응을 일으키지 않을 것

43 공기에 의한 전열이 어느 압력까지 내려가면 급히 압력에 비례하여 적어지는 성질을 이용하는 저온장치에 사용되는 진공단열법은?

① 고진공단열법

② 분말진공단열법

③ 다층진공단열법

④ 자연진공단열법

44 1단 감압식 저압조정기의 성능에서 조정기의 최대 폐쇄압력은?

① 2.5kPa 이하

② 3.5kPa 이하

③ 4.5kPa 이하

④ 5.5kPa 이하

45 백금-백금 로듐 열전대 온도계의 온도측정 범위로 옳은 것은?

① -180~350℃

② -20~800℃

③ 0~1700℃

④ 300~2000℃

46 비열에 대한 설명 중 틀린 것은?

① 단위는 kcal/kg·℃이다.

② 비열비는 항상 1보다 크다.

③ 정적비열은 정압비열보다 크다.

④ 물의 비열은 얼음의 비열보다 크다.

47 다음 화합물 중 탄소의 함유율이 가장 많은 것은?

① CO_2

② CH_4

③ C_2H_4

④ CO

48 수소(H_2)에 대한 설명으로 옳은 것은?

① 3중 수소는 방사능을 갖는다.

② 밀도가 크다.

③ 금속재료로 취화시키지 않는다.

④ 열전달률이 아주 작다.

49 샤를의 법칙에서 기체의 압력이 일정할 때 모든 기체의 부피는 온도가 1℃ 상승함에 따라 0℃ 때의 부피보다 어떻게 되는가?

① 22.4배씩 증가한다.

② 22.4배씩 감소한다.

③ $\dfrac{1}{273}$ 씩 증가한다.

④ $\dfrac{1}{273}$ 씩 감소한다.

50 다음 중 가장 높은 온도는?

① -35℃

② -45℉

③ 213K

④ 450°R

51 일산화탄소와 염소가 반응하였을 때 주로 생성되는 것은?

① 포스겐

② 카르보닐

③ 포스핀

④ 사염화탄소

52 현열에 대한 가장 적절한 설명은?

① 물질이 상태변화 없이 온도가 변할 때 필요한 열이다.

② 물질이 온도변화 없이 상태가 변할 때 필요한 열이다.

③ 물질이 상태, 온도 모두 변할 때 필요한 열이다.

④ 물질이 온도변화 없이 압력이 변할 때 필요한 열이다.

53 다음 [보기]에서 압력이 높은 순서대로 나열된 것은?

```
[보기]
㉠ 100atm
㉡ 2kg/mm²
㉢ 15m 수은주
```

① ㉠ 〉 ㉡ 〉 ㉢

② ㉡ 〉 ㉢ 〉 ㉠

③ ㉢ 〉 ㉠ 〉 ㉡

④ ㉡ 〉 ㉠ 〉 ㉢

54 산소에 대한 설명으로 옳은 것은?

① 안전밸브는 파열판식을 주로 사용한다.

② 용기는 탄소강으로 된 용접용기이다.

③ 의료용 용기는 녹색으로 도색한다.

④ 압축기 내부 윤활유는 양질의 광유를 사용한다.

55 다음 가스 중 가장 무거운 것은?

① 메탄

② 프로판

③ 암모니아

④ 헬륨

56 대기압 하에서 0℃ 기체의 부피가 500mL였다. 이 기체의 부피가 2배로 될 때의 온도는 몇 [℃]인가? (단, 압력은 일정하다.)

① -100℃

② 32℃

③ 273℃

④ 500℃

57 다음 [보기]에서 설명하는 열역학법칙은 무엇인가?

```
[보기]
어떤 물체의 외부에서 일정량의 열을 가하면 물체는 이 열량의 일부분을 소비하여 외부에 대하여 일을 하고 남은 부분은 전부 내부에너지로 내부에 저장되고, 그 사이에 소비된 열은 발생되는 일과 같다.
```

① 열역학 제0법칙

② 열역학 제1법칙

③ 열역학 제2법칙

④ 열역학 제3법칙

58 다음 중 불연성가스는?

① CO_2

② C_3H_6

③ C_2H_2

④ C_2H_4

59 에틸렌(C_2H_4)이 수소와 반응할 때 일으키는 반응은?

① 환원반응

② 분해반응

③ 제거반응

④ 첨가반응

60 황화수소의 주된 용도는?

① 도료

② 냉매

③ 형광물질 원료

④ 합성고무

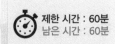
01 압축 또는 액화 그 밖의 방법으로 처리할 수 있는 가스의 용적이 1일 100m³ 이상인 사업소는 압력계를 몇 개 이상 비치하도록 되어 있는가?

① 1개
② 2개
③ 3개
④ 4개

02 고압가스의 충전용기는 항상 몇 ℃ 이하의 온도를 유지하여야 하는가?

① 15℃
② 20℃
③ 30℃
④ 40℃

03 암모니아 200kg을 내용적 50L 용기에 충전할 경우 필요한 용기의 개수는? (단, 충전 정수를 1.86으로 한다.)

① 4개
② 6개
③ 8개
④ 12개

04 가스도매사업자 가스공급시설의 시설기준 및 기술기준에 의한 배관의 해저 설치의 기준에 대한 설명으로 틀린 것은?

① 배관은 원칙적으로 다른 배관과 교차하지 아니한다.
② 두 개 이상의 배관을 동시에 설치하는 경우에는 배관이 서로 접촉하지 아니하도록 필요한 조치를 한다.
③ 배관이 부양하거나 이동할 우려가 있는 경우에는 이를 방지하기 위한 조치를 한다.
④ 배관은 원칙적으로 다른 배관과 20m 이상의 수평거리를 유지한다.

05 도시가스 제조시설의 플레어스택 기준에 적합하지 않은 것은?

① 스택에서 방출된 가스가 지상에서 폭발한계에 도달하지 아니하도록 할 것
② 연소능력은 긴급이송설비로 이송되는 가스를 안전하게 연소시킬 수 있을 것
③ 스택에서 발생하는 최대열량에 장시간 견딜 수 있는 재료 및 구조로 되어 있을 것
④ 폭발을 방지하기 위한 조치가 되어 있을 것

06 초저온 용기에 대한 정의로 옳은 것은?

① 임계온도가 50℃ 이하인 액화가스를 충전하기 위한 용기

② 강판과 동판으로 제조된 용기

③ −50℃ 이하인 액화가스를 충전하기 위한 용기로서 용기 내의 가스온도가 상용의 온도를 초과하지 않도록 한 용기

④ 단열재로 피복하여 용기 내의 가스온도가 상용의 온도를 초과하도록 조치된 용기

07 독성가스의 제독제로 물을 사용하는 가스는?

① 염소

② 포스겐

③ 황화수소

④ 산화에틸렌

08 특정설비 중 압력용기의 재검사 주기는?

① 3년마다

② 4년마다

③ 5년마다

④ 10년마다

09 아세틸렌 제조설비의 방호벽 설치기준으로 틀린 것은?

① 압축기와 충전용주관밸브 조작밸브 사이

② 압축기와 가스충전용기 보관장소 사이

③ 충전장소와 가스충전용기 보관장소 사이

④ 충전장소와 충전용주관밸브 조작밸브 사이

10 용기 파열사고의 원인으로 가장 거리가 먼 것은?

① 용기의 내압력 부족

② 용기 내 규정압력의 초과

③ 용기 내에서 폭발성 혼합가스에 의한 발화

④ 안전밸브의 작동

11 액화산소 저장탱크 저장능력이 1000m^3일 때 방류둑의 용량은 얼마 이상으로 설치하여야 하는가?

① 400m^3

② 500m^3

③ 600m^3

④ 1000m^3

12 당해 설비 내의 압력이 상용압력을 초과할 경우 즉시 상용압력 이하로 되돌릴 수 있는 안전장치의 종류에 해당하지 않는 것은?

① 안전밸브
② 감압밸브
③ 바이패스밸브
④ 파열판

13 제조·공급소 밖 일반도시가스 배관을 지하에 매설하는 경우에는 표지판을 설치해야 하는데 몇 [m]간격으로 1개 이상을 설치하는가?

① 100m
② 200m
③ 500m
④ 1000m

14 도시가스 보일러 중 전용 보일러실에 반드시 설치하여야 하는 것은?

① 밀폐식 보일러
② 옥외에 설치하는 가스보일러
③ 반밀폐형 자연 배기식 보일러
④ 전용급기통을 부착시키는 구조로 검사에 합격한 강제배기식 보일러

15 다음 중 산소압축기의 내부 윤활제로 적당한 것은?

① 광유
② 유지류
③ 물
④ 황산

16 고압가스 용기 제조의 시설기준에 대한 설명으로 옳은 것은?

① 용접용기 동판의 최대두께와 최소두께와의 차이는 평균두께의 5% 이하로 한다.
② 초저온 용기는 고압배관용 탄소강관으로 제조한다.
③ 아세틸렌용기에 충전하는 다공질물은 다공도가 72% 이상 95% 미만으로 한다.
④ 용접용기에는 그 용기의 부속품을 보호하기 위하여 프로텍터 또는 캡을 고정식 또는 체인식으로 부착한다.

17 도시가스사용시설의 배관 이음부와 전기점멸기, 전기접속기와는 몇 cm 이상의 거리를 유지해야 하는가?

① 10cm
② 15cm
③ 30cm
④ 40cm

18 용기 종류별 부속품의 기호 표시로서 틀린 것은?

① AG : 아세틸렌가스를 충전하는 용기의 부속품
② PG : 압축가스를 충전하는 용기의 부속품
③ LG : 액화석유가스를 충전하는 용기의 부속품
④ LT : 초저온 용기 및 저온 용기의 부속품

19 독성가스 제독작업에 필요한 보호구의 보관에 대한 설명으로 틀린 것은?

① 독성가스가 누출할 우려가 있는 장소에 가까우면서 관리하기 쉬운 장소에 보관한다.
② 긴급 시 독성가스에 접하고 반출할 수 있는 장소에 보관한다.
③ 정화통 등의 소모품은 정기적 또는 사용 후에 점검하여 교환 및 보충한다.
④ 항상 청결하고 그 기능이 양호한 장소에 보관한다.

20 일반 공업용 용기의 도색 기준으로 틀린 것은?

① 액화염소 – 갈색
② 액화암모니아 – 백색
③ 아세틸렌 – 황색
④ 수소 – 회색

21 액화석유가스의 안전관리 및 사업법에 규정된 용어의 정의에 대한 설명으로 틀린 것은?

① 저장설비라 함은 액화석유가스를 저장하기 위한 설비로서 저장탱크, 마운드형 저장탱크, 소형 저장탱크 및 용기를 말한다.
② 자동차에 고정된 탱크라 함은 액화석유가스의 수송, 운반을 위하여 자동차에 고정 설치된 탱크를 말한다.
③ 소형 저장탱크라 함은 액화석유가스를 저장하기 위하여 지상 또는 지하에 고정 설치된 탱크로서 그 저장능력이 3톤 미만인 탱크를 말한다.
④ 가스설비라 함은 저장설비 외의 설비로서 액화석유가스가 통하는 설비(배관을 포함한다)와 그 부속설비를 말한다.

22 1%에 해당하는 ppm의 값은?

① 10^2ppm
② 10^3ppm
③ 10^4ppm
④ 10^5ppm

23 가스배관의 시공 신뢰성을 높이는 일환으로 실시하는 비파괴검사 방법 중 내부선원법, 이중벽 이중상법 등을 이용하는 방법은?

① 초음파탐상시험
② 자분탐상시험
③ 방사선투과시험
④ 침투탐상방법

24 차량에 고정된 저장탱크로 염소를 운반할 때 용기의 내용적(L)은 얼마 이하가 되어야 하는가?

① 10000L
② 12000L
③ 15000L
④ 18000L

25 일산화탄소와 공기의 혼합가스는 압력이 높아지면 폭발범위는 어떻게 되는가?

① 변함없다.
② 좁아진다.
③ 넓어진다.
④ 일정치 않다.

26 도시가스 배관을 폭 8m 이상의 도로에서 지하에 매설 시 지표면으로부터 배관의 외면까지의 매설깊이의 기준은?

① 0.6m 이상
② 1.0m 이상
③ 1.2m 이상
④ 1.5m 이상

27 도시가스시설의 설치공사 또는 변경공사를 하는 때에 이루어지는 주요공정 시공감리 대상은?

① 도시가스사업자 외의 가스공급시설 설치자의 배관 설치공사
② 가스도매사업자의 가스공급시설 설치공사
③ 일반도시가스 사업자의 정압기 설치공사
④ 일반도시가스 사업자의 제조소 설치공사

28 고압가스 공급자의 안전점검 항목이 아닌 것은?

① 충전 용기의 설치 위치
② 충전 용기의 운반 방법 및 상태
③ 충전 용기와 화기와의 거리
④ 독성가스의 경우 흡수장치, 제해장치 및 보호구 등에 대한 적합여부

29 액화석유가스 판매업소의 충전용기 보관실에 강제통풍장치 설치 시 통풍능력의 기준은?

① 바닥면적 1m²당 0.5m³/분 이상
② 바닥면적 1m²당 1.0m³/분 이상
③ 바닥면적 1m²당 1.5m³/분 이상
④ 바닥면적 1m²당 2.0m³/분 이상

30 다음 중 동일차량에 적재하여 운반할 수 없는 경우는?

① 산소와 질소
② 질소와 탄산가스
③ 탄산가스와 아세틸렌
④ 염소와 아세틸렌

31 액화가스의 이송 펌프에서 발생하는 캐비테이션 현상을 방지하기 위한 대책으로서 틀린 것은?

① 흡입 배관을 크게 한다.
② 펌프의 회전수를 크게 한다.
③ 펌프의 설치위치를 낮게 한다.
④ 펌프의 흡입구 부근을 냉각한다.

32 다음 중 대표적인 차압식 유량계는?

① 오리피스미터
② 로터미터
③ 마노미터
④ 습식가스미터

33 공기액화분리기 내의 CO_2를 제거하기 위해 NaOH 수용액을 사용한다. 1.0kg의 CO_2를 제거하기 위해서는 약 몇 kg의 NaOH를 가해야 하는가?

① 0.9kg
② 1.8kg
③ 3.0kg
④ 3.8kg

34 다음 왕복동 압축기 용량 조정 방법 중 단계적으로 조절하는 방법에 해당되는 것은?

① 회전수를 변경하는 방법
② 흡입 주밸브를 폐쇄하는 방법
③ 타임드 밸브 제어에 의한 방법
④ 클리어런스 밸브에 의해 용적 효율을 낮추는 방법

35 LP 가스에 공기를 희석시키는 목적이 아닌 것은?

① 발열량 조절
② 연소효율 증대
③ 누설 시 손실 감소
④ 재액화 촉진

36 다음 중 정압기의 부속설비가 아닌 것은?

① 불순물 제거장치

② 이상압력상승 방지장치

③ 검사용 맨홀

④ 압력기록장치

37 금속재료 중 저온 재료로 적당하지 않은 것은?

① 탄소강

② 황동

③ 9% 니켈강

④ 18-8 스테인리스강

38 터보압축기에서 주로 발생할 수 있는 현상은?

① 수격작용(water hammer)

② 베이퍼록(vapor lock)

③ 서징(surging)

④ 캐비테이션(cavitation)

39 파이프 커터로 강관을 절단하면 거스러미(burr)가 생긴다. 이것을 제거하는 공구는?

① 파이프 벤더

② 파이프 렌치

③ 파이프 바이스

④ 파이프 리머

40 고속회전하는 임펠러의 원심력에 의해 속도에너지를 압력에너지로 바꾸어 압축하는 형식으로서 유량이 크고 설치면적이 적게 차지하는 압축기의 종류는?

① 왕복식

② 터보식

③ 회전식

④ 흡수식

41 가스홀더의 압력을 이용하여 가스를 공급하며 가스 제조공장과 공급 지역이 가깝거나 공급 면적이 좁을 때 적당한 가스공급방법은?

① 저압공급방식

② 중앙공급방식

③ 고압공급방식

④ 초고압공급방식

42 가스 종류에 따른 용기의 재질로서 부적합한 것은?

① LPG : 탄소강

② 암모니아 : 동

③ 수소 : 크롬강

④ 염소 : 탄소강

43 오르자트법으로 시료가스를 분석할 때의 성분 분석 순서로서 옳은 것은?

① $CO_2 \to O_2 \to CO$

② $CO \to CO_2 \to O_2$

③ $O_2 \to CO \to CO_2$

④ $O_2 \to CO_2 \to CO$

44 수소염이온화식(FID) 가스 검출기에 대한 설명으로 틀린 것은?

① 감도가 우수하다.

② CO_2, NO_2는 검출할 수 없다.

③ 연소하는 동안 시료가 파괴된다.

④ 무기화합물의 가스검지에 적합하다.

45 다음 [보기]와 관련있는 분석 방법은?

```
[보기]
• 쌍극자모멘트의 알짜변화
• 진동 짝지움
• Nernst 백열등
• Fourier 변환분광계
```

① 질량분석법

② 흡광광도법

③ 적외선 분광분석법

④ 킬레이트 적정법

46 표준상태에서 1000L의 체적을 갖는 가스 상태의 부탄은 약 몇 kg인가?

① 2.6kg

② 3.1kg

③ 5.0kg

④ 6.1kg

47 다음 중 일반 기체상수(R)의 단위는?

① kg·m/kmol·K

② kg·m/kcal·K

③ kg·m/m³·K

④ kcal/kg·℃

48 열역학 제1법칙에 대한 설명이 아닌 것은?

① 에너지 보존의 법칙이라고 한다.

② 열은 항상 고온에서 저온으로 흐른다.

③ 열과 일은 일정한 관계로 상호교환된다.

④ 제1종 영구기관이 영구적으로 일하는 것은 불가능하다는 것을 알려준다.

49 표준상태의 가스 1m³를 완전연소시키기 위하여 필요한 최소한의 공기를 이론공기량이라고 한다. 다음 중 이론공기량으로 적합한 것은? (단, 공기 중에 산소는 21% 존재한다.)

① 메탄 : 9.5배

② 메탄 : 12.5배

③ 프로판 : 15배

④ 프로판 : 30배

50 다음 중 액화가 가장 어려운 가스는?

① H_2

② He

③ N_2

④ CH_4

51 다음 중 아세틸렌의 발생 방식이 아닌 것은?

① 주수식 : 카바이드에 물을 넣는 방법

② 투입식 : 물에 카바이드를 넣는 방법

③ 접촉식 : 물과 카바이드를 소량씩 접촉시키는 방법

④ 가열식 : 카바이드를 가열하는 방법

52 이상기체의 등온과정에서 압력이 증가하면 엔탈피(H)는?

① 증가한다.

② 감소한다.

③ 일정하다.

④ 증가하다가 감소한다.

53 1kw의 열량을 환산한 것으로 옳은 것은?

① 536kcal/h

② 632kcal/h

③ 720kcal/h

④ 860kcal/h

54 섭씨온도와 화씨온도가 같은 경우는?

① −40℃

② 32°F

③ 273℃

④ 45°F

55 다음 중 1기압(1atm)과 같지 않은 것은?

① 760mmHg

② 0.9807bar

③ $10.332mH_2O$

④ 101.3kPa

56 어떤 기구가 1atm, 30℃에서 10000L의 헬륨으로 채워져 있다. 이 기구가 압력이 0.6atm이고 온도가 −20℃인 고도까지 올라갔을 때 부피는 약 몇 L가 되는가?

① 10000L

② 12000L

③ 14000L

④ 16000L

57 다음 중 절대온도의 단위는?

① K

② °R

③ °F

④ ℃

58 이상기체를 정적하에서 가열하면 압력과 온도의 변화는?

① 압력 증가, 온도 일정
② 압력 일정, 온도 일정
③ 압력 증가, 온도 상승
④ 압력 일정, 온도 상승

59 산소의 물리적인 성질에 대한 설명으로 틀린 것은?

① 산소는 약 $-183℃$에서 액화한다.
② 액체 산소는 청색으로 비중이 약 1.13이다.
③ 무색, 무취의 기체이며 물에는 약간 녹는다.
④ 강력한 조연성가스이므로 자신이 연소한다.

60 도시가스의 주원료인 메탄(CH_4)의 비점은 약 얼마인가?

① $-50℃$
② $-82℃$
③ $-120℃$
④ $-162℃$

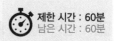
01 다음 중 플레어스택에 대한 설명으로 틀린 것은?

① 플레어스택에서 발생하는 복사열이 다른 제조시설에 나쁜 영향을 미치지 아니하도록 안전한 높이 및 위치에 설치한다.

② 플레어스택에서 발생하는 최대열량에 장시간 견딜 수 있는 재료 및 구조로 되어 있는 것으로 한다.

③ 파일럿버너를 항상 점화하여 두는 등 플레어스택에 관련된 폭발을 방지하기 위한 조치가 되어 있는 것으로 한다.

④ 특수반응설비 또는 이와 유사한 고압가스설비에는 그 특수반응설비 또는 고압가스설비마다 설치한다.

02 초저온 용기의 단열성능 시험에 있어 침입열량 산식은 다음과 같이 구해진다. 여기서 "q"가 의미하는 것은?

$$Q = \frac{W \cdot q}{H \cdot \Delta t \cdot V}$$

① 침입열량

② 측정시간

③ 기화된 가스량

④ 시험용 가스의 기화잠열

03 고압가스용 저장탱크 및 압력용기 제조시설에 대하여 실시하는 내압검사에서 압력용기 등의 재질이 주철인 경우 내압시험압력의 기준은?

① 설계압력의 1.2배의 압력

② 설계압력의 1.5배의 압력

③ 설계압력의 2배의 압력

④ 설계압력의 3배의 압력

04 가스도매사업시설에서 배관 지하매설의 설치기준으로 옳은 것은?

① 산과 들 이외의 지역에서 배관의 매설 깊이는 1.5m 이상

② 산과 들에서의 배관의 매설깊이는 1m 이상

③ 배관은 그 외면으로부터 수평거리로 건축물까지 1.2m 이상 거리 유지

④ 배관은 그 외면으로부터 지하의 다른 시설물과 1.2m 이상 거리 유지

05 일반도시가스의 배관을 철도부지 밑에 매설할 경우 배관의 외면과 지표면과의 거리는 몇 m 이상으로 하여야 하는가?

① 1.0m

② 1.2m

③ 1.3m

④ 1.5m

06 도시가스 배관의 매설심도를 확보할 수 없거나 타 시설물과 이격거리를 유지하지 못하는 경우 등에는 보호판을 설치한다. 압력이 중압 배관일 경우 보호판의 두께 기준은 얼마인가?

① 3mm

② 4mm

③ 5mm

④ 6mm

07 자연발화의 열의 발생속도에 대한 설명으로 틀린 것은?

① 발열량이 큰 쪽이 일어나기 쉽다.

② 표면적이 적을수록 일어나기 쉽다.

③ 초기온도가 높은 쪽이 일어나기 쉽다.

④ 촉매물질이 존재하면 반응속도가 빨라진다.

08 가연성가스의 지상 저장탱크의 경우 외부에 바르는 도료의 색깔은 무엇인가?

① 청색

② 녹색

③ 은·백색

④ 검정색

09 산화에틸렌 충전용기에는 질소 또는 탄산가스를 충전하는데 그 내부 가스압력의 기준으로 옳은 것은?

① 상온에서 0.2MPa 이상

② 35℃에서 0.2MPa 이상

③ 40℃에서 0.4MPa 이상

④ 45℃에서 0.4MPa 이상

10 보일러 중독사고의 주원인이 되는 가스는?

① 이산화탄소

② 일산화탄소

③ 질소

④ 염소

11 인화온도가 약 −30℃이고 발화온도가 매우 낮아 전구 표면이나 증기 파이프 등의 열에 의해 발화할 수 있는 가스는?

① CS_2

② C_2H_2

③ C_2H_4

④ C_3H_8

12 발열량이 9500kcal/m³이고, 가스비중이 0.65인(공기 1) 가스의 웨버지수는 약 얼마인가?

① 6175

② 9500

③ 11780

④ 14615

13 고압가스 제조허가의 종류가 아닌 것은?

① 고압가스 특수제조

② 고압가스 일반제조

③ 고압가스 충전

④ 냉동제조

14 아세틸렌 용기에 대한 다공물질 충전검사 적합 판정기준은?

① 다공물질은 용기 벽을 따라서 용기 안지름의 1/200 또는 1mm를 초과하는 틈이 없는 것으로 한다.

② 다공물질은 용기 벽을 따라서 용기 안지름의 1/200 또는 3mm를 초과하는 틈이 없는 것으로 한다.

③ 다공물질은 용기 벽을 따라서 용기 안지름의 1/100 또는 5mm를 초과하는 틈이 없는 것으로 한다.

④ 다공물질은 용기 벽을 따라서 용기 안지름의 1/100 또는 10mm를 초과하는 틈이 없는 것으로 한다.

15 비등액체팽창증기폭발(BLEVE)이 일어날 가능성이 가장 낮은 곳은?

① LPG 저장탱크
② LNG 저장탱크
③ 액화가스 탱크로리
④ 천연가스 지구정압기

16 가스누출 자동차단장치의 구성요소에 해당하지 않는 것은?

① 지시부
② 검지부
③ 차단부
④ 제어부

17 다음 가스의 용기보관실 중 그 가스가 누출된 때에 체류하지 않도록 통풍구를 갖추고, 통풍이 잘 되지 않는 곳에는 강제환기 시설을 설치하여야 하는 곳은?

① 질소 저장소
② 탄산가스 저장소
③ 헬륨 저장소
④ 부탄 저장소

18 고압가스안전관리법의 적용을 받는 고압가스의 종류 및 범위로서 틀린 것은?

① 상용의 온도에서 압력이 1MPa 이상이 되는 압축가스

② 섭씨 35도의 온도에서 압력이 0Pa을 초과하는 아세틸렌가스

③ 상용의 온도에서 압력이 0.2MPa 이상이 되는 액화가스

④ 섭씨 35도의 온도에서 압력이 0Pa을 초과하는 액화가스 중 액화시안화수소

19 LP가스 저장탱크 지하에 설치하는 기준에 대한 설명으로 틀린 것은?

① 저장탱크실 상부 윗면으로부터 저장탱크 상부까지의 깊이는 1m 이상으로 한다.

② 저장탱크 주위 빈 공간에는 세립분을 함유하지 않은 것으로서 손으로 만졌을 때 물이 손에서 흘러내리지 않는 상태의 모래를 채운다.

③ 저장탱크를 2개 이상 인접하여 설치하는 경우에는 상호간에 1m 이상의 거리를 유지한다.

④ 저장탱크실은 천장, 벽 및 바닥의 두께가 각각 30cm 이상의 방수조치를 한 철근콘크리트 구조로 한다.

20 다음 중 사용신고를 하여야 하는 특정고압 가스에 해당하지 않는 것은?

① 게르만
② 삼불화질소
③ 사불화규소
④ 오불화붕소

21 LPG 자동차에 고정된 용기충전시설에서 저장탱크의 물분무장치는 최대수량을 몇 분 이상 연속해서 방사할 수 있는 수원에 접속되어 있도록 하여야 하는가?

① 20분
② 30분
③ 40분
④ 60분

22 다음 중 용기의 설계단계 검사항목이 아닌 것은?

① 단열성능
② 내압성능
③ 작동성능
④ 용접부의 기계적 성능

23 액화석유가스가 공기 중에 얼마의 비율로 혼합되었을 때 그 사실을 알 수 있도록 냄새가 나는 물질을 섞어 용기에 충전하여야 하는가?

① $\dfrac{1}{1000}$
② $\dfrac{1}{10000}$
③ $\dfrac{1}{100000}$
④ $\dfrac{1}{1000000}$

24 도시가스 사용시설에서 도시가스 배관의 표시 등에 대한 기준으로 틀린 것은?

① 지하에 매설하는 배관은 그 외부에 사용가스명, 최고사용압력, 가스의 흐름 방향을 표시한다.
② 지상 배관은 부식방지 도장 후 황색으로 도색한다.
③ 지하매설 배관은 최고사용압력이 저압인 배관은 황색으로 한다.
④ 지하매설 배관은 최고사용압력이 중압 이상인 배관은 적색으로 한다.

25 특정고압가스 사용시설에서 용기의 안전 조치 방법으로 틀린 것은?

① 고압가스의 충전용기는 항상 40℃ 이하를 유지하도록 한다.
② 고압가스의 충전용기 밸브는 서서히 개폐한다.
③ 고압가스의 충전용기 밸브 또는 배관을 가열할 때에는 열습포나 40℃ 이하의 더운 물을 사용한다.
④ 고압가스의 충전용기를 사용한 후에는 밸브를 열어 둔다.

26 액화가스를 충전하는 차량에 고정된 탱크는 그 내부에 액면요동을 방지하기 위하여 액면요동 방지조치를 하여야 한다. 다음 중 액면요동 방지조치로 올바른 것은?

① 방파판
② 액면계
③ 온도계
④ 스톱밸브

27 암모니아 충전용기로서 내용적이 1000L 이하인 것은 부식여유 두께의 수치가 (A)mm이고, 염소 충전용기로서 내용적이 1000L를 초과하는 것은 부식여유 두께의 수치가 (B)mm이다. A와 B에 알맞는 부식여유치는?

① A : 1, B : 3
② A : 2, B : 3
③ A : 1, B : 5
④ A : 2, B : 5

28 아르곤(Ar)가스 충전용기의 도색은 어떤 색상으로 하여야 하는가?

① 백색
② 녹색
③ 갈색
④ 회색

29 인체용 에어졸 제품의 용기에 기재하여야 할 사항으로 틀린 것은?

① 불 속에 버리지 말 것
② 가능한 한 인체에서 10cm 이상 떨어져서 사용할 것
③ 온도가 40℃ 이상 되는 장소에 보관하지 말 것
④ 특정부위에 계속하여 장시간 사용하지 말 것

30 지하에 매몰하는 도시가스 배관의 재료로 사용할 수 없는 것은?

① 가스용 폴리에틸렌관
② 압력 배관용 탄소강관
③ 압출식 폴리에틸렌 피복강관
④ 분말용착식 폴리에틸렌 피복강관

31 연소에 필요한 공기를 전부 2차 공기로 취하며 불꽃의 길이가 길고, 온도가 가장 낮은 연소방식은?

① 분젠식
② 세미분젠식
③ 적화식
④ 전1차 공기식

32 압축천연가스 자동차 충전소에 설치하는 압축가스설비의 설계압력이 25MPa인 경우 이 설비에 설치하는 압력계의 지시눈금은?

① 최소 25.0MPa까지 지시할 수 있는 것
② 최소 27.5MPa까지 지시할 수 있는 것
③ 최소 37.5MPa까지 지시할 수 있는 것
④ 최소 50.0MPa까지 지시할 수 있는 것

33 저온, 고압의 액화석유가스 저장탱크가 있다. 이 탱크를 퍼지하여 수리 점검 작업할 때에 대한 설명으로 옳지 않은 것은?

① 공기로 재치환하여 산소농도가 최소 18%인지 확인한다.
② 질소가스로 충분히 퍼지하여 가연성 가스의 농도가 폭발하한계의 1/4 이하가 될 때까지 치환을 계속한다.
③ 단시간에 고온으로 가열하면 탱크가 손상될 우려가 있으므로 국부가열이 되지 않게 한다.
④ 가스는 공기보다 가벼우므로 상부 맨홀을 열어 자연적으로 퍼지가 되도록 한다.

34 공기액화분리장치에는 다음 중 어떤 가스 때문에 가연성 물질을 단열재로 사용할 수 없는가?

① 질소
② 수소
③ 산소
④ 아르곤

35 도시가스 사용시설의 정압기실에 설치된 가스누출 경보기의 점검주기는?

① 1일 1회 이상
② 1주일 1회 이상
③ 2주일 1회 이상
④ 1개월 1회 이상

36 도시가스 공급시설이 아닌 것은?

① 압축기
② 홀더
③ 정압기
④ 용기

37 저압식(Linde-Frankl 식) 공기액화분리장치의 정류탑 하부의 압력은 다음 중 어느 정도인가?

① 1기압
② 5기압
③ 10기압
④ 20기압

38 액주식 압력계에 대한 설명으로 틀린 것은?

① 경사관식은 정도가 좋다.
② 단관식은 차압계로도 사용된다.
③ 링 밸런스식은 저압가스의 압력측정에 적당하다.
④ U자관은 메니스커스의 영향을 받지 않는다.

39 액화산소, LNG 등에 일반적으로 사용될 수 있는 재질이 아닌 것은?

① Al 및 Al합금
② Cu 및 Cu합금
③ 고장력 주철강
④ 18-8 스테인리스강

40 다음 중 암모니아 용기의 재료로 주로 사용되는 것은?

① 동
② 알루미늄합금
③ 동합금
④ 탄소강

41 이동식 부탄연소기의 용기 연결방법에 따른 분류가 아닌 것은?

① 용기이탈식
② 분리식
③ 카세트식
④ 직결식

42 저온장치에서 열의 침입 원인으로 가장 거리가 먼 것은?

① 내면으로부터의 열전도
② 연결배관 등에 의한 열전도
③ 지지요크 등에 의한 열전도
④ 단열재를 넣은 공간에 남은 가스의 분자 열전도

43 고압가스 제조설비에서 정전기의 발생 또는 대전 방지에 대한 설명으로 옳은 것은?

① 가연성가스 제조설비의 탑류, 벤트스택 등은 단독으로 접지한다.
② 제조장치 등에 본딩용 접속선은 단면적이 5.5mm² 미만의 단선을 사용한다.
③ 대전 방지를 위하여 기계 및 장치에 절연재료를 사용한다.
④ 접지 저항치 총합이 100Ω 이하의 경우에는 정전기 제거 조치가 필요하다.

44 저장탱크 내부의 압력이 외부의 압력보다 낮아져 그 탱크가 파괴되는 것을 방지하기 위한 설비와 관계없는 것은?

① 압력계
② 진공안전밸브
③ 압력경보설비
④ 벤트스택

45 LP가스 저압배관 공사를 완료하여 기밀시험을 하기 위해 공기압을 1000mmH2O로 하였다. 이때 관지름 25mm, 길이 30m로 할 경우 배관의 전체 부피는 약 몇 L인가?

① 5.7L
② 12.7L
③ 14.7L
④ 23.7L

46 이상기체의 정압비열(C_P)과 정적비열(C_V)에 대한 설명 중 틀린 것은? (단, K는 비열비이고, R은 이상기체 상수이다.)

① 정적비열과 R의 합은 정압비열이다

② 비열비(K)는 $\dfrac{C_P}{C_V}$ 로 표현된다.

③ 정적비열은 $\dfrac{R}{K-1}$ 로 표현된다.

④ 정압비열은 $\dfrac{K-1}{K}$ 로 표현된다.

47 부탄가스의 주된 용도가 아닌 것은?

① 산화에틸렌 제조
② 자동차 연료
③ 라이터 연료
④ 에어졸 제조

48 LNG의 주성분은?

① 메탄
② 에탄
③ 프로판
④ 부탄

49 부양기구의 수소 대체용으로 사용되는 가스는?

① 아르곤
② 헬륨
③ 질소
④ 공기

50 착화원이 있을 때 가연성 액체나 고체의 표면에 연소하한계 농도의 가연성 혼합기가 형성되는 최저온도는?

① 인화온도
② 임계온도
③ 발화온도
④ 포화온도

51 황화수소에 대한 설명으로 틀린 것은?

① 무색이다.
② 유독하다.
③ 냄새가 없다.
④ 인화성이 아주 강하다.

52 표준상태에서 산소의 밀도(g/L)는?

① 0.7
② 1.43
③ 2.72
④ 2.88

53 다음 중 가장 낮은 압력은?

① 1atm
② 1kg/cm²
③ 10.33mH₂O
④ 1MPa

54 시안화수소를 충전한 용기는 충전 후 얼마를 정치해야 하는가?

① 4시간
② 8시간
③ 16시간
④ 24시간

55 메탄(CH_4)의 공기 중 폭발범위 값에 가장 가까운 것은?

① 5~15.4%
② 3.2~12.5%
③ 2.4~9.5%
④ 1.9~8.4%

56 다음 가스 중 비중이 가장 적은 것은?

① CO
② C_3H_8
③ Cl_2
④ NH_3

57 포스겐의 화학식은?

① $COCl_2$
② $COCl_3$
③ PH_2
④ PH_3

58 표준상태에서 부탄가스의 비중은 약 얼마인가? (단, 부탄의 분자량은 58이다.)

① 1.6
② 1.8
③ 2.0
④ 2.2

59 다음 중 헨리의 법칙에 잘 적용되지 않는 가스는?

① 암모니아
② 수소
③ 산소
④ 이산화탄소

60 아세틸렌(C_2H_2)에 대한 설명 중 틀린 것은?

① 공기보다 무거워 낮은 곳에 체류한다.
② 카바이드(CaC_2)에 물을 넣어 제조한다.
③ 공기 중 폭발범위는 약 2.5~81%이다.
④ 흡열화합물이므로 압축하면 폭발을 일으킬 수 있다.

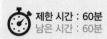
01 고압가스 제조설비에서 기밀시험용으로 사용할 수 없는 것은?

① 산소

② 질소

③ 공기

④ 탄산가스

02 액화석유가스 자동차에 고정된 용기 충전시설에 설치하는 긴급차단장치에 접속하는 배관에 대하여 어떠한 조치를 하도록 되어 있는가?

① 워터해머가 발생하지 않도록 조치

② 긴급차단에 따른 정전기 등이 발생하지 않도록 하는 조치

③ 체크밸브를 설치하여 과량 공급이 되지 않도록 조치

④ 바이패스 배관을 설치하여 차단성능을 향상시키는 조치

03 액화석유가스 자동차에 고정된 용기 충전시설에 게시한 "화기엄금"이라 표시한 게시판의 색상은?

① 황색바탕에 흑색글씨

② 흑색바탕에 황색글씨

③ 백색바탕에 적색글씨

④ 적색바탕에 백색글씨

04 특정고압가스 사용시설의 시설기준 및 기술기준으로 틀린 것은?

① 가연성가스의 사용설비에는 정전기 제거설비를 설치한다.

② 지하에 매설하는 배관에는 전기부식 방지조치를 한다.

③ 독성가스의 저장설비에는 가스가 누출된 때 이를 흡수 또는 중화할 수 있는 장치를 설치한다.

④ 산소를 사용하는 밸브에는 밸브가 잘 동작할 수 있도록 석유류 및 유지류를 주유하여 사용한다.

05 다음 중 가연성이면서 독성가스는?

① $CHClF_2$

② HCl

③ C_2H_2

④ HCN

06 액화석유가스 집단공급시설에서 가스설비의 상용압력이 1MPa일 때 이 설비의 내압시험압력은 몇 MPa로 하는가?

① 1

② 1.25

③ 1.5

④ 2.0

07 아세틸렌가스 또는 압력이 9.8MPa 이상인 압축가스를 용기에 충전하는 경우 방호벽을 설치하지 않아도 되는 곳은?

① 압축기와 충전장소 사이
② 압축가스 충전장소와 그 가스 충전용기 보관장소 사이
③ 압축기와 그 가스 충전용기 보관장소 사이
④ 압축가스를 운반하는 차량과 충전용기 사이

08 저장탱크에 의한 액화석유가스 저장소에서 지상에 노출된 배관을 차량 등으로부터 보호하기 위하여 설치하는 방호철판의 두께는 얼마 이상으로 하여야 하는가?

① 2mm
② 3mm
③ 4mm
④ 5mm

09 가스 제조시설에 설치하는 방호벽의 규격으로 옳은 것은?

① 박강판 벽으로 두께 3.2cm 이상, 높이 3m 이상
② 후강판 벽으로 두께 10mm 이상, 높이 3m 이상
③ 철근콘크리트 벽으로 두께 12cm 이상, 높이 2m 이상
④ 철근콘크리트 블록 벽으로 두께 20cm 이상, 높이 2m 이상

10 고압가스안전관리법의 적용범위에서 제외되는 고압가스가 아닌 것은?

① 섭씨 35℃의 온도에서 게이지압력이 4.9MPa 이하인 유닛형 공기압축장치 안의 압축공기
② 섭씨 15℃의 온도에서 압력이 0Pa을 초과하는 아세틸렌가스
③ 내연 기관의 시동, 타이어의 공기 충전, 리베팅, 착암 또는 토목공사에 사용되는 압축장치 안의 고압가스
④ 냉동능력이 3톤 미만인 냉동설비 안의 고압가스

11 도시가스 배관에 설치하는 희생양극법에 의한 전위측정용 터미널은 몇 m 이내의 간격으로 하여야 하는가?

① 200m
② 300m
③ 500m
④ 600m

12 고압가스 용기를 취급 또는 보관할 때의 기준으로 옳은 것은?

① 충전용기와 잔가스용기는 각각 구분하여 용기 보관장소에 놓는다.
② 용기는 항상 60℃ 이하의 온도를 유지한다.
③ 충전용기는 통풍이 잘 되고 직사광선을 받을 수 있는 따스한 곳에 둔다.
④ 용기 보관장소의 주위 5m 이내에는 화기, 인화성 물질을 두지 아니한다.

13 다음 중 고압가스의 용어에 대한 설명으로 틀린 것은?

① 액화가스란 가압, 냉각 등의 방법에 의하여 액체상태로 되어 있는 것으로서 대기압에서의 끓는점이 섭씨 40℃ 이하 또는 상용의 온도 이하인 것을 말한다.

② 독성가스란 공기 중에 일정량이 존재하는 경우 인체에 유해한 독성을 가진 가스로서 허용농도가 100만분의 2000 이하인 가스를 말한다.

③ 초저온 저장탱크라 함은 섭씨 영하 50℃ 이하의 액화가스를 저장하기 위한 저장탱크로서 단열재로 씌우거나 냉동설비로 냉각하는 등의 방법으로 저장탱크 내의 가스 온도가 상용의 온도를 초과하지 아니하도록 한 것을 말한다.

④ 가연성가스라 함은 공기 중에서 연소하는 가스로서 폭발한계의 하한이 10% 이하인 것과 폭발한계의 상한과 하한의 차가 20% 이상인 것을 말한다.

14 도시가스에 대한 설명 중 틀린 것은?

① 국내에서 공급하는 대부분의 도시가스는 메탄을 주성분으로 하는 천연가스이다.

② 도시가스는 주로 배관을 통하여 수요자에게 공급된다.

③ 도시가스의 원료로 LPG를 사용할 수 있다.

④ 도시가스는 공기와 혼합만 되면 폭발한다.

15 도시가스 배관에는 도시가스를 사용하는 배관임을 명확하게 식별할 수 있도록 표시를 한다. 다음 중 그 표시방법에 대한 설명으로 옳은 것은?

① 지상에 설치하는 배관 외부에는 사용가스명, 최고사용압력 및 가스의 흐름 방향을 표시한다.

② 매설배관의 표면색상은 최고사용압력이 저압인 경우에는 녹색으로 도색한다.

③ 매설배관의 표면색상은 최고사용압력이 중압인 경우에는 황색으로 도색한다.

④ 지상배관의 표면색상은 백색으로 도색한다. 다만, 흑색으로 2중띠를 표시한 경우 백색으로 하지 않아도 된다.

16 고압가스 특정제조시설에서 선임하여야 하는 안전관리원의 선임 인원 기준은?

① 1명 이상

② 2명 이상

③ 3명 이상

④ 5명 이상

17 일반도시가스 공급시설에 설치하는 정압기의 분해점검 주기는?

① 1년에 1회 이상

② 2년에 1회 이상

③ 3년에 1회 이상

④ 1주일에 1회 이상

18 방폭전기기기 구조별 표시방법 중 "e"의 표시는?

① 안전증방폭구조
② 내압방폭구조
③ 유입방폭구조
④ 압력방폭구조

19 자연환기설비 설치 시 LP가스의 용기보관실 바닥면적이 3m²라면 통풍구의 크기는 몇 cm² 이상으로 하도록 되어 있는가? (단, 철망 등이 부착되어 있지 않은 것으로 간주한다.)

① 500cm²
② 700cm²
③ 900cm²
④ 1100cm²

20 고속도로 휴게소에서 액화석유가스 저장능력이 얼마를 초과하는 경우에 소형 저장탱크를 설치하여야 하는가?

① 300kg
② 500kg
③ 1000kg
④ 3000kg

21 액화석유가스의 용기보관소 시설기준으로 틀린 것은?

① 용기보관실은 사무실과 구분하여 동일부지에 설치한다.
② 저장설비는 용기집합식으로 한다.
③ 용기보관실은 불연재료를 사용한다.
④ 용기보관실 창의 유리는 망입유리 또는 안전유리로 한다.

22 액화석유가스 사용시설의 연소기 설치방법으로 옳지 않은 것은?

① 밀폐형 연소기는 급기구, 배기통과 벽과의 사이에 배기가스가 실내로 들어올 수 없게 한다.
② 반밀폐형 연소기는 급기구와 배기통을 설치한다.
③ 개방형 연소기를 설치한 실에는 환풍기 또는 환기구를 설치한다.
④ 배기통이 가연성 물질로 된 벽을 통과 시에는 금속 등 불연성 재료로 단열조치를 한다.

23 상용압력이 10MPa인 고압설비의 안전밸브 작동압력은 얼마인가?

① 10MPa
② 12MPa
③ 15MPa
④ 20MPa

24 다음 가스 중 독성(LC_{50})이 가장 강한 것은?

① 암모니아
② 디메틸아민
③ 브롬화메탄
④ 아크릴로니트릴

25 특정고압가스 사용시설에서 취급하는 용기의 안전조치사항으로 틀린 것은?

① 고압가스 충전용기는 항상 40℃ 이하를 유지한다.

② 고압가스 충전용기 밸브는 서서히 개폐하고 밸브 또는 배관을 가열하는 때에는 열습포나 40℃ 이하의 더운 물을 사용한다.

③ 고압가스 충전용기를 사용한 후에는 폭발을 방지하기 위하여 밸브를 열어둔다.

④ 용기보관실에 충전용기를 보관하는 경우에는 넘어짐 등으로 충격 및 밸브 등의 손상을 방지하는 조치를 한다.

26 LPG 충전자가 실시하는 용기의 안전점검 기준에서 내용적 얼마 이하의 용기에 대하여 "실내보관금지" 표시여부를 확인하여야 하는가?

① 15L

② 20L

③ 30L

④ 50L

27 독성가스 충전용기를 차량에 적재할 때의 기준에 대한 설명으로 틀린 것은?

① 운반 차량에 세워서 운반한다.

② 차량의 적재함을 초과하여 적재하지 아니한다.

③ 차량의 최대적재량을 초과하여 적재하지 아니한다.

④ 충전용기는 2단 이상으로 겹쳐 쌓아 용기가 서로 이격되지 않도록 한다.

28 허용농도가 100만 분의 200 이하인 독성가스 용기 중 내용적이 얼마 미만인 충전용기를 운반하는 차량의 적재함에 대하여 밀폐된 구조로 하여야 하는가?

① 500L

② 1000L

③ 2000L

④ 3000L

29 도시가스 배관 굴착작업 시 배관의 보호를 위하여 배관 주위 얼마 이내에는 인력으로 굴착하여야 하는가?

① 0.3m

② 0.6m

③ 1m

④ 1.5m

30 차량에 고정된 고압가스 탱크를 운행할 경우에 휴대하여야 할 서류가 아닌 것은?

① 차량등록증

② 탱크테이블(용량환산표)

③ 고압가스이동계획서

④ 탱크제조시방서

31 다단 왕복동 압축기의 중간단의 토출온도가 상승하는 주된 원인이 아닌 것은?

① 압축비 감소

② 토출밸브 불량에 의한 역류

③ 흡입밸브 불량에 의한 고온가스 흡입

④ 전단 쿨러 불량에 의한 고온가스 흡입

32 LP가스의 자동교체식 조정기 설치 시의 장점에 대한 설명 중 틀린 것은?

① 도관의 압력손실을 적게 해야 한다.
② 용기 숫자가 수동식보다 적어도 된다.
③ 용기 교환주기의 폭을 넓힐 수 있다.
④ 잔액이 거의 없어질 때까지 소비가 가능하다.

33 수은을 이용한 U자관 압력계에서 액주 높이(h)는 600mm, 대기압(P_1)은 1kg/cm²일 때 P_2는 약 몇 kg/cm²인가?

① 0.22kg/cm²
② 0.92kg/cm²
③ 1.82kg/cm²
④ 9.16kg/cm²

34 공기액화분리장치의 내부를 세척하고자 할 때 세정액으로 가장 적당한 것은?

① 염산(HCl)
② 가성소다(NaOH)
③ 사염화탄소(CCl₄)
④ 탄산나트륨(Na₂CO₃)

35 오리피스 유량계의 특징에 대한 설명으로 옳은 것은?

① 내구성이 좋다.
② 저압, 저유량에 적당하다.
③ 유체의 압력손실이 크다.
④ 협소한 장소에는 설치가 어렵다.

36 가스 유량 2.03kg/h, 관의 내경 1.61cm, 길이 20m의 직관에서의 압력손실은 약 몇 mm 수주인가? (단, 온도 15℃에서 비중 1.58, 밀도 2.04kg/m³, 유량계수 0.436이다.)

① 11.4mm
② 14.0mm
③ 15.2mm
④ 17.5mm

37 암모니아를 사용하는 고온·고압 가스장치의 재료로 가장 적당한 것은?

① 동
② PVC 코팅강
③ 알루미늄 합금
④ 18-8 스테인리스강

38 가스보일러의 본체에 표시된 가스소비량이 100000kcal/h이고, 버너에 표시된 가스소비량이 120000kcal/h일 때 도시가스 소비량 산정은 얼마를 기준으로 하는가?

① 100000kcal/h
② 105000kcal/h
③ 110000kcal/h
④ 120000kcal/h

39 다음 중 다공도를 측정할 때 사용되는 식은? (단, V : 다공물질의 용적, E : 아세톤 침윤 잔용적이다.)

① 다공도 $= \dfrac{V}{(V-E)}$

② 다공도 $= (V-E) \times \dfrac{100}{V}$

③ 다공도 $= (V+E) \times V$

④ 다공도 $= (V+E) \times \dfrac{V}{100}$

40 공기액화분리장치의 부산물로 얻어지는 아르곤가스는 불활성가스이다. 아르곤가스의 원자가는?

① 0   ② 1

③ 3   ④ 8

41 로터미터는 어떤 형식의 유량계인가?

① 차압식

② 터빈식

③ 회전식

④ 면적식

42 LP가스 사용 시의 주의사항으로 틀린 것은?

① 용기밸브, 콕 등은 신속하게 열 것

② 연소기구 주위에 가연물을 두지 말 것

③ 가스누출 유무를 냄새 등으로 확인할 것

④ 고무호스의 노화, 갈라짐 등은 항상 점검할 것

43 원심펌프의 양정과 회전속도의 관계는? (단, N_1 : 처음 회전수, N_2 : 변화된 회전수)

① $\left(\dfrac{N_2}{N_1} \right)$ ② $\left(\dfrac{N_2}{N_1} \right)^2$

③ $\left(\dfrac{N_2}{N_1} \right)^3$ ④ $\left(\dfrac{N_2}{N_1} \right)^5$

44 조정압력이 2.8kPa인 액화석유가스 압력 조정기의 안전장치 작동표준압력은?

① 5.0kPa

② 6.0kPa

③ 7.0kPa

④ 8.0kPa

45 오스테나이트계 스테인리스강에 대한 설명으로 틀린 것은?

① Fe-Cr-Ni 합금이다.

② 내식성이 우수하다.

③ 강한 자성을 갖는다.

④ 18-8 스테인리스강이 대표적이다.

46 임계온도에 대한 설명으로 옳은 것은?

① 기체를 액화할 수 있는 절대온도

② 기체를 액화할 수 있는 평균온도

③ 기체를 액화할 수 있는 최저의 온도

④ 기체를 액화할 수 있는 최고의 온도

47 암모니아에 대한 설명 중 틀린 것은?

① 물에 잘 용해된다.

② 무색, 무취의 가스이다.

③ 비료의 제조에 이용된다.

④ 암모니아가 분해되면 질소와 수소가 된다.

48 LNG의 특징에 대한 설명 중 틀린 것은?

① 냉열을 이용할 수 있다.

② 천연에서 산출한 천연가스를 약 −162℃까지 냉각하여 액화시킨 것이다.

③ LNG는 도시가스, 발전용 이외에 일반 공업용으로도 사용된다.

④ LNG로부터 기화한 가스는 부탄이 주성분이다.

49 불꽃의 끝이 적황색으로 연소하는 현상을 의미하는 것은?

① 리프트

② 옐로우팁

③ 캐비테이션

④ 워터해머

50 랭킨온도가 420°R일 경우 섭씨온도로 환산한 값으로 옳은 것은?

① −30℃

② −40℃

③ −50℃

④ −60℃

51 도시가스의 제조공정이 아닌 것은?

① 열분해 공정

② 접촉분해 공정

③ 수소화분해 공정

④ 상압증류 공정

52 포화온도에 대하여 가장 잘 나타낸 것은?

① 액체가 증발하기 시작할 때의 온도

② 액체가 증발현상 없이 기체로 변하기 시작할 때의 온도

③ 액체가 증발하여 어떤 용기 안이 증기로 꽉 차 있을 때의 온도

④ 액체와 증기가 공존할 때 그 압력에 상당한 일정한 값의 온도

53 다음 중 1MPa와 같은 것은?

① $10N/cm^2$

② $100N/cm^2$

③ $1000N/cm^2$

④ $10000N/cm^2$

54 20℃의 물 50kg을 90℃로 올리기 위해 LPG를 사용하였다면, 이때 필요한 LPG의 양은 몇 kg인가? (단, LPG 발열량은 10000kcal/kg이고, 열효율은 50%이다.)

① 0.5kg

② 0.6kg

③ 0.7kg

④ 0.8kg

55 다음 중 압축가스에 속하는 것은?

① 산소
② 염소
③ 탄산가스
④ 암모니아

56 진공도 200mmHg는 절대압력으로 약 몇 $kg/cm^2 \cdot abs$인가?

① 0.76
② 0.80
③ 0.94
④ 1.03

57 다음 중 압력 단위로 사용하지 않는 것은?

① kg/cm^2
② Pa
③ mmH_2O
④ kg/m^3

58 다음 중 엔트로피의 단위는?

① kcal/h
② kcal/kg
③ $kcal/kg \cdot m$
④ $kcal/kg \cdot K$

59 다음 각 가스의 특성에 대한 설명으로 틀린 것은?

① 수소는 고온, 고압에서 탄소강과 반응하여 수소 취성을 일으킨다.
② 산소는 공기액화분리장치를 통해 제조하며, 질소와 분리 시 비등점 차이를 이용한다.
③ 일산화탄소는 담화액의 무취 기체로 허용농도는 TLV-TWA 기준으로 50ppm이다.
④ 암모니아는 붉은 리트머스를 푸르게 변화시키는 성질을 이용하여 검출할 수 있다.

60 대기압 하에서 다음 각 물질별 온도를 바르게 나타낸 것은?

① 물의 동결점 : -273K
② 질소의 비등점 : -183℃
③ 물의 동결점 : 32℉
④ 산소의 동결점 : -196℃

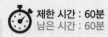
01 다음 중 전기설비 방폭구조의 종류가 아닌 것은?

① 접지방폭구조

② 유입방폭구조

③ 압력방폭구조

④ 안전증방폭구조

02 다음 중 특정고압가스에 해당되지 않는 것은?

① 이산화탄소

② 수소

③ 산소

④ 천연가스

03 내부용적이 25000L인 액화산소 저장탱크의 저장능력은 얼마인가? (단, 비중은 1.14이다.)

① 21930kg

② 24780kg

③ 25650kg

④ 28500kg

04 배관의 설치방법으로 산소 또는 천연메탄을 수송하기 위한 배관과 이에 접속하는 압축기와의 사이에 반드시 설치하여야 하는 것은?

① 방파관

② 솔레노이드

③ 수취기

④ 안전밸브

05 공정에 존재하는 위험요소와 비록 위험하지는 않더라도 공정의 효율을 떨어뜨릴 수 있는 운전상의 문제를 파악하기 위한 안전성 평가기법은?

① 안전성 검토(Safety Review)기법

② 예비위험성 평가(Preliminary Hazard Analysis)기법

③ 사고예상 질문(What If Analysis)기법

④ 위험과 운전분석(HAZOP)기법

06 다음 특정설비 중 재검사 대상인 것은?

① 역화방지장치

② 차량에 고정된 탱크

③ 독성가스 배관용 밸브

④ 자동차용 가스 자동주입기

07 독성가스 외의 고압가스 충전용기를 차량에 적재하여 운반할 때 부착하는 경계표지에 대한 내용으로 옳은 것은?

① 적색글씨로 "위험 고압가스"라고 표시
② 황색글씨로 "위험 고압가스"라고 표시
③ 적색글씨로 "주의 고압가스"라고 표시
④ 황색글씨로 "주의 고압가스"라고 표시

08 LP가스설비를 수리할 때 내부의 LP가스를 질소 또는 물로 치환하고, 치환에 사용된 가스나 액체를 공기로 재치환하여야 하는데, 이때 공기에 의한 재치환의 결과가 산소농도 측정기로 측정하여 산소농도가 얼마의 범위 내에 있을 때까지 공기로 재치환하여야 하는가?

① 4~6%
② 7~11%
③ 12~16%
④ 18~22%

09 고압가스특정제조시설 중 도로 밑에 매설하는 배관의 기준에 대한 설명으로 틀린 것은?

① 시가지의 도로 밑에 배관을 설치하는 경우에는 보호관을 배관의 정상부로부터 30cm 이상 떨어진 그 배관의 직상부에 설치한다.
② 배관은 그 외면으로부터 도로의 경계와 수평거리로 1m 이상을 유지한다.
③ 배관은 원칙적으로 자동차 등의 하중의 영향이 적은 곳에 매설한다.
④ 배관은 그 외면으로부터 도로 밑의 다른 시설물과 60cm 이상의 거리를 유지한다.

10 공기보다 비중이 가벼운 도시가스의 공급시설로서 공급시설이 지하에 설치된 경우의 통풍구조의 기준으로 틀린 것은?

① 통풍구조는 환기구를 2방향 이상 분산하여 설치한다.
② 배기구는 천장면으로부터 30cm 이내에 설치한다.
③ 흡입구 및 배기구의 관경은 500mm 이상으로 하되, 통풍이 양호하도록 한다.
④ 배기가스 방출구는 지면에서 3m 이상의 높이에 설치하되, 화기가 없는 안전한 장소에 설치한다.

11 다음 중 폭발한계의 범위가 가장 좁은 것은?

① 프로판
② 암모니아
③ 수소
④ 아세틸렌

12 도시가스 사용시설에서 정한 액화가스란 상용의 온도 또는 섭씨 35도의 온도에서 압력이 얼마 이상이 되는 것을 말하는가?

① 0.1MPa
② 0.2MPa
③ 0.5MPa
④ 1MPa

13 염소가스 저장탱크의 과충전 방지장치는 가스충전량이 저장탱크 내용적의 몇 %를 초과할 때 가스충전이 되지 않도록 동작하는가?

① 60%
② 80%
③ 90%
④ 95%

14 도시가스 사고의 사고 유형이 아닌 것은?

① 시설 부식
② 시설 부적합
③ 보호포 설치
④ 연결부 이완

15 가연성가스 저온저장탱크 내부의 압력이 외부의 압력보다 낮아져 저장탱크가 파괴되는 것을 방지하기 위한 조치로서 갖추어야 할 설비가 아닌 것은?

① 압력계
② 압력경보설비
③ 정전기제거설비
④ 진공안전밸브

16 일반도시가스 배관 중 중압 이하의 배관과 고압배관을 매설하는 경우 서로간의 거리를 몇 m 이상으로 유지하여야 하는가?

① 1m
② 2m
③ 3m
④ 5m

17 초저온용기의 단열성능시험용 저온 액화가스가 아닌 것은?

① 액화아르곤
② 액화산소
③ 액화공기
④ 액화질소

18 고압가스 판매소의 시설기준에 대한 설명으로 틀린 것은?

① 충전용기의 보관실은 불연재료를 사용한다.
② 가연성가스·산소 및 독성가스의 저장실은 각각 구분하여 설치한다.
③ 용기보관실 및 사무실은 부지를 구분하여 설치한다.
④ 산소, 독성가스 또는 가연성가스를 보관하는 용기보관실의 면적은 각 고압가스별로 $10m^2$ 이상으로 한다.

19 운전 중인 액화석유가스 충전설비의 작동 상황에 대하여 주기적으로 점검하여야 한다. 점검주기는?

① 1일에 1회 이상
② 1주일에 1회 이상
③ 3월에 1회 이상
④ 6월에 1회 이상

20 재검사 용기 및 특정설비의 파기방법으로 틀린 것은?

① 잔가스를 전부 제거한 후 절단한다.
② 절단 등의 방법으로 파기하여 원형으로 가공할 수 없도록 한다.
③ 파기 시에는 검사장소에서 검사원 입회하에 사용자가 실시할 수 있다.
④ 파기 물품은 검사 신청인이 인수시한 내에 인수하지 아니한 때도 검사인이 임의로 매각 처분하면 안된다.

21 도시가스 배관이 굴착으로 20m 이상이 노출되어 누출가스가 체류하기 쉬운 장소일 때 가스누출경보기는 몇 m 마다 설치해야 하는가?

① 5m
② 10m
③ 20m
④ 30m

22 시안화수소의 중합폭발을 방지하기 위하여 주로 사용할 수 있는 안정제는?

① 탄산가스
② 황산
③ 질소
④ 일산화탄소

23 고압가스 용접용기 동체의 내경은 약 몇 mm인가?

- 동체 두께 : 2mm
- 최고충전압력 : 2.5MPa
- 인장강도 : 480N/mm²
- 부식 여유 : 0
- 용접 효율 : 1

① 190mm
② 290mm
③ 660mm
④ 760mm

24 고압가스관련법에서 사용되는 용어의 정의에 대한 설명 중 틀린 것은?

① 가연성가스라 함은 공기 중에서 연소하는 가스로서 폭발한계의 하한이 10% 이하인 것과 폭발한계의 상한과 하한의 차가 20% 이상인 것을 말한다.
② 독성가스라 함은 인체에 유해한 독성을 가진 가스로서 허용농도가 100만분의 100 이하인 것을 말한다.
③ 액화가스라 함은 가압·냉각 등의 방법에 의하여 액체상태로 되어 있는 것으로서 대기압에서의 비점이 섭씨 40도 이하 또는 상용의 온도 이하인 것을 말한다.
④ 초저온저장탱크라 함은 섭씨 영하 50도 이하의 저장탱크로서 단열재로 피복하거나 냉동설비로 냉각하는 등의 방법으로 저장탱크 내의 가스온도가 상용의 온도를 초과하지 아니하도록 한 것을 말한다.

25 다음 고압각스 압축작업 중 작업을 즉시 중단하여야 하는 경우인 것은?

① 산소 중의 아세틸렌, 에틸렌 및 수소의 용량 합계가 전체 용량의 2% 이상인 것

② 아세틸렌 중의 산소용량이 전체 용량의 1% 이하인 것

③ 산소 중의 가연성가스(아세틸렌, 에틸렌 및 수소를 제외한다)의 용량이 전체 용량의 2% 이하의 것

④ 시안화수소 중의 산소 용량이 전체 용량의 2% 이상의 것

26 다음 중 가스사고를 분류하는 일반적인 방법이 아닌 것은?

① 원인에 따른 분류

② 사용처에 따른 분류

③ 사고형태에 따른 분류

④ 사용자의 연령에 따른 분류

27 고압가스 저장시설에 설치하는 방류둑에는 계단, 사다리 또는 토사를 높이 쌓아올림 등에 의한 출입구를 둘레 몇 m마다 1개 이상을 두어야 하는가?

① 30m

② 50m

③ 75m

④ 100m

28 LPG 용기 및 저장탱크에 주로 사용되는 안전밸브의 형식은?

① 가용전식

② 파열판식

③ 중추식

④ 스프링식

29 가스 충전용기 운반 시 동일차량에 적재할 수 없는 것은?

① 염소와 아세틸렌

② 질소와 아세틸렌

③ 프로판과 아세틸렌

④ 염소와 산소

30 다음 (   ) 안에 들어갈 수 있는 경우로 옳지 않은 것은?

> 액화천연가스의 저장설비와 처리설비는 그 외면으로부터 사업소 경계까지 일정 규모 이상의 안전거리를 유지하여야 한다. 이때 사업소 경계가 (   )의 경우에는 이들의 반대 편 끝을 경계로 보고 있다.

① 산

② 호수

③ 하천

④ 바다

31 비중이 0.5인 LPG를 제조하는 공장에서 1일 10만L를 생산하여 24시간 정치 후 모든 산업현장으로 보낸다. 이 회사에서 생산하는 LPG를 저장하려면 저장용량이 5톤인 저장탱크 몇 개를 설치해야 하는가?

① 2개
② 5개
③ 7개
④ 10개

32 고압용기나 탱크 및 라인(line) 등의 퍼지(purge)용으로 주로 쓰이는 기체는?

① 산소
② 수소
③ 산화질소
④ 질소

33 고압가스 제조소의 작업원은 얼마의 기간 이내에 1회 이상 보호구의 사용훈련을 받아 사용방법을 숙지하여야 하는가?

① 1개월
② 3개월
③ 6개월
④ 12개월

34 LPG 기화장치의 작동원리에 따른 구분으로 저온의 액화가스를 조정기를 통하여 감압한 후 열교환기에 공급해 강제 기화시켜 공급하는 방식은?

① 해수가열 방식
② 가온감압 방식
③ 감압가열 방식
④ 중간 매체 방식

35 도시가스사업법령에서는 도시가스를 압력에 따라 고압, 중압 및 저압으로 구분하고 있다. 중압의 범위로 옳은 것은? (단, 액화가스가 기화되고 다른 물질과 혼합되지 않은 경우로 가정한다.)

① 0.1MPa 이상 1MPa 미만
② 0.2MPa 이상 1MPa 미만
③ 0.1MPa 이상 0.2MPa 미만
④ 0.01MPa 이상 0.2MPa 미만

36 가연성가스 누출검지 경보장치의 경보농도는 얼마인가?

① 폭발하한계 이하
② LC_{50} 기준농도 이하
③ 폭발하한계 1/4 이하
④ TLV-TWA 기준농도 이하

37 내용적 47L인 LP가스 용기의 최대 충전량은 몇 kg인가? (단, LP가스 정수는 2.35이다.)

① 20kg
② 42kg
③ 50kg
④ 110kg

38 부식성 유체나 고점도의 유체 및 소량의 유체 측정에 가장 적합한 유량계는?

① 차압식 유량계
② 면적식 유량계
③ 용적식 유량계
④ 유속식 유량계

39 LP가스 이송설비 중 압축기에 의한 이송 방식에 대한 설명으로 틀린 것은?

① 베이퍼록 현상이 없다.
② 잔가스 회수가 용이하다.
③ 펌프에 비해 이송시간이 짧다.
④ 저온에서 부탄가스가 재액화되지 않는다.

40 공기, 질소, 산소 및 헬륨 등과 같이 임계 온도가 낮은 기체를 액화하는 액화사이클의 종류가 아닌 것은?

① 구데 공기액화사이클
② 린데 공기액화사이클
③ 필립스 공기액화사이클
④ 캐스케이드 공기액화사이클

41 다기능 가스안전계량기에 대한 설명으로 틀린 것은?

① 사용자가 쉽게 조작할 수 있는 테스트 차단기능이 있는 것으로 한다.
② 통상의 사용상태에서 빗물, 먼지 등이 침입할 수 없는 구조로 한다.
③ 차단밸브가 작동한 후에는 복원조작을 하지 아니하는 한 열리지 않는 구조로 한다.
④ 복원을 위한 버튼이나 레버 등은 조작을 쉽게 실시할 수 있는 위치에 있는 것으로 한다.

42 계측기기의 구비조건으로 틀린 것은?

① 설비비 및 유지비가 적게 들 것
② 원거리 지시 및 기록이 가능할 것
③ 구조가 간단하고 정도(精度)가 낮을 것
④ 설치장소 및 주위조건에 대한 내구성이 클 것

43 압축기에서 두압이란?

① 흡입압력이다.
② 증발기 내의 압력이다.
③ 피스톤 상부의 압력이다.
④ 크랭크케이스 내의 압력이다.

44 반밀폐식 보일러의 급·배기설비에 대한 설명으로 틀린 것은?

① 배기통의 끝은 옥외로 뽑아낸다.
② 배기통의 굴곡수는 5개 이하로 한다.
③ 배기통의 가로길이는 5m 이하로서 될 수 있는 한 짧게 한다.
④ 배기통의 입상높이는 원칙적으로 10m 이하로 한다.

45 흡입압력이 대기압과 같으며 최종압력이 15kgf/cm^2·g인 4단 공기압축기의 압축비는 약 얼마인가? (단, 대기압은 1kgf/cm^{2}로 한다.)

① 2   ② 4
③ 8   ④ 16

46 순수한 것은 안정하나 소량의 수분이나 알칼리성 물질을 함유하면 중합이 촉진되고 독성이 매우 강한 가스는?

① 염소
② 포스겐
③ 황화수소
④ 시안화수소

47 다음 중 비점이 가장 높은 가스는?

① 수소
② 산소
③ 아세틸렌
④ 프로판

48 단위질량인 물질의 온도를 단위온도차 만큼 올리는 데 필요한 열량을 무엇이라고 하는가?

① 일률
② 비열
③ 비중
④ 엔트로피

49 LNG의 성질에 대한 설명 중 틀린 것은?

① LNG가 액화되면 체적이 약 1/600로 줄어든다.
② 무독, 무공해의 청정가스로 발열량이 약 9500kcal/m³ 정도이다.
③ 메탄을 주성분으로 하며 에탄, 프로판 등이 포함되어 있다.
④ LNG는 기체상태에서는 공기보다 가벼우나 액체상태에서는 물보다 무겁다.

50 압력에 대한 설명 중 틀린 것은?

① 게이지압력은 절대압력에 대기압을 더한 압력이다.
② 압력이란 단위면적당 작용하는 힘의 세기를 말한다.
③ 1.0332kg/cm²의 대기압을 표준대기압이라고 한다.
④ 대기압은 수은주를 76cm만큼의 높이로 밀어 올릴 수 있는 힘이다.

51 프로판을 완전연소시켰을 때 주로 생성되는 물질은?

① CO_2, H_2
② CO_2, H_2O
③ C_2H_4, H_2O
④ C_4H_{10}, CO

52 요소비료 제조 시 주로 사용되는 가스는?

① 염화수소
② 질소
③ 일산화탄소
④ 암모니아

53 수분이 존재할 때 일반 강재를 부식시키는 가스는?

① 황화수소
② 수소
③ 일산화탄소
④ 질소

54 폭발위험에 대한 설명 중 틀린 것은?

① 폭발범위의 하한값이 낮을수록 폭발위험은 커진다.

② 폭발범위의 상한값과 하한값은 차가 작을수록 폭발위험은 커진다.

③ 프로판보다 부탄의 폭발범위 하한값이 낮다.

④ 프로판보다 부탄의 폭발범위 상한값이 낮다.

55 다음 중 액체가 기체로 변하기 위해 필요한 열은?

① 융해열

② 응축열

③ 승화열

④ 기화열

56 부탄 $1Nm^3$를 완전연소시키는 데 필요한 이론공기량은 약 몇 Nm^3인가? (단, 공기 중의 산소농도는 21v%이다.)

① $5Nm^3$

② $6.5Nm^3$

③ $23.8Nm^3$

④ $31Nm^3$

57 온도 410℉를 절대온도로 나타내면?

① 273K

② 483K

③ 512K

④ 612K

58 도시가스에 사용되는 부취제 중 DMS의 냄새는?

① 석탄가스 냄새

② 마늘 냄새

③ 양파 썩는 냄새

④ 암모니아 냄새

59 다음에서 설명하는 기체와 관련된 법칙은?

> 기체의 종류에 관계 없이 모든 기체 1몰은 표준상태(0℃, 1기압)에서 22.4L의 부피를 차지한다.

① 보일의 법칙

② 헨리의 법칙

③ 아보가드로의 법칙

④ 아르키메데스의 법칙

60 내용적 47L인 용기에 C_3H_8 15kg이 충전되어 있을 때 용기 내 안전공간은 약 몇 %인가? (단, C_3H_8의 액 밀도는 0.5kg/L이다.)

① 20%

② 25.2%

③ 36.1%

④ 40.1%

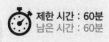
01 가스 공급시설의 임시사용 기준 항목이 아닌 것은?

① 공급의 이익 여부

② 도시가스의 공급이 가능한지의 여부

③ 가스 공급시설을 사용할 때 안전을 해칠 우려가 있는지 여부

④ 도시가스의 수급상태를 고려할 때 해당 지역에 도시가스의 공급이 필요한지의 여부

02 다음 [보기]의 독성가스 중 독성(LC_{50})이 가장 강한 것과 가장 약한 것을 바르게 나열한 것은?

```
                    [보기]
㉠ 염화수소            ㉡ 암모니아
㉢ 황화수소            ㉣ 일산화탄소
```

① ㉠, ㉡

② ㉢, ㉡

③ ㉠, ㉣

④ ㉢, ㉣

03 가연성가스의 발화점이 낮아지는 경우가 아닌 것은?

① 압력이 높을수록

② 산소농도가 높을수록

③ 탄화수소의 탄소수가 많을수록

④ 화학적으로 발열량이 낮을수록

04 다음 각 가스의 품질검사 합격기준으로 옳은 것은?

① 수소 : 99.0% 이상

② 산소 : 98.5% 이상

③ 아세틸렌 : 98.0% 이상

④ 모든 가스 : 99.5% 이상

05 0℃에서 10L의 밀폐된 용기 속에 32g의 산소가 들어있다. 온도를 150℃로 가열하면 압력은 약 얼마가 되는가?

① 0.11atm   ② 3.47atm

③ 34.7atm   ④ 111atm

06 염소에 다음 가스를 혼합하였을 때 가장 위험할 수 있는 가스는?

① 일산화탄소

② 수소

③ 이산화탄소

④ 산소

07 고압가스 특정제조시설에서 배관을 해저에 설치하는 경우의 기준으로 틀린 것은?

① 배관은 해저면 밑에 매설한다.

② 배관은 원칙적으로 다른 배관과 교차하지 아니하여야 한다.

③ 배관은 원칙적으로 다른 배관과 수평거리로 30m 이상을 유지하여야 한다.

④ 배관의 입상부에는 방호시설물을 설치하지 아니한다.

08 고압가스 특정제조시설 중 비가연성가스의 저장탱크는 몇 m³ 이상일 경우에 지진영향에 대한 안전한 구조로 설계하여야 하는가?

① 300m³
② 500m³
③ 1000m³
④ 2000m³

09 압축도시가스 이동식 충전차량 충전시설에서 가스누출검지 경보장치의 설치위치가 아닌 것은?

① 펌프 주변
② 압축설비 주변
③ 압축가스설비 주변
④ 개별충전설비 본체 외부

10 흡수식 냉동설비의 냉동능력 정의로 옳은 것은?

① 발생기를 가열하는 1시간의 입열량 3320kcal를 1일의 냉동능력 1톤으로 본다.
② 발생기를 가열하는 1시간의 입열량 6640kcal를 1일의 냉동능력 1톤으로 본다.
③ 발생기를 가열하는 24시간의 입열량 3320kcal를 1일의 냉동능력 1톤으로 본다.
④ 발생기를 가열하는 24시간의 입열량 6640kcal를 1일의 냉동능력 1톤으로 본다.

11 폭발범위에 대한 설명으로 옳은 것은?

① 공기 중의 폭발범위는 산소 중의 폭발범위보다 넓다.
② 공기 중 아세틸렌가스의 폭발범위는 약 4~71%이다.
③ 한계산소농도치 이하에서는 폭발성 혼합가스가 생성된다.
④ 고온, 고압일 때 폭발범위는 대부분 넓어진다.

12 도시가스 사용시설에서 배관의 이음부와 절연전선과의 이격거리는 몇 cm 이상으로 하여야 하는가?

① 10
② 15
③ 30
④ 60

13 압축기 최종단에 설치된 고압가스 냉동제조시설의 안전밸브는 얼마마다 작동압력을 조정하여야 하는가?

① 3개월에 1회 이상
② 6개월에 1회 이상
③ 1년에 1회 이상
④ 2년에 1회 이상

14 고압가스 특정제조시설에서 플레어스택의 설치기준으로 틀린 것은?

① 파일럿 버너를 항상 점화하여 두는 등 플레어스택에 관련된 폭발을 방지하기 위한 조치가 되어 있는 것으로 한다.

② 긴급이송설비로 이송되는 가스를 대기로 방출할 수 있는 것으로 한다.

③ 플레어스택에서 발생하는 복사열이 다른 제조시설에 나쁜 영향을 미치지 아니하도록 안전한 높이 및 위치에 설치한다.

④ 플레어스택에서 발생하는 최대열량에 장시간 견딜 수 있는 재료 및 구조로 되어 있는 것으로 한다.

15 액화석유가스 판매시설에 설치되는 용기보관실에 대한 시설기준으로 틀린 것은?

① 용기보관실에는 가스가 누출될 경우 이를 신속히 검지하여 효과적으로 대응할 수 있도록 하기 위하여 반드시 일체형 가스누출경보기를 설치한다.

② 용기보관실에 설치되는 전기설비는 누출된 가스의 점화원이 되는 것을 방지하기 위하여 반드시 방폭구조로 한다.

③ 용기보관실에는 누출된 가스가 머물지 않도록 하기 위하여 그 용기보관실의 구조에 따라 환기구를 갖추고 환기가 잘 되지 아니하는 곳에는 강제통풍시설을 설치한다.

④ 용기보관실에는 용기가 넘어지는 것을 방지하기 위하여 적절한 조치를 마련한다.

16 20kg LPG 용기의 내용적은 몇 L인가? (단, 충전상수 C는 2.35이다.)

① 8.51L

② 20L

③ 42.3L

④ 47L

17 독성가스 용기를 운반할 때에는 보호구를 갖추어야 한다. 비치하여야 하는 기준은?

① 종류별로 1개 이상

② 종류별로 2개 이상

③ 종류별로 3개 이상

④ 그 차량의 승무원 수에 상당한 수량

18 가스보일러의 안전사항에 대한 설명으로 틀린 것은?

① 가동 중 연소상태, 화염유무를 수시로 확인한다.

② 가동 중지 후 노 내 잔류가스를 충분히 배출한다.

③ 수면계의 수위는 적정한가 자주 확인한다.

④ 점화 전 연료가스를 노 내에 충분히 공급하여 착화를 원활하게 한다.

19 고압가스배관의 설치기준 중 하천과 병행하여 매설하는 경우로서 적합하지 않은 것은?

① 배관은 견고하고 내구력을 갖는 방호 구조물 안에 설치한다.

② 매설심도는 배관의 외면으로부터 1.5m 이상 유지한다.

③ 설치지역은 하상(河床, 하천의 바닥) 이 아닌 곳으로 한다.

④ 배관 손상으로 인한 가스누출 등 위급한 상황이 발생한 때에 그 배관에 유입되는 가스를 신속히 차단할 수 있는 장치를 설치한다.

20 LP Gas 사용 시 주의사항에 대한 설명으로 틀린 것은?

① 중간밸브 개폐는 서서히 한다.

② 사용 시 조정기 압력은 적당히 조절한다.

③ 완전연소되도록 공기조절기를 조절한다.

④ 연소기는 급배기가 충분히 행해지는 장소에 설치하여 사용하도록 한다.

21 도시가스 매설배관 주위에 파일박기 작업 시 손상방지를 위하여 유지하여야 할 최소 거리는?

① 30cm
② 50cm
③ 1m
④ 2m

22 액화 독성가스의 운반질량이 1000kg 미만 이동 시 휴대하여야 할 소석회는 몇 kg 이상이어야 하는가?

① 20kg
② 30kg
③ 40kg
④ 50kg

23 고압가스를 취급하는 자가 용기안전점검 시 하지 않아도 되는 것은?

① 도색표시 확인
② 재검사기간 확인
③ 프로덱터의 변형여부 확인
④ 밸브의 개폐조작이 쉬운 핸들 부착 여부 확인

24 도시가스 도매사업의 가스공급시설 기준에 대한 설명으로 옳은 것은?

① 고압의 가스공급시설은 안전구획 안에 설치하고 그 안전구역의 면적은 1만m² 미만으로 한다.

② 안전구역 안의 고압인 가스공급시설은 그 외면으로부터 다른 안전구역 안에 있는 고압인 가스공급시설의 외면까지 20m 이상의 거리를 유지한다.

③ 액화천연가스의 저장탱크는 그 외면으로부터 처리능력이 20만m³ 이상인 압축기까지 30m 이상의 거리를 유지한다.

④ 두 개 이상의 제조소가 인접하여 있는 경우의 가스공급시설은 그 외면으로부터 그 제조소와 다른 제조소의 경계까지 10m 이상의 거리를 유지한다.

25 가연성가스의 폭발등급 및 이에 대응하는 본질안전 방폭구조의 폭발등급 분류 시 사용하는 최소점화전류비는 어느 가스의 최소점화전류를 기준으로 하는가?

① 메탄
② 프로판
③ 수소
④ 아세틸렌

26 수소의 성질에 대한 설명 중 옳지 않은 것은?

① 열전도도가 적다.
② 열에 대하여 안정하다.
③ 고온에서 철과 반응한다.
④ 확산속도가 빠른 무취의 기체이다.

27 용기 종류별 부속품 기호로 틀린 것은?

① AG : 아세틸렌가스를 충전하는 용기의 부속품
② LPG : 액화석유가스를 충전하는 용기의 부속품
③ TL : 초저온용기 및 저온용기의 부속품
④ PG : 압축가스를 충전하는 용기의 부속품

28 공기액화분리장치의 폭발원인이 아닌 것은?

① 액체 공기 중의 아르곤의 혼입
② 공기 취입구로부터 아세틸렌 혼입
③ 공기 중의 질소화합물(NO, NO_2)의 혼입
④ 압축기용 윤활유 분해에 따른 탄화수소 생성

29 고압가스 충전용기를 운반할 때 운반책임자를 동승시키지 않아도 되는 경우는?

① 가연성 압축가스 – 300m³
② 조연성 액화가스 – 5000kg
③ 독성 압축가스(허용농도가 100만분의 200 초과, 100만분의 5000 이하) – 100m³
④ 독성 액화가스(허용농도가 100만분의 200 초과, 100만분의 5000 이하) – 1000kg

30 고압가스 배관재료로 사용되는 동관의 특징에 대한 설명으로 틀린 것은?

① 가공성이 좋다.
② 열전도율이 적다.
③ 시공이 용이하다.
④ 내식성이 크다.

31 다음 중 폭발범위의 상한값이 가장 낮은 가스는?

① 암모니아
② 프로판
③ 메탄
④ 일산화탄소

32 자동절체식 일체형 저압 조정기의 조정압력은?

① 2.30~3.30kPa

② 2.55~3.30kPa

③ 57~83kPa

④ 5.0~30kPa 이내에서 제조자가 설정한 기준압력의 ±20%

33 수소(H_2)가스 분석방법으로 가장 적당한 것은?

① 팔라듐관 연소법

② 헴펠법

③ 황산바륨 침전법

④ 흡광광도법

34 터보압축기의 구성이 아닌 것은?

① 임펠러

② 피스톤

③ 디퓨저

④ 증속기어장치

35 피토관을 사용하기에 적당한 유속은?

① 0.001m/s 이상

② 0.1m/s 이상

③ 1m/s 이상

④ 5m/s 이상

36 수소를 취급하는 고온, 고압 장치용 재료로서 사용할 수 있는 것은?

① 탄소강, 니켈강

② 탄소강, 망간강

③ 탄소강, 18-8 스테인리스강

④ 18-8 스테인리스강, 크롬-바나듐강

37 원심식 압축기 중 터보형의 날개출구각도에 해당하는 것은?

① 90°보다 작다.

② 90°이다.

③ 90°보다 크다.

④ 평행이다.

38 압력변화에 의한 탄성변위를 이용한 탄성압력계에 해당되지 않는 것은?

① 플로트식 압력계

② 부르동관식 압력계

③ 벨로즈식 압력계

④ 다이어프램식 압력계

39 다음 중 액면측정 장치가 아닌 것은?

① 임펠러식 액면계

② 유리관식 액면계

③ 부자식 액면계

④ 퍼지식 액면계

40 나사압축기에서 숫로터의 직경 150mm, 로터 길이 100mm, 회전수가 350rpm이라고 할 때 이론적 토출량은 약 몇 m³/min인가? (단, 로터 형상에 의한 계수[C_v]는 0.476이다.)

① 0.11m³/min

② 0.21m³/min

③ 0.37m³/min

④ 0.47m³/min

41 다음 중 아세틸렌 정성시험에 사용되는 시약은?

① 질산은

② 구리암모니아

③ 염산

④ 피로카롤

42 정압기를 평가·선정할 경우 고려해야 할 특성이 아닌 것은?

① 정특성

② 동특성

③ 유량특성

④ 압력특성

43 액화석유가스 소형저장탱크가 외경 1000mm, 길이 2000mm, 충전상수 0.03125, 온도보정계수 2.15일 때의 자연기화능력(kg/h)은 얼마인가?

① 11.2kg/h

② 13.2kg/h

③ 15.2kg/h

④ 17.2kg/h

44 가스누출을 감지하고 차단하는 가스누출자동차단기의 구성요소가 아닌 것은?

① 제어부

② 중앙통제부

③ 검지부

④ 차단부

45 다음 중 단별 최대압축비를 가질 수 있는 압축기는?

① 원심식

② 왕복식

③ 축류식

④ 회전식

46 C_3H_8 비중이 1.5라고 할 때 20m 높이 옥상까지의 압력손실은 약 몇 mmH₂O인가?

① 12.9mmH₂O

② 16.9mmH₂O

③ 19.4mmH₂O

④ 21.4mmH₂O

47 실제기체가 이상기체의 상태식을 만족시키는 경우는?

① 압력과 온도가 높을 때
② 압력과 온도가 낮을 때
③ 압력이 높고 온도가 낮을 때
④ 압력이 낮고 온도가 높을 때

48 다음 중 유리병에 보관해서는 안 되는 가스는?

① O_2
② Cl_2
③ HF
④ Xe

49 황화수소에 대한 설명으로 틀린 것은?

① 무색의 기체로서 유독하다.
② 공기 중에서 연소가 잘 된다.
③ 산화하면 주로 황산이 생성된다.
④ 형광물질 원료의 제조 시 사용된다.

50 다음 중 가연성가스가 아닌 것은?

① 일산화탄소
② 질소
③ 에탄
④ 에틸렌

51 나프타의 성상과 가스화에 미치는 영향 중 PONA 값의 각 의미에 대하여 잘못 나타낸 것은?

① P : 파라핀계 탄화수소
② O : 올레핀계 탄화수소
③ N : 나프텐계 탄화수소
④ A : 지방족 탄화수소

52 25℃의 물 10kg을 대기압하에서 비등시켜 모두 기화시키는 데 약 몇 kcal의 열이 필요한가? (단, 물의 증발잠열은 540kcal/kg이다.)

① 750
② 7500
③ 6150
④ 7100

53 다음에서 설명하는 법칙은?

> 같은 온도(T)와 압력(P)에서 같은 부피(V)의 기체는 같은 분자 수를 가진다.

① Dalton의 법칙
② Henry의 법칙
③ Avogadro의 법칙
④ Hess의 법칙

54 LP가스의 제법으로서 가장 거리가 먼 것은?

① 원유를 정제하여 부산물로 생산
② 석유정제공정에서 부산물로 생산
③ 석탄을 건류하여 부산물로 생산
④ 나프타 분해공정에서 부산물로 생산

55 가스의 연소와 관련하여 공기 중에서 점화원없이 연소하기 시작하는 최저온도를 무엇이라 하는가?

① 인화점
② 발화점
③ 끓는점
④ 융해점

56 아세틸렌가스 폭발의 종류로서 가장 거리가 먼 것은?

① 중합폭발
② 산화폭발
③ 분해폭발
④ 화합폭발

57 도시가스 제조 시 사용되는 부취제 중 THT의 냄새는?

① 마늘 냄새
② 양파 썩는 냄새
③ 석탄가스 냄새
④ 암모니아 냄새

58 압력에 대한 설명으로 틀린 것은?

① 수주 280cm는 0.28kg/cm²와 같다.
② 1kg/cm²은 수은주 760mm와 같다.
③ 160kg/mm²는 16000kg/cm²에 해당한다.
④ 1atm이란 1cm²당 1.033kg의 무게와 같다.

59 프레온(Freon)의 성질에 대한 설명으로 틀린 것은?

① 불연성이다.
② 무색, 무취이다.
③ 증발잠열이 적다.
④ 가압에 의해 액화되기 쉽다.

60 다음 중 가장 낮은 온도는?

① -40°F
② 430°R
③ -50℃
④ 240K

MEMO

MEMO

영문과 우혜림

기막힌 거부기

말하기

짱드러움

정답

01 ①	02 ②	03 ④	04 ③	05 ②	06 ②	07 ④	08 ①	09 ④	10 ②
11 ④	12 ①	13 ②	14 ①	15 ①	16 ③	17 ③	18 ③	19 ③	20 ③
21 ①	22 ④	23 ④	24 ①	25 ②	26 ②	27 ④	28 ③	29 ①	30 ③
31 ②	32 ④	33 ①	34 ①	35 ④	36 ②	37 ③	38 ②	39 ①	40 ②
41 ②	42 ④	43 ④	44 ②	45 ④	46 ②	47 ③	48 ②	49 ②	50 ③
51 ①	52 ④	53 ③	54 ②	55 ④	56 ①	57 ①	58 ④	59 ②	60 ②

해설

01 방류둑 설치용량

- 가연성 : (500t, 1000t) 이상
- 독성 : 5t 이상
- 산소 : 1000t 이상
- 그 밖의 가스 : 설치대상 아님

02 액화

지하설치 액화석유가스 저장탱크의 빈공간 : 세립분을 함유하지 않은 마른모래를 채움

03 이중관으로 하는 독성가스의 종류

①, ②, ③ 및 암모니아, 염소, 산화에틸렌, 포스겐, 황화수소

04 자연통풍구 바닥면적의 3%이므로

$3m^2 \times 0.03 = 0.09m^2$

$\therefore 0.09 \times 10000 = 900cm^2$

05

- 충전소의 화기엄금 : 백색바탕 적색글씨
- 충전 중 엔진정지 : 황색바탕 흑색글씨

06 벤트스택의 가스방출 시 방출구의 위치 (작업원이 통행하는 장소로부터)

- 긴급용·공급시설의 벤트스택 : 10m 이상
- 그 밖의 벤트스택 : 5m 이상

07 용기 종류에 따른 부식 여유치(mm)

용기 종류	내용적	부식 여유치
NH₃	1000L 이하	1mm
	1000L 초과	2mm
Cl₃	1000L 이하	3mm
	1000L 초과	5mm

08 용기동판 최대 최소 두께의 차이

- 용접용기 : 평균 두께의 10% 이하
- 무이음용기 : 평균 두께의 20% 이하

09 도시가스사업자의 안전점검원 선임기준 배관의 종류

공공도로 내의 공급관(단, 사용자 공급관, 사용자 소유본관, 내관은 제외)

※ 참고사항 : 15km를 기준으로 선임된 자를 배관안전점검원이라 한다.

10 화재의 종류

- A급 : 일반화재
- B급 : 가스, 유류화재
- C급 : 전기화재
- D급 : 금속화재

11 품질검사

- 대상 : 산소, 수소, 아세틸렌
- 검사주기 : 1일 1회 이상
- 합격 순도 : O_2(99.5% 이상)

  $\qquad\qquad$ H_2(98.5% 이상)

  $\qquad\qquad$ C_2H_2(98% 이상)

12 배관의 관경에 따른 고정부착 간격

① 13mm 미만 : 1m 마다

② 13mm 이상 33mm 미만 : 2m 마다

③ 33mm 이상 : 3m 마다

17 독성·가연성

암모니아, 염화메탄, 벤젠, 황화수소, 시안화수소, 브롬화메탄, 산화에틸렌, 아황산, 일산화탄소

18

$W=\dfrac{V}{C}$ 에서

$V=W \times C=1000 \times 0.80=800L$

19

③ 운반책임자와 운전자가 차량고장, 휴식 이외는 동시에 차량에서 이탈하여서는 안됨

20 철근콘크리트 구조의 정압기실

- 벽의 두께 120mm 이상, 직경 9mm 이상 철근을 가로세로 400mm 이하 간격으로 배근하고 모서리 부분 철근을 확실히 결속
- 기초는 바닥 전체가 일체로 된 철근콘크리트 구조, 그두께는 300mm 이상

22 독성가스(TLV−TWA) 농도

- 암모니아 : 25ppm
- 황화수소 : 10ppm
- 일산화탄소 : 50ppm
- 아황산가스 : 2ppm

24

① 에탄, 에틸렌(가연성)

② 암모니아(독성·가연성), 산소(조연성)

③ 오존(독성·조연성), 아황산(독성)

④ 헬륨(불연성), 염소(독성·조연성)

27

④ 안전밸브 작동 시 용기파열이 예방됨

33 가스용품 제조 허가품목

②, ③, ④ 및 압력조정기, 가스누출 자동차단장치, 호스배관용 밸브, 콕 등

35 펌프를 운전 중 회전수 N_1에서 N_2 변경 시

- 변경 유량(Q_2)

  $Q_2=Q_1 \times \left(\dfrac{N_2}{N_1}\right)^1=Q_1 \times \left(\dfrac{3500}{2000}\right)^1=1.75Q_1$

- 변경 양정(H_2)

  $H_2=H_1 \times \left(\dfrac{N_2}{N_1}\right)^2=H_1 \times \left(\dfrac{3500}{2000}\right)^2=3.06H_1$

36

액주식은 ①, ②, ④ 및 환상천평(링밸런스)식 등이 있으며 ③은 탄성식 압력계임

37 가스 분석 시 사용 흡수제

- CO_2 : KOH용액
- O_2 : 알칼리성 피로카롤용액
- CO : 암모니아성 염화제1동용액
- CmHn : 발연황산

43

$WI=\dfrac{H}{\sqrt{d}}=\dfrac{10400}{\sqrt{0.55}}=14023$

46 각 가스의 비점

① H_2(−252℃)　　② He(−260℃)

③ H_2(−196℃)　　④ CH_4(−162℃)

※ 비점이 낮을수록 액화가 어렵다.

47

압력단위를 통일하여 크기를 비교, [kg/cm²]으로 단위를 변경하면,

① $\dfrac{10}{14.7} \times 1.033=0.7$[kg/cm²]

② $\dfrac{750}{760} \times 1.033=1.016$[kg/cm²]

③ 1atm=1.033[kg/cm²]

④ 1[kg/cm²]이므로, 가장 큰 것은 ③ 1atm이다.

50

성능계수무한정＝100% 효율을 가진 열기관은 없음 : 열역학 제2법칙

51

$°R = K × 1.8 = 60 × 1.8 = 109R$

52

LPG는 탄화수소이므로, 연소 시 CO_2와 H_2O, 불완전 연소 시 CO와 H_2가 발생한다.

53

$C + O_2 \rightarrow CO_2$

$12g \qquad 22.4L$

54 각 가스의 폭발범위

① $CH_4(5 \sim 15\%)$
② $C_4H_{10}(1.8 \sim 8.4\%)$
③ $C_3H_8(2.1 \sim 9.5\%)$
④ $C_2H_6(3 \sim 12.5\%)$

55 에틸렌(C_2H_4)

① 나프타 : 200℃ 이하 유분으로 이루어진 탄화수소
② 에탄올(C_2H_5OH)
③ C_3H_8
④ CH_3Cl

※ 에틸렌의 제조원료 C H O로 이루어져야 하므로, ④ CH_3Cl은 에틸렌의 제조원료가 될 수 없다.

56 각 가스의 분자량

① $H_2(2g)$
② $N_2(28g)$
③ $C_4H_{10}(58g)$
④ $C_3H_8(44g)$

※ 수소가스가 가장 비중이 작다.

58 C_2H_2 발생기의 형식

① 주수식 : 카바이드에 물을 넣어 C_2H_2 발생
② 투입식 : 물에 카바이드를 넣어 C_2H_2 발생
③ 접촉식(침지식) : 물과 카바이드를 소량씩 접촉하여 C_2H_2을 발생

59 암모니아 가스의 특징

① 물에 잘 녹는다
② 자극적 냄새는 있으나 무색의 기체
③ 상온에서 안정
④ 물에 녹으면 염기성이다

60

$N_2 + 3H_2 \xrightarrow{\text{저온·고압}} NH_3$에서, NH_3를 생성

기출문제 제2회 정답 및 해설

정답

01	③	02	③	03	②	04	③	05	②	06	③	07	②	08	③	09	②	10	④
11	③	12	②	13	②	14	①	15	①	16	②	17	①	18	③	19	③	20	②
21	③	22	③	23	④	24	④	25	②	26	②	27	③	28	①	29	③	30	④
31	②	32	②	33	②	34	②	35	②	36	③	37	①	38	④	39	④	40	③
41	②	42	③	43	④	44	①	45	②	46	①	47	③	48	②	49	④	50	④
51	①	52	②	53	②	54	②	55	①	56	②	57	①	58	④	59	③	60	④

해설

02

월 예정량 2000m³ 미만 시 퓨즈콕, 상자콕, 소화안전장치 부착 시 가스누출경보차단장치를 설치하지 않아도 된다.

04 염소와 동일차량에 적재불가능 가스의 종류

아세틸렌, 암모니아, 수소

05

② 충전용기 세워서 적재

06

$(8+4) \times \dfrac{1}{4} = 3m$

최대 직경합산의 1/4이 1m보다 작으면 1m 유지, 1m보다 클 때는 그 길이를 유지한다.

07 TLV-TWA 독성가스의 농도

① Cl_2(1ppm)
② F_2(0.1ppm)
③ HCN(10ppm)
④ NH_3(25ppm)

08

용접은 10%, 이음매 없는 용기는 20%

09 유해성분 측정 시 도시가스 1m³당 초과금지량(g)

- 황 : 0.5g
- 황화수소 : 0.02g
- 암모니아 : 0.2g

10

④ 관대지전위 점검주기 : 1년 1회 이상

11 초음파 탐상시험 대상

① 두께 50mm인 탄소강
② 두께 6mm인 9% 니켈강
③ 두께 13mm 이상인 2.5% 니켈강
④ 두께 38mm인 저합금강
※ ③의 두께 15mm는 13mm 이상이므로 초음파 탐상시험의 대상이 된다.

12

1kcal=4.2KJ=4.2×10⁻³ MJ이므로
10400×4.2×10⁻³ MJ/Sm³=43.68 MJ/Sm³

13

② 인체에 20cm 떨어져 사용

14

$$\frac{100}{L}=\frac{V_1}{L_1}+\frac{V_2}{L_2} \text{에서,}$$

$$=\frac{15}{2.1}+\frac{8.5}{1.8}=54.36$$

$$\therefore L=100 \div 54.36=1.84\%$$

17

① 배기통의 굴곡수는 4개 이하

18 LPG 지상설치탱크

안전밸브가스방출관의 설치위치는 지상에서 5m 이상, 탱크정상부에서 2m 이상 중 높은 위치

∴ 지상 8m＋2m＝지상에서 10m 이상

21 특정고압가스 실린더 캐비닛 제조설비

①, ②, ④ 및 조립설비

23

④ 절연조치를 하지 않은 전선과 15cm 이상

24 아세틸렌 희석제

N_2, CH_4, CO, C_2H_4

25

질소탱크는 불연성 가스로서, 방류둑 설치대상에서 제외

27

③ 토양에 쉽게 흡수될 것 → 토양에 대한 투과성이 좋을 것

28 독성·가연성 가스

암모니아, 염화메탄, 벤젠, 포스겐, 황화수소, 시안화수소, 브롬화메탄, 산화에틸렌, 아황산, 일산화탄소

29 특정설비의 종류

①, ②, ④ 항목 및 액화석유가스용 잔류가스회수장치, 특정고압가스용 실린더캐비닛, 긴급차단장치, 역화방지장치, 역류방지장치, 독성가스배관용 밸브

32

$$V=\sqrt{2gH}=\sqrt{2 \times 9.8 \times 10}=14m/s$$

34 기화기의 형식

- 가온감압식 : 온도를 상승 후 압력을 감압하는 방식
- 감압가열식 : 압력을 감압 후 온도를 가열하는 방식

39 기어펌프 송출량

$$Q=2\pi ZM^2BN$$

$$=2 \times \pi \times 10 \times 3^2 \times 1.2 \times 1200$$

$$=814300815cm^3/min$$

$$=814300815cm^3/60sec$$

$$=13571cm^3/sec$$

40 사업소경계선의 최단거리에 따른 내진등급

- 사업소경계선 20m 이하 : 내진 1등급
- 사업소경계선 20m 초과 40m 이하
  - 저장능력 10t 이하 : 내진 2등급
  - 저장능력 10t 초과 100t 이하 : 내진 1등급
- 사업소경계선 40m 초과 90m 이하 : 내진 2등급

41

② 배기구는 천장면으로부터 30cm 이내 설치

③ 흡입구 배기구 관경 100mm 이상

④ 배기가스 방출구
  - 공기보다 가벼운 것 : 지면에서 3m 이상
  - 공기보다 무거운 경우 : 지면에서 5m 이상

42

③ 누설가스 검지가 잘 되는 장소에 설치

43

④ 용기교환 주기의 폭을 넓힐 수 있다.

47

$$1mbar \rightarrow \frac{1}{1013} \times 14.7=0.0145psi$$

48 상온에서 안정된 가스의 종류

He, Ne, Ar 등의 불활성가스

49 카바이드(CaC₂)

카바이드는 아세틸렌의 제조원료로서 탄산칼슘 분해 시 생석회가 제조, 생석회를 탄소 결합시 카바이드가 생기고 카바이드에 물을 결합 시 아세틸렌이 제조된다.

50 NH_3, CH_3Br의 충전구 나사

오른나사

52

① 압축 시 분해폭발한다.
② 구리, 은, 수은과 폭발성화합물인 아세틸라이트를 생성한다.
④ 고체 아세틸렌은 안정하다.

53

$30g/600cm^3 = 0.05g/cm^3$

54

절대압력 = 대기압 + 게이지압력
$1.0332 + 10 = 11.0332kgf/cm^2$

56

① 0℃ 물 100℃ 물
  $Q_1 = 10 \times 1 \times (100-0) = 1000kcal$
② 100℃ 물 100℃ 수증기
  $Q_2 = 10 \times 539 = 5390kcal$
∴ ① + ② = 1000 + 5390 = 6390kcal

59

① $CO_2(44g)$: $\dfrac{12}{44} = 0.27$

② $CH_4(16g)$: $\dfrac{12}{16} = 0.75$

③ $C_2H_4(28g)$: $\dfrac{24}{28} = 0.857$

④ $CO(28g)$: $\dfrac{12}{28} = 0.43$

기출문제 제3회 정답 및 해설

정답

01	②	02	③	03	②	04	①	05	④	06	①	07	④	08	①	09	④	10	②
11	④	12	①	13	③	14	③	15	②	16	③	17	①	18	③	19	②	20	④
21	①	22	②	23	②	24	④	25	②	26	①	27	③	28	①	29	②	30	①
31	①	32	③	33	④	34	④	35	②	36	①	37	④	38	②	39	④	40	④
41	①	42	②	43	①	44	①	45	②	46	①	47	①	48	①	49	④	50	①
51	①	52	②	53	③	54	③	55	②	56	④	57	②	58	①	59	①	60	③

해설

01 통신설비 종류

안전관리자가 상주하는 사무소와 현장사무소 사이 또는 현장사무소간의 통신설비 종류 : 구내전화, 구내방송설비, 인터폰, 페이징설비

02 C_2H_2의 완전연소 시

$C_2H_2 + 2.5O_2 \rightarrow 2CO_2 + H_2O$
C_2H_2가스 1mol, 산소 2.5mol

03

② 독성가스 허용농도 100만 분의 5000 이하

04 특수고압가스의 종류

포스핀, 압축모노실란, 디실란, 압축디보레인, 액화알진, 세렌화수소, 게르만

05 동일차량 적재금지

염소와 아세틸렌, 암모니아, 수소

06 퍼지용가스

N_2, CO_2

07 독성가스의 표지

항목 구분	식별거리	글자크기 (가로×세로)	바탕색	글자색
위험표지	10m	5×5cm	백색	흑색
식별표지	30m	10×10cm	백색	흑색

09 압축해서는 안되는 경우

① 가연성 중 산소가 4% 이상일 때
② 산소 중 가연성가스가 4% 이상일 때
③ 수소, 아세틸렌, 에틸렌 중 산소가 2% 이상일 때
④ 산소 중 수소, 아세틸렌, 에틸렌이 2% 이상일 때

11 폭발범위

① 황화수소(4.3~45%)
② 암모니아(15~28%)
③ 산화에틸렌(3~80%)
④ 프로판(2.1~9.5%)

12

① 배관은 그 외면으로부터 수평거리로 건축물까지 1.5m 이상 유지

15

정량적 평가 기법	정성적 평가 기법
결함수분석법(FTA)	위험성운전분석기법
사건수분석법(ETA)	체크리스트
원인결과분석법(CCA)	사고예방질문분석
작업자실수분석법(HEA)	이상위험도분석

16 안전관리자

①, ②, ④ 및 안전관리 부총괄자

18 용기저장소 용기보관실의 면적

- 고압가스 : $10m^2$ 이상
- 액화석유가스 : $19m^2$ 이상

20 부식여유치

- 용기내용적 1000L 이하 시
  NH_3 : 1mm, Cl_2 : 3mm
- 용기내용적 1000L 초과 시
  NH_3 : 2mm, Cl_2 : 5mm

21 고압가스 관련 설비

자동차용 압축천연가스 완속충전설비, 액화석유가스용 용기 잔류가스회수장치, 안전밸브, 긴급차단장치, 역화방지장치, 독성가스배관용밸브, 냉동설비 등

22

② 지면에서 탱크정상부까지 60cm 이상

23 아황산의 제독제

가성소다수용액, 탄산소다수용액, 물

24 윤활제의 종류와 가스

- 양질의 광유(아세틸렌, 공기, 수소)
- 진한황산(염소)
- 식물성유(LPG)
- 물 또는 10% 이하 글리세린(산소)

25 화합폭발을 일으키는 물질

- Cu_2C_2(동아세틸라이트)
- Ag_2C_2(은아세틸라이트)
- Hg_2C_2(수은아세틸라이트)

29

① LG : 액화가스를 충전하는 용기의 부속품
② PG : 압축가스를 충전하는 용기의 부속품
③ LT : 초저온 저온용기의 부속품
④ AG : 아세틸렌가스를 충전하는 용기의 부속품

32

$P_2 = P_1 + Sh$
$\quad = 1kg/cm^2 + 13.6kg/\ell \times 60cm$
$\quad = 1kg/cm^2 + 13.6kg/\ell \times 1\ell/10^3cm^3 \times 60cm$
$\quad = 1.82kg/cm^2$

33 2단 감압식의 장점

①, ②, ③ 및 최종압력이 정확하다.

34

- CH_4의 비점 −162℃ 이므로 K로 변경 시 273−162=111K
- 임계온도 82℃ 이므로 82+273=355K

35

② 저온도가 될수록 인장강도는 증가한다.

36 수소취성 방지 금속

①, ②, ④ 및 Mo(몰리브덴), Ti(티탄)

37

④ 영향이 없을 것

38 캐비테이션

그 액온의 증기압보다 낮은 부분이 생기면 물이 증발을 일으키고 기포를 발생하는 현상

39 LP가스 자동차 사용

장점	①, ②, ③ 및 공해가 적다.
단점	• 누설가스가 차내에 들어오지 않도록 밀폐시켜야 한다. • 급속한 가속은 곤란하다. • 용기를 설치할 장소가 필요하고 용기의 무게를 차량이 감당하여야 한다.

42

① 질소가 정류탑 상부로 먼저 기화

43 증발기

실제로 냉동이 이루어지는 곳

46

① $450°R = 450℃ \times \dfrac{1}{1.8} = 250K$

② 220K

③ $(2+460) \times \dfrac{1}{1.8} = 256K$

④ $-5+273 = 268K$

47 냉매용가스

프레온가스, 암모니아가스

48

$\dfrac{580g}{58g} \times 22.4(L) = 224L$

49 각 가스 비등점

① $NH_3(-33℃)$
② $C_3H_8(-42℃)$
③ $N_2(-196℃)$
④ $H_2(-252℃)$

50

① 물에 녹지 않을 것

52 폭명기 반응식

$2H_2 + O_2 \rightarrow 2H_2O$(수소폭명기)
$H_2 + Cl_2 \rightarrow 2HCl$(염소폭명기)
$H_2 + F_2 \rightarrow 2HF$(불소폭명기)
※ 폭명기 : 폭발적으로 반응을 일으킴

54

③ 액체에서 기체로 될 때 체적은 250배로 증가한다.

55

온도 상승 시 부피는 커지므로 상대적으로 밀도는 작아진다.

57

$\begin{aligned} tm &= \dfrac{G_1C_1t_1 + G_2C_2t_2}{G_1C_1 + C_2C_2} \\ &= \dfrac{300 \times 1 \times 60 + 800 \times 1 \times 20}{300 \times 1 + 800 \times 1} \\ &= 30.9℃ \end{aligned}$

59

② 가연성의 독성가스
③ 무색의 기체 물에 잘 녹음(800배 용해)
④ $HCl + NH_3 \rightarrow NH_4Cl$(염화암모늄의 흰연기를 발생)

60

C_2H_6(분자량 30g), C_3H_8(분자량 44g), C_4H_{10}(분자량 58g)

$C_4H_{10}(\%) = \dfrac{3 \times 58}{2 \times 30 + 5 \times 44 + 3 \times 58} \times 100 = 38.3\%$

※ 참고 : 부피(용량%)

$C_4H_{10}(\%) = \dfrac{3}{2 + 5 + 3} \times 100 = 30\%$

정답

01	③	02	①	03	③	04	④	05	③	06	②	07	①	08	④	09	④	10	③
11	①	12	③	13	③	14	②	15	④	16	②	17	③	18	①	19	①	20	①
21	③	22	②	23	①	24	②	25	①	26	②	27	②	28	③	29	①	30	④
31	④	32	①	33	③	34	④	35	①	36	③	37	③	38	②	39	①	40	④
41	③	42	②	43	④	44	①	45	④	46	②	47	②	48	③	49	④	50	①
51	②	52	②	53	①	54	①	55	①	56	①	57	②	58	④	59	③	60	④

해설

01 내압시험압력

- 수압으로 시행 : 상용압력×1.5배 이상
- 공기 또는 질소로 시행 : 상용압력×1.25배 이상

02 가스공급을 차단할 수 있는 구역

수요가구 20만 가구 이하(단, 구역 설정 후 수요가구 증가 시는 25만 미만으로 할 수있다.)

03

③ 다른 배관과 수평거리 30m 이상 유지

04

④ 철도부지 밑 매설 시 궤도중심과 4m 이상 이격할 것

05

- 비가연성, 비독성 저장탱크의 내진설계 용량
 : 10톤, 1000m³ 이상
- 가연성, 독성 저장탱크의 내진설계 용량
 : 5톤, 500m³ 이상

06 탱크의 충전량

- 3t 이상 저장탱크 : 90% 이하로 충전
- 3t 미만 저장탱크 : 85% 이하로 충전
∴15m³×0.9=13.5m³

08

④ 250세대 개별 난방 아파트 : 2종 보호시설

09

C_2H_2 접촉부분 동함유량 62% 미만의 것을 사용

10 가연성·독성가스

암모니아, 염화메탄, 산화에틸렌, 벤젠, 시안화수소, 일산화탄소

11 가스의 폭발범위

① 암모니아(15~28%)
② 수소(4~75%)
③ 프로판(2.1~9.5%)
④ 메탄(5~15%)

12

- 염소와 아세틸렌, 염소와 암모니아, 염소와 수소는 동일차량 적재금지
- 압축가연성 300m³, 액화가연성 3000kg 이상 운반 시 운반책임자를 동승
- 압축조연성 600m³ 이상, 액화조연성 6000kg 이상 운반책임자를 동승

13 FE(강제배기반밀폐형)

연소용 공기는 실내에서 취하고 폐가스는 강제로 옥외로 배출시키는 방식으로 단독 배기통인 경우 풍압대와 관계없이 설치가 가능하다.

15

④ 저장탱크의 안전밸브는 스프링식으로 한다.

18 LNG(액화천연가스)

주성분은 메탄이다.

19 방호벽(높이는 2m 이상) 종류별 두께

- 철근콘크리트 : 12cm 이상
- 콘크리트 블록 : 15cm 이상
- 후강판 : 6mm 이상
- 박강판 : 3.2mm 이상

※ 박강판의 경우 가로, 세로 40cm의 간격으로 앵글강으로 용접 보강을 하여야 한다.

20

① 파일럿버너를 항상 점화하여 플레어스택에 관련된 폭발을 방지하기 위한 조치가 되어 있는 것으로 한다.

23

내압방폭구조 : d

24

② 고압가스 설비에는 그 안의 압력이 상용압력을 초과하는 경우 즉시 그 압력을 상용압력으로 되돌릴 수 있는 과압안전장치를 설치한다.

25

① V : 용기의 내용적(L)
② Fp : 최고충전압력(MPa)
③ Tp : 내압시험압력(MPa)
④ W : 용기의 질량(kg)

26

가연성·독성가스를 냉매로 사용하는 냉매설비 중 수액기에 설치하는 액면계는 환형 유리제 액면계 이외의 것을 사용한다. 단, 산소, 초저온가스 및 불활성가스는 환형 유리제 액면계의 사용이 가능하다.

28

T_1 : 0℃	P_1 : 1atm
V_1 : 6L	T_2 : 273℃
P_2 : 1atm	V_2 : ?

$P_1 = P_2$ 이므로, $\dfrac{V_1}{T_1} = \dfrac{V_2}{T_2}$

$\therefore V_2 = \dfrac{T_2}{T_1} \times V_1 = \dfrac{(273+273)}{273} \times 6 = 12L$

29 2중관으로 하는 독성가스의 종류

아황산, 암모니아, 염소, 염화메탄, 산화에틸렌, 시안화수소, 포스겐, 황화수소

30

- 비파괴시험 대상 배관
  - 중압의 배관
  - 저압배관으로서 호칭경 80A 이상
- 비파괴시험 제외 대상 배관
  - PE 배관
  - 저압으로 노출된 사용자공급관
  - 저압으로 호칭경 80A 미만 배관

31 축봉장치 아웃사이드 형식 사용의 경우

①, ②, ③ 및 저응고점액일 때

32

$P(\text{게이지 압력}) = \dfrac{\text{추 · 피스톤 무게}}{\text{피스톤(실린더) 단면적}}$

$= \dfrac{15.7}{\frac{\pi}{4} \times (4)^2} = 1.25(\text{kg/cm}^2)$

33 피스톤과 축의 연결고리

커넥팅 로드

35

④ 유리제 온도계 : 자동제어 불가능

38 왕복압출기토출량(Q)

$= \dfrac{\pi}{4} \times D^2 \times L \times N \times \eta v$

$= 50\text{cm}^2 \times 10\text{cm} \times 200 \times 0.8$

$= 80000\text{cm}^3/\text{min}$

$= 80\text{L/min}$

39

가연성가스의 경보농도는 폭발하한값의 $\frac{1}{4}$ 이다.

연소하한값 1.8%이므로, $1.8 \times \frac{1}{4} = 0.45\%$

40

퓨즈콕	• 가스유로를 볼로 개폐, 과류차단 • 안전기구가 부착 • 배관과 호스, 호스와 호스, 배관과 배관 • 배관과 카플러를 연결하는 구조
상자콕	• 핸들 누름, 당김 조작으로 개폐 • 과류차단 안전기구가 부착된 것으로 배관과 카플러를 연결하는 구조

41

① 피로 : 재료에 응력의 힘이 반복 시 재료가 파괴
② 크리프 : 재료에 하중을 가하면 시간과 더불어 변형이 증대되는 현상
③ 소성 : 재료에 하중이 가하여졌을 때 원래로 돌아오지 않고 변형이 남아있는 성질
④ 탄성 : 재료에 가해진 하중 제거 시 원래로 돌아오는 성질

43

① 캐비테이션 : 유수중에 그 수온의 증기압 보다 낮은 부분이 생기면 물이 증발을 일으키고 기포를 발생하는 현상
② 워터해머링 : 펌프를 운전 중 정전 등에 의하여 속도가 급변하면 심한 압력변화가 생기는 현상
④ 서징 : 펌프가 운전 중에 한숨을 쉬는 것과 같은 현상으로 주기적으로 양정 토출량이 변동을 일으키는 현상

44

① 고진공단열법 : 단열공간자체를 진공으로 열을 차단. 압력이 낮아지면 비례하여 공기에 의한 전열이 적어지는 성질을 이용
② 분말진공법 : 규조토 분말 등으로 압력을 낮추어 열의 전도를 차단하는 방법
③ 다층진공법 : 단열의 층을 다층으로 10^{-5}torr의 진공도로 극저온의 단열에 이용됨

46 암모니아 검출법

• 네슬러시약 사용 시 황갈색으로 변색
• 진한 염산과 반응 시 염화암모늄(NH_4Cl) 흰 연기 발생
• 붉은리트머스시험지와 반응 시 청색으로 변함

47

Cv(정적비열), Cp(정압비열), K(비열비)

$K = \frac{Cp}{Cv}$ 이고, Cp가 Cv보다 그 값이 크므로 K는 1보다 크다.

48 염소폭명기

수소와 염소가 1:1로 반응 시 염소 폭명기를 생성
$H_2 + Cl_2 \rightarrow 2HCl$

49 기본단위 7종

• 질량(kg)　　　　• 길이(m)
• 물질량(mol)　　• 광도(cd)
• 시간(Sec)　　　• 온도(K)
• 전류(A)

50 공기의 연소방법 시 불꽃의 온도

① 분젠식 : 1200~1300℃
② 적화식 : 1000℃
③ 세미분젠식 : 1000℃
④ 전1차 공기식 : 900℃

51

용액(소금물)=용질(소금)+용매(물)

10%의 소금물 500g은 $\frac{x}{500} \times 100 = 10\%$이므로

x(소금)의 양은 50g이며 물은 450g이 된다.
여기서 증발되는 양은 물이므로 소금물 400g이 되려면,
소금 50, 물은 350이므로 $\frac{50}{400} \times 100 = 12.5\%$

※출제빈도가 극히 낮으므로 생략하셔도 됩니다.

52 드라이아이스 제조

액체 CO_2를 −25℃ 이하로 냉각, 100atm으로 압축 시 고체 CO_2(드라이아이스)가 된다.

53 비등점

① 나프타(200℃)
② 프로판(42℃)
③ 에탄(−89℃)
④ 부탄(−0.5℃)

55 가스누출자동차단기 Tp(내압시험압력)

- 고압부 3MPa 이상
- 저압부 0.3MPa 이상

56

V_1 : 47L, T_1 : 20℃, P_1 : 15MPa, T_2 : 40℃, P_2 : ?

1atm=0.101325MPa

내용적은 $V_1=V_2$ 이므로 $\dfrac{P_1}{T_1}=\dfrac{P_2}{T_2}$

$$\therefore\ P_2=\frac{T_2}{T_1}\times P_1$$
$$=\frac{(273+40)}{(273+20)}\times(15+0.101325)$$
$$=16.132\text{MPa}$$
$$\therefore\ 16.132-0.101325=16.031\text{MPa(gage)}$$

58

① NH_3(독성, 가연성)
② C_2H_{40}(독성, 가연성)
③ CS_2(가연성)
④ $CH \cdot ClF_2$(비독성, 비가연성)

59

$R=K\times1.8=300\times1.8=540$

60

CH_4은 LPG(C_3H_8, C_4H_{10})보다 발열량이 적다.

기출문제 제5회 정답 및 해설

정답

01	①	02	②	03	②	04	①	05	②	06	③	07	②	08	④	09	②	10	④
11	②	12	④	13	①	14	①	15	③	16	①	17	②	18	④	19	④	20	③
21	①	22	①	23	④	24	①	25	②	26	②	27	①	28	③	29	③	30	②
31	③	32	③	33	④	34	④	35	①	36	③	37	②	38	④	39	③	40	①
41	④	42	②	43	③	44	②	45	④	46	④	47	②	48	①	49	④	50	④
51	③	52	①	53	③	54	④	55	②	56	③	57	②	58	②	59	④	60	①

해설

01 염화비닐호스

- 1종 : 안지름 6.3mm
- 2종 : 안지름 9.5mm
- 3종 : 안지름 12.7mm

02 검지부 설치 금지 장소

①, ③, ④ 및 온도 40℃ 이상의 장소, 누출가스 유동이 원활하지 못한 장소, 경보기 파손 우려의 장소, 증기 물방울 등 연기 등의 직접 접촉 우려가 있는 곳

03

② 베릴륨합금제 공구에 의한 타격은 불꽃발생을 방지할 때 사용되는 안전 공구이므로 착화원이 방지되는 사항

04 LP가스 성질

② 액이 팽창 시 250배의 기체가 된다.
③ 증발잠열이 크다.
④ 기화 액화가 용이하다.
※ 상기항목 및 액은 물보다 가볍다, 천연고무는 용해한다, 패킹제조는 실리콘 고무를 사용한다.

05 관경에 따른 배관의 고정간격

- 관경 13mm 미만 : 1m마다 고정
- 관경 13mm 이상 33mm 미만 : 2m마다 고정
- 관경 33mm 이상 : 3m마다 고정

09 용기 동판의 최대두께와 최소두께의 차이

- 용접용기의 경우 평균 두께의 10% 이하
- 무이음용기의 경우 평균 두께의 20% 이하

10 가스의 폭발범위

① $CH_4(5 \sim 15\%)$ ② $C_3H_8(2.1 \sim 9.5\%)$
③ $C_2H_6(3 \sim 12.5\%)$ ④ $CO(12.5 \sim 74\%)$

11 약간의 충격에도 예민한 폭발성 물질

①, ③, ④ 및 Cu_2C_2(동아세틸라이트), Ag_2C_2(은아세틸라이트), Hg_2C_2(수은아세틸라이트)

12

④ 충전용기 적재 시 세워서 운반. 단, 압축가스의 경우 적재함의 높이 이하로 뉘어서 적재할 수 있다.

16 내진설계 적용 저장탱크 및 가스홀더의 용량

- 독성·가연성의 경우 : 5t, 500m³ 이상
- 비독성·비가연성의 경우 : 10t, 1000m³ 이상
- LPG 저장탱크 : 3t 이상
- 도시가스 제조시설의 저장탱크 가스홀더 : 3t, 300m³ 이상
- 압축도시가스 액화도시가스 충전시설 : 5t, 500m³ 이상
※ ①의 경우 3t 이상

17

② 지면으로부터 저장탱크 정상부까지 깊이는 60cm 이상

18

- 가스의 정상 연소 속도 : 0.03~10m/s
- 가스의 폭굉 속도 : 1000~3500m/s

19

① 가스계량기와 화기의 우회거리 2m 이상

② 입상관과 화기의 우회거리 2m 이상

③ 도시가스 사용시설의 가스계량기 단열조치하지 않은 굴뚝 30cm 이상

20 비등액체증기폭발

저비점의 LNG, LPG 저장탱크, 탱크로리에서 발생할 가능성이 높다.

23

④ 이황화탄소 : 가연성, 폭발범위 1.2~44%

24

$$W = \frac{V}{C} = \frac{300}{1.86} = 161kg$$

25 방류둑을 설치하여야 할 저장탱크의 저장능력

- 독성 : 5t 이상
- 가연성 : 1000t 이상(일반제조, LPG, 일반도시가스)
  500t 이상(특정제조, 가스도매사업)
- 산소 : 1000t 이상

※②의 경우 300t 이상 → 1000t 이상

26

A : 산업용으로 사용하는 연소기의 명판에 기재된 가스소비량의 합계

B : 산업용이 아닌 연소기 명판에 기재된 가스소비량의 합계

28

전증가량 : (40.24−40)=0.24

항구(영구)증가량 : (40.02−40)=0.02

∴ 항구증가율 = $\frac{\text{항구증가량}}{\text{전증가량}} \times 100$

$$= \frac{0.02}{0.24} \times 100 = 8.3\%$$

※항구증가율이 10% 이하 시 합격이다.

29 설비산소의 적정농도

18% 이상 22% 이하

30

② 충전기에는 수평방향으로 당겼을 때 666.4N(68kgf) 미만에서 분리되는 긴급분리장치를 설치한다.

31

③ 온도의 영향이 크다.

※상기항목 및 부식성 유체에 적합하다.

32

$$WI = \frac{H}{\sqrt{d}} = \frac{15000}{\sqrt{0.5}} = 21213$$

33 독성가스의 누설검지 시험지

- 아세틸렌 : 염화제동착염지(적변)
- 황화수소 : 연당지(흑변)
- 염소 : KI전분지(청변)
- 일산화탄소 : 염화파라듐지(흑변)
- 포스겐 : 하리슨시험지(심등색)
- 시안화수소 : 질산구리벤젠지(청변)
- 암모니아 : 적색리트머스지(청변)

34

④ 전기측정은 가능한 배관에서 가까운 위치에서 측정한다.

35 가연성가스 검출기 특징

- 안전등형 : 탄광 내에서 CH_4의 발생을 검출, 농도에 따른 청색 불꽃의 길이 측정
- 간섭계형 : 가스의 굴절율 차이를 이용하여 농도를 측정하는 방법
- 열선형 : 브리지 회로의 편위전류를 이용, 가스발생 시 자동으로 경보하는 방법

36

①, ②, ③ : 차압식 유량계

38 진탕형 오토클레이브

④ 뚜껑판에 뚫어진 구멍에 촉매가 끼어들어갈 염려가 크다.

39

$$Lps_{(1)} = \frac{\gamma \cdot Q \cdot H}{75\eta} \text{ 에서}$$

$$= \frac{1000(kg/m^3) \times \frac{12m^3}{60s} \times 45}{75 \times 0.8} = 150ps$$

$$Lps_{(2)} = Lps_{(1)} \times \left(\frac{N_2}{N_1}\right)^3$$

$$= 150 \times \left(\frac{1100}{1000}\right)^3 = 200ps$$

40

$$\text{펌프의 체적효율}(\eta_v)=\frac{\text{실제송출유량}}{\text{실제송출유량}+\text{누설유량}}$$

$$=\frac{Q}{Q+\Delta Q}$$

42

② 사용 후에는 밸브를 닫아둔다.

44 저온의 원리(줄톰슨 효과)

압축가스를 단열팽창 시 온도와 압력이 강하하는 현상

45 압축기를 이용한 LP가스 이충전 작업 시

- 장점 : 충전시간이 짧다, 잔가스 회수가 용이하다, 베이퍼록의 우려가 없다.
- 단점 : 재액화의 우려가 있다, 드레인의 우려가 있다

46

$1atm=101.325KPa=10.332mH_2O=0.101325MPa$
∴ 0.2MPa가 가장 크다.

47 각 가스의 비점

① 수소(-252℃) ② 헬륨(-268℃)
③ 산소(-183℃) ④ 네온(-246℃)

48 각 가스의 폭발범위

① CH_3Br(13.5~14.5%) ② C_2H_6(3~12.5%)
③ C_2H_4O(3~80%) ④ H_2S(4.3~45%)

※ CH_3Br은 10%이면 폭발범위가 아니므로 폭발의 위험성이 없다.

49

④ 착화온도가 높다.

50

LNG는 액화천연가스로서 주성분은 CH_4이다.

51

불완전연소 시 CO가 발생하여 중독사고의 원인이 된다.

52

- 1cal : 순수한 물 1g을 14.5℃에서 15.5℃까지 높이는 데 필요한 열량
- 1BTU : 순수한 물 1Lb를 1°F 높이는 데 필요한 열량
- 1CHU : 순수한 물 1Lb를 1℃ 높이는 데 필요한 열량

53

- 잠열 : 융해, 응고, 증발, 응축 등 상태의 변화를 일으킬 때 발생 또는 흡수하는 열량
- 감열(현열) : 온도변화가 일어날 때 발생되는 열량

55

$100\times\dfrac{23.2}{100}=23.2kg$

※ 참고 : 공기 100m³ 중 산소는 몇 m³?

$$100\times\frac{21}{100}=21m^3$$

56

$℃=\dfrac{F-32}{1.8}$ 이므로

$$=\frac{(100-32)}{1.8}=37.8℃$$

57

전압력 $P=\dfrac{P_1V_1+P_2V_2}{V}$ 이므로, 여기서 V는 혼합하여 2L 하였으므로 2L이다. 만약 2L이 주어지지 않고 혼합하였다라고 하면 1+2=3L이 된다.

$$\therefore\ P=\frac{2\times1+3\times2}{2}=4atm$$

58

① CH_4(-162℃) ② C_3H_8(-42℃)
③ O_2(-183℃) ④ H_2(-252℃)

※ C_3H_8의 비등점이 높아 액화하기 쉬우므로 액화가스이다.

59 분자식

① C_2H_2(아세틸렌) ② CH_4(메탄)
③ C_3H_8(프로판) ④ C_4H_{10}(부탄)

※ 가장 탄소 수소수가 많은 부탄이 연소 시 가장 공기량이 많이 필요하다.

60

① 물에 약간 녹으므로 헨리의 법칙이 적용되는 기체이며, 액체산소는 담청색이다.

정답

01	④	02	③	03	④	04	①	05	③	06	③	07	②	08	③	09	②	10	④
11	④	12	①	13	②	14	④	15	③	16	④	17	②	18	①	19	④	20	④
21	④	22	④	23	③	24	②	25	②	26	④	27	②	28	③	29	①	30	①
31	③	32	③	33	①	34	②	35	①	36	②	37	①	38	②	39	④	40	②
41	②	42	②	43	②	44	②	45	③	46	④	47	④	48	③	49	②	50	③
51	①	52	④	53	①	54	①	55	②	56	④	57	①	58	④	59	③	60	④

해설

01

- 화기엄금 : 흰색바탕 적색글씨
- 충전 중 엔진정지 : 황색바탕 흑색글씨

02 특정고압가스 사용시설의 방호벽 적용 용량

- 액화가스 : 300kg 이상
- 압축가스 : 60m³ 이상

03

① 천연가스 : 액화를 포함한 지하에서 자연적으로 생성되는 가연성으로 메탄을 주성분으로 하는 가스
② 나프타부생가스 : 나프타 분해공정을 통해 에틸렌, 프로필렌을 제조하는 과정에서 부산물로 생성되는 가스
③ 석유가스 : 액화석유가스 및 기타석유가스를 공기와 혼합하여 제조한 가스

06 LC$_{50}$의 농도

- 염화수소 : 3120ppm
- 암모니아 : 7338ppm
- 황화수소 : 444ppm
- 일산화탄소 : 3760ppm

07 각 가스의 폭발범위

① C_2H_2(2.5~81%) ② C_3H_8(2.1~9.5%)
③ H_2(4~75%) ④ CO(12.5~74%)

08 설비 내 산소의 유지농도

18% 이상 22% 이하

09 냉동능력 1톤

- 흡수식 냉동기는 시간당 발생 입열량 6640kcal를 1일 냉동능력 1톤으로 한다.
- 원심식 압축기 사용 시 원동기 정격출력 1.2kw를 1일 냉동능력 1톤으로 한다.
- 한국 1냉동톤(1RT)=3320kal/hr

10 운반책임자 동승기준 운반가스량

- 가연성 : 300m³, 3000kg 이상 시
- 조연성 : 600m³, 6000kg 이상 시
- 독성가스 : 10m³(200ppm 이하)
  100m³(200ppm 초과) 이상
  100kg(200ppm 이하) 이상
  1000kg(200ppm 초과) 이상
④ 액화석유가스는 3000kg 이상이어야 운반책임자를 동승시킨다.

13 방파판 설치

액면 요동을 방지하기 위하여 5m³ 이상의 탱크로리에 방파판을 설치한다.

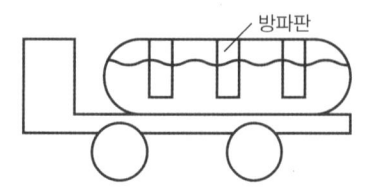

방파판

14 비파괴검사의 종류

①, ②, ③ 및 침투탐상검사

15 저장능력별 산소가스의 보호시설과 이격거리

저장능력	1종	2종
1만 이하	12m	8m
1만 초과 2만 이하	14m	9m
2만 초과 3만 이하	16m	11m
3만 초과 4만 이하	18m	13m
4만 초과 5만 이하	20m	14m

16

④ 저장탱크 주위 빈공간에는 세립분을 함유하지 않은 마른모래를 채운다.

17 가스의 분류

- 성질에 따른 분류 : 가연성, 조연성, 불연성
- 상태에 따른 분류 : 압축, 액화, 용해

18

- 화학적 : 분해, 산화, 연소, 화합, 중합
- 물리적 : 압력, 증기

19

④ 폭발하한이 낮을수록 위험하다.

21

④ 누출을 알았을 때 즉시 운행을 중지하고 가까운 소방서 경찰서에 신고하여야 한다.

22

염소는 암모니아와 반응 시 염화암모늄의 흰연기를 발생한다.

$3Cl_2 + 8NH_3 \rightarrow 6NH_4Cl$

*NH_4Cl(염화암모늄)

23

② 수소는 가연성이므로 원나사이다.

24 약간의 충격에도 폭발에 예민한 물질

① S_4N_4(황화질소), ③ N_2Cl(염화질소), ④ Cu_2C_2(동아세틸라이트) 및 은아세틸라이트(Ag_2C_2), 수은아세틸라이트(Hg_2C_2) 등

25

② 지표면으로부터 배관외면의 깊이를 1.2m 이상 유지한다.

26

- 혼합저장 불가능 : 가연성 + 조연성, 가연성 + 독성
- 혼합저장 가능 : 불연성 ┬ 가연성
                        ├ 산소
                        └ 독성

27

- Tp(내압시험압력)[MPa]
- W(용기의 질량)[kg]
- AG(아세틸렌가스를 충전하는 용기의 부속품)
- V(용기의 내용적)[L]

29 도시가스 사용시설 가스계량기와 이격거리

② 전기접속기 : 30cm 이상
③ 전기점멸기 : 30cm 이상
④ 절연조치하지 않은 전선 : 15cm 이상

30 누출확산방지 및 누출 시 재해 조치를 하여야 하는 독성가스의 종류

- 아황산   - 암모니아
- 염소   - 염화메탄
- 산화에틸렌   - 시안화수소
- 포스겐   - 황화수소

31 흡수식 냉동기

냉매	흡수제
물(H_2O)	리튬브로마이드(LiBr)
암모니아(NH_3)	물

32

③ 고압에 견디는 구조이다.

33

$$게이지 압력 = \frac{추와 피스톤 무게}{실린더 단면적}$$

$$= \frac{130kg}{\frac{\pi}{4} \times (5cm)^2} = 6.62kg/cm^2$$

$$오차값 = \frac{압력차이값}{게이지 압력}$$

$$= \frac{7-6.62}{6.62} \times 100 = 5.7\%$$

34

제조 가스별	사용 반응기
염화비닐	관식 반응기
아세틸렌, 에틸렌	축열식 반응기
에틸벤젠	탑식 반응기

35 열전대온도계의 종류

- PR(백금−백금로듐)
- CA(크로멜−알루멜)
- IC(철−콘스탄탄)
- CC(동−콘스탄탄)

36 체크(역지)밸브

유체를 한 방향으로 흐르게 하는 밸브

도시모양	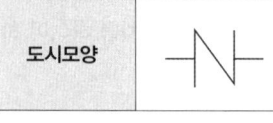

37 가스 분석법

화학적	• 중량법, 분광광도법, 요오드적정법 • 가스의 연소열이용법 • 용액의 흡수제(오르자트, 헴펠, 게겔)을 이용하는 방법 • 고체의 흡수제를 이용하는 방법
물리적	• 적외선 흡수법 • 빛의 간섭을 이용하는 방법 • 가스의 열전도율 밀도·비중·반응성을 이용 • 전기전도도 이용 • 가스크라마토그래피법

38

- LNG 저장탱크 : 저온용 금속재료 사용
- NH_3 : 동함유량 62% 미만 동합금 및 강제사용
- 액화산소 저장탱크 : 저온용 금속재료 사용

- 저온용 재료 : Cu, Al, 9% Ni, 18−8STS
- 저온취성 : 저온에 적당한 재료를 사용하지 않을 경우 재료가 갈라지거나 파손되는 현상

39 파열판(박판)식

압력이 급상승할 우려가 있는 장소에 사용되는 안전장치

41

C_4H_{10}의 발열량 30000kcal/sm³에서 가스 1sm³에 열량 30000kcal, 여기에 공기 3sm³을 혼합 시 발열량이 낮아지므로(공기는 열량이 없는 가스이므로),

$$\frac{30000}{1+3} = 7500kcal/sm^3$$

43 다이어프램 압력계

독성가스 등과 같은 부식성 고점도 부유 현탁액에 사용되는 압력계

44 부취제 종류

- TBM(양파썩는 냄새)
- THT(석탄가스 냄새)
- DMS(마늘 냄새)

45

③ 정도가 높을 것

46 온도의 종류

- 섭씨(℃) : 물의 빙점 0℃, 비등점 100℃ 그 사이를 100등분하여 사용되는 온도계(주로 동양에서 사용)
- 화씨(°F) : 물의 빙점 32°F, 비등점 212°F로 하여 그 사이를 180등분하여 사용(주로 서양에서 사용)

47 탄화수소의 연소반응식

$$CmHn + \left(m + \frac{n}{4}\right)O_2 \rightarrow mCO_2 + \frac{n}{2}H_2O$$

48

① LP가스는 액 1이 팽창 시 기체 250이 된다.
② 천연고무를 용해하므로 패킹제로는 합성고무제인 실리콘 고무를 사용한다.
③ 물에 녹지 않는다.
④ 액비중 0.5, 기체비중 1.5~2로, 액은 물보다 가볍고 기체는 공기보다 무겁다.

49

② 거버너 : 정압기

50

③ 염소의 분자량 71g, 기체비중 $\frac{71}{29}=2.45$, 공기보다 무겁다.

51 접촉분해공정

• 저온수증기 개질
• 고온수증기 개질
• 사이클링식 접촉분해

52 –10℃ 얼음이 증기(100℃)로 변화하는 과정

• –10℃ 얼음, 0℃ 얼음 (감열)
  $Q_1=10\times0.5\times10=50kcal$
• 0℃ 얼음, 0℃ 물 (잠열)
  $Q_2=10\times80=800kcal$
• 0℃ 물, 100℃ 물 (감열)
  $Q_3=10\times1\times100=1000kcal$ (잠열)
• 100℃ 물 100℃ 수증기
  $Q_4=10\times539=5390kcal$

∴ 총 열량 $Q=Q_1+Q_2+Q_3+Q_4$
       $=50+800+1000+5390=7240kcal$

※ 계산상 복잡하므로 생략하시고 다른문제에 집중하시는게 효율적일 듯 합니다.

53

$1atm=101325[N/m^2][Pa]=14.7[lb/in^2]$
    $=10.332[mH_2O]$

54 품질검사가스와 시약

가스명	시약
O_2	동암모니아
H_2	피로카롤, 하이드로썰파이드
C_2H_2	발연황산

55

가스의 밀도 $=\dfrac{(분자량)g}{22.4L}$

산소의 분자량 $=32g$

∴ $\dfrac{32}{22.4}=1.43g/L$

56 각 가스의 폭발범위

① C_3H_8 : 2.1~9.5%
② C_4H_{10} : 1.8~8.4%
③ CH_4 : 5~15%
④ C_2H_2 : 2.5~81%

∴ 가장 폭발범위가 넓은 가스는 C_2H_2이다.

58

• 현열(감열) : 온도변화가 있고 상태변화가 없는 열
• 잠열 : 상태변화(융해, 응축, 증발)가 있으며 온도변화가 없는 열

59

③ LP가스 : 옥탄가가 낮다

60 염소

독성가스로서 녹 제거용에 사용되지 않는다.

정답

01	④	02	①	03	④	04	④	05	①	06	①	07	④	08	③	09	②	10	①
11	①	12	①	13	④	14	②	15	①	16	②	17	③	18	②	19	④	20	①
21	②	22	③	23	③	24	②	25	②	26	②	27	①	28	②	29	③	30	④
31	③	32	④	33	④	34	④	35	③	36	②	37	④	38	④	39	④	40	③
41	④	42	①	43	④	44	④	45	①	46	③	47	②	48	②	49	②	50	④
51	①	52	④	53	④	54	①	55	①	56	②	57	④	58	③	59	②	60	①

해설

01
④ W : 밸브 부속품을 포함하지 아니한 용기의 질량(kg)

02 역화방지장치 설치장소
②, ③, ④ 및 특정고압가스 사용시설 안의 산소, 수소, 아세틸렌 화염사용시설

03 Tp(내압시험압력)
• 고압·LPG 설비 : 상용압력×1.5배 이상
  (단, 공기 질소로 시험 시 상용압력×1.25배 이상)
• 도시가스 설비 : 최고사용압력×1.5배 이상
• 아세틸렌용기 : 최고충전압력×3배
• 그 밖의 용기 : 최고충전압력×$\frac{5}{3}$배

04
• 전기설비를 방폭구조로 하여야 하는 경우 : NH_3, CH_3Br을 제외한 모든 가연성 가스
• 전기설비를 방폭구조로 시공하지 않아도 되는 경우 : NH_3, CH_3Br을 포함한 가연성 이외의 모든 가스

05 안전구역 안의 고압가스 설비
• 연소열량

$$Q=KW \qquad \begin{array}{l} K : 상수 \\ W : 저장처리설비에 따라 정한 수치 \\ Q : 연소열량(6×10^8 \text{ 이하}) \end{array}$$

• 안전구역의 면적 : 20000m² 이하

06
• 사용시설의 배관 중 호스의 길이 : 3m 이내
• LPG 자동차 충전시설에서 충전기 호스의 길이 : 5m 이내

08
③ 판매시설의 사업소 부지는 한 면이 폭 4m 이상의 도로에 접하여야 한다.

09 C₂H₂ 충전 시 용기에 넣는 종류
• 용제의 종류 : 아세톤, DMF
• 다공물질의 종류 : 다공성 플라스틱, 목탄, 석회, 규조토, 석면

11
가연성가스와 산소를 동일 차량에 운반 시 충전용기의 밸브가 마주보지 않도록 하여야 한다.

12 냄새가 나는 물질의 측정방법
②, ③, ④ 및 무취실법 등

14 액화가스 용기의 저장능력
$$G=\frac{V}{C}=\frac{94}{2.35}=40kg$$

15 위험장소에 따른 사용 방폭기기의 종류

	1종	2종
회전기	내압, 압력	내압, 압력
변압기	내압	내압, 안전증
개폐기	유입	유입
제어기	내압	내압

16

② 용기는 세워서 보관

17

가스계량기와 전기계량기, 전기개폐기는 60cm 이상 이격

18

① 산소는 유지류와 접촉 시 연소폭발이 일어난다.
② 산소 60% 이상 시 폐에 충혈을 일으켜 사망의 원인이 된다.
③ 내산화성의 재료 : Cr(크롬), Al(알루미늄), Si(규소) 등
④ H_2O_2(과산화수소) : 독성물질

19

④ 파기하는 때에는 검사장소에서 검사원으로 하여금 직접하게 하거나 검사원 입회하에 용기 특정설비 사용자로 하여금 실시하게 할 것

20 CNG

압축천연가스로서 CH_4이 주성분이다.

21

• 패널 : 미리 선정한 정상적인 후각을 가진 사람으로서 냄새를 판정하는 자
• 시험자 : 냄새농도 측정에 있어 희석조작을 하여 냄새농도를 측정하는 자

22

③ 안전간격이 클수록 위험하다 → 안전하다

23

탱크 충전 시 90% 까지 충전(단, 3t 미만의 소형저장탱크는 85% 까지 충전)

24 배관 설치 시 상용압력에 따른 공지의 폭

• 상용압력 0.2MPa 미만 : 5m
• 상용압력 0.2MPa 이상 1MPa 미만 : 9m
• 상용압력 1MPa 이상 : 15m

25 가스별 공급자가 갖추어야 하는 안전점검장비

• 독성가스 : 가스누설시험지, 가스누설검지액
• 가연성가스 : 가스누설검지기, 가스누설검지액
• 산소 및 그 밖의 가스 : 가스누설검지액

27

① 아세틸렌 충전용 교체밸브의 설치는 충전장소에서 떨어져 설치한다.

28

• 사용시설 정압기의 분해점검
  최초는 3년 1회이므로 2013 + 3 = 2016년
  최초 이후는 4년 1회
• 공급시설 정압기의 분해점검 : 2년 1회

29

③ 내용적이 1만 리터 이상의 것에 한한다.
  → 내용적이 5천 리터 이상의 것에 한한다.
※ 참고 : 고압가스의 자동차에 고정된 탱크(내용적이 2천 리터 이상의 것에 한한다)로부터 가스를 이입받을 때에는 자동차가 고정되도록 자동차정지목을 설치한다.

30 산소가스 저장설비와 보호시설과 안전거리

1만 이하이므로 1종과 12m 이상, 12m 미만 시에는 방호벽을 설치하여야 한다.

저장능력	1종	2종
1만 이하	12m	8m
1만 초과 2만 이하	14m	9m
2만 초과 3만 이하	16m	11m
3만 초과 4만 이하	18m	13m
4만 초과	20m	14m

31

- 전기적 변화를 이용하는 압력계 : 스트레인게이지, 피에조 전기 압력계, 전기저항식 압력계
- 탄성식 압력계 : 브루동관 압력계, 벨로즈 압력계, 다이어프램 압력계
- 액주식 압력계 : 링밸런스식 압력계, 경사관식 압력계, u자관 압력계

32 각 가스의 부식명

- O_2 : 산화
- NH_3 : 질화·수소취성(탈탄)
- H_2 : 탈탄
- S : 황화
- CO : 카보닐(침탄)

35 스크류(나사) 압축기 피스톤 토출량

$Q = KD^2LN$
$\quad = 0.476 \times (0.15m)^2 \times (0.1m) \times 350 = 0.37m^3/min$

37

④ 압축기로 압축 후 중간냉각기 유분리기를 거쳐 예냉기로 들어간다.

38 LP가스 패킹제

실리콘고무

39

④ 흡입토출밸브가 없다.

40

CO_2 제거 시 $NaOH$로 제거, 반응식은 다음과 같다.
$2NaOH + CO_2 \rightarrow Na_2CO_3 + H_2O$
비례식으로 하면 다음과 같다.
$2 \times 40 : 44 = x : 7.2$에서
$x = \dfrac{2 \times 40 \times 44}{7.2} = 13kg$ 이다.

41 CH₃Cl(염화메탄)

알루미늄을 부식시킨다.

42 저온장치에 사용되는 금속재료

②, ③, ④ 및 구리 및 구리합금

43 압력손실

$$H = \frac{Q^2 \cdot S \cdot L}{K^2 \cdot D^5}$$

Q : 유량(m^3/h)
S : 가스비중
L : 관 길이
K : 유량계수
D : 관경

- 유량의 제곱에 비례
- 가스비중에 비례
- 관 길이에 비례
- 관경의 5승에 반비례

45

① 가스온수기와 가스보일러는 환기가 불량한 목욕탕에 설치하지 않는다.

48 액화석유가스

- C_3H_8(프로판)
- C_3H_6(프로필렌)
- C_4H_{10}(부탄)
- C_4H_8(부틸렌)
- C_4H_6(부타디엔)

50

비중량(kg/m^3)에서,
액체무게는 $(0.8 - 0.2)kg/0.4L = 1.5kg/L$
$1m^3 = 10^3L$이고, $1L = \dfrac{1}{10^3}m^3$이므로
$1.5kg/\dfrac{1}{10^3}m^3 = 1500kg/m^3$

51

- 적화식 : 가스를 그대로 대기 중에 분출 연소에 필요한 공기를 불꽃 주변에서 취하는 방식
- 분젠식 : 가스가 노즐에서 분사되는 공기 구멍으로 1차 공기를 흡입하여 연소하는 방식
- 세미분젠식 : 적화식과 분젠식의 중간형태로 연소하는 방법
- 전1차공기식 : 연소에 필요한 공기를 모두 1차 공기로 연소하는 방식

52

LPG(C_3H_8, C_4H_{10}), LNG(CH_4)로서 탄소수와 수소수가 많은 LPG가 발열량이 높다.

54

- 절대압력 : 대기압력 + 게이지압력
- 절대압력 : 대기압력 − 진공압력
- 대기압력은 진공압력보다 높다.
- $1atm = 10332kg/m^2$

55 수분과 결합 시 부식을 일으키는 가스

- Cl_2(염산생성으로 부식)
- H_2S, SO_2(황산생성으로 부식)
- CO_2(탄산생성으로 부식)

56 HBr(브로민화수소)

36g으로 공기보다 무겁다.

57 각 가스의 비등점

① CH_4(−162℃) ② C_2H_4(−104℃)
③ C_3H_8(−42℃) ④ C_4H_{10}(−0.5℃)

※ 비점이 낮을수록 기화가 잘 되며, 비점이 높을수록 기화가 어렵다.

58

$40 \times 1.8 = 72°R$

59 부취제 종류

- THT : 석탄가스 냄새
- DMS : 마늘 냄새
- TBM : 양파썩는 냄새

기출문제 제8회 정답 및 해설

정답

01	①	02	①	03	③	04	①	05	①	06	③	07	④	08	④	09	③	10	④
11	②	12	④	13	③	14	②	15	①	16	④	17	③	18	②	19	②	20	①
21	①	22	①	23	③	24	①	25	②	26	④	27	②	28	②	29	④	30	④
31	①	32	①	33	①	34	①	35	③	36	①	37	①	38	①	39	①	40	③
41	②	42	②	43	④	44	③	45	③	46	④	47	④	48	①	49	③	50	①
51	②	52	③	53	④	54	②	55	④	56	②	57	①	58	②	59	②	60	①

해설

02 할로겐 원소

- F_2, Cl_2, Br_2
- 수소와 반응 시 폭발적으로 반응을 일으킴
  ex) $H_2 + F_2 \rightarrow 2HF$(불소폭명기 생성)

03

가스소비량 19400kcal/h 초과 및 사용압력 3.3KPa 초과하는 연소기 연결 배관에는 배관용 밸브 대체가능

04

C_2H_2 제조시설에 동함유량 62% 이상 동합금 사용 시 아세틸라이트 생성으로 폭발의 우려가 있다.

05 작업 시 내부유지농도기준

- 독성가스의 경우 : TLV-TWA 기준농도 이하
- 가연성의 경우 : 폭발하한계의 $\frac{1}{4}$ 이하
- 산소의 유지농도 : 18% 이상 22% 이하

07 독성가스 제독제(중화제) 중 물로서 중화가능한 가스의 종류

암모니아, 염화메탄, 산화에틸렌, 아황산

09

- 저온저장탱크에는 저장탱크의 부압방지조치를 하여야 한다.
- 부압방지조치 설비 : 압력계, 진공안전밸브, 압력경보설비, 균압관, 압력과 연동하는 긴급차단장치를 설치한 냉동제어설비, 송액설비 등

10

- 방폭성능 설치 대상가스 : NH_3, CH_3Br을 제외한 모든 가연성가스
- 방폭성능이 필요없는 가스 : NH_3, CH_3Br을 포함한 가연성이 아닌 모든 가스

11

② 암모니아 : 검출되지 않아야 된다.

12

④ 포스겐 폐기액은 가성소다수용액, 소석회로 처리하여야 한다.

13

③ 전용 보일러실에는 반드시 환기팬을 설치한다.
  → 전용 보일러실에는 부압의 원인이 되는 환기팬을 설치하지 않는다.

14

$$위험도 = \frac{폭발상한 - 폭발하한}{폭발하한} = \frac{75-4}{4} = 17.8$$

15 폭발방지장치 설치

- 액화석유가스 탱크로리(차량에 고정된 탱크)
- 주거지역 상업지역에 설치되는 10t 이상 LPG 탱크 (단, 지하 설치 시는 제외)

16

- 환기구 : 공기보다 무거운 가연성가스의 저장실에는 통풍이 잘 되게 하기 위하여 환기구를 갖추어야 한다. 환기구는 바닥면적의 3% 이상으로 하여야 한다.
- C_4H_{10}은 가연성으로 공기보다 무거운 가스(분자량 58g)이다.

17

$$영구증가율 = \frac{영구증가량}{전증가량} \times 100$$
$$= \frac{20}{400} \times 100$$
$$= 5\%$$

18

① $3Cl_2 + 8NH_3 \rightarrow 6NH_4Cl$
  염소 + 암모니아 → 염화암모늄 흰 연기 발생
② 황록색 자극적 냄새를 가진 독성·조연성가스
③ 수분(H_2O) + Cl_2(염소) → HCl(염산) 생성
④ 용도 : 수돗물 살균·소독 표백제로 사용

19 위험고압가스의 경계표지

- 직사각형
  가로 : 차폭의 30% 이상, 세로 : 가로의 20% 이상
- 정사각형
  전체의 경계면적이 600cm² 이상

20

독성가스 운반 시 소화장비는 갖추지 않아도 된다.

21 역화의 원인

②, ③, ④ 및 노즐구멍이 클 때

22 특정고압가스

②, ③, ④ 및 포스핀, 세렌화수소, 게르만, 디실란, 오불화비소, 오불화인, 삼불화인, 삼불화질소, 삼불화붕소, 사불화유황, 사불화규소, 액화암모니아, 액화염소, 아세틸렌, 압축모노실란, 압축디보레인, 액화알진

23

③ 1.5m 이상으로 한다.
  → 1.2m 이상으로 한다.

24 NH₃ 25000kg, 주택(2종)과 안전거리

저장능력	1종	2종
1만 이하	17m	12m
1만 초과 2만 이하	21m	14m
2만 초과 3만 이하	24m	16m
3만 초과 4만 이하	27m	18m
4만 초과 5만 이하	30m	20m

25 폭발범위

① 암모니아(15~28%) ② 프로판(2.1~9.5%)
③ 메탄(5~15%) ④ 일산화탄소(12.5~74%)

26

① Tp(내압시험압력) = 상용압력 × 1.5배 이상
② 기체로 내압시험 시에는 상용압력 × 1.25배 이상으로 실시한다.
③ 내압시험을 하여도 기밀시험을 하여야 한다.
④ 0.7MPa 초과 시 0.7MPa 이상으로 한다.(KGS. Fp 111. 421 기밀시험방법)

27

가스계량기와 화기와의 우회거리는 2m 이상을 유지하여야 한다.

28 차량에 고정된 탱크로 가스운반 시 내용적 기준

- 가연성(LPG 제외) 및 산소 : 18000L 이상 운반금지
- 독성(액화암모니아 제외) : 12000L 이상 운반금지

30 CO_2

불연성가스

32 초저온 용기 단열성능검사 침입열량의 합격기준

- 초저온 용기 내용적 1000L 이상 시 침입열량
  : 0.002kcal/hr℃L 이하
- 초저온 용기 내용적 1000L 미만 시 침입열량
  : 0.0005kcal/hr℃L 이하

33 폭발방지장치에 사용되는 재료

다공성 벌집형 알루미늄 박판

34 긴급차단장치를 작동시키는 동력원

①, ③, ④ 및 스프링 압력

35 압력계 구분

- 1차 압력계 : 자유피스톤식, 액주식 압력계(U자관, 경사관식, 링밸런스식)
- 2차 압력계 : 부르동관, 벨로즈, 다이어프램, 전기저항(스트레인게이지, 피에조전기)

36 가스별 사용 윤활제

가스	윤활제
O_2	물, 10% 이하 글리세린
LPG	식물성유
Cl_2	진한황산
H_2, 공기, C_2H_2	양질의 광유

37 저온용 재료

②, ③, ④ 및 알루미늄

38 유량 측정

- 직접식 : 가스미터
- 간접식 : ②, ③, ④ 및 플로노즐
- 추량식 : 터빈, 델타, 벤투리, 와류식

39 액화가스용기 충전량

$$G = \frac{V}{C} = \frac{47}{2.35} = 20kg$$

※ LP가스 C_3H_8(2.35), C_4H_{10}(2.05)이나 상수가 주어지지 않을 경우 C_3H_8의 충전상수 2.35로 계산한다.

40 정압기 부속설비

①, ②, ④ 및 긴급차단장치(SSV), 조정기, 안전밸브, 자기압력기록계

43

산소용기 Tp=Fp×$\frac{5}{3}$ 이므로, 15×$\frac{5}{3}$=25MPa

44

③ 감압가열방식은 조정기로 압력을 감압 후 열교환기에 의해 액상의 가스를 기화시켜 공급하는 방식이다.

47

① LP가스 액비중 : 0.5
② 액상의 온도 −42℃에 접촉 시 동상의 우려
③ LP가스+Air=도시가스 원료 사용가능
④ 올레핀계 → 파라핀계

48

① 보일의 법칙 : 온도가 일정할 때 이상기체 부피는 절대 압력에 반비례한다.
② 샤를의 법칙 : 압력이 일정할 때 이상기체의 부피는 절대온도에 비례한다.
③ 헨리의 법칙 : 기체가 용해하는 부피는 압력에 비례, 용해하는 질량은 압력에 무관하다.
④ 아보가드로 법칙 : 이상기체 1mol은 22.4L의 부피를 가지며 분자량 만큼의 무게를 가진다.

49

③ 1atm=1.033kg/cm²=1033g/m²

50

K=℃+273
℃=K−273에서 K값이 0이므로, 0−273=−273℃

51

- 수소폭명기 : $2H_2 + O_2 \rightarrow 2H_2O$
- 불소폭명기 : $H_2 + F_2 \rightarrow 2HF$
- 염소폭명기 : $H_2 + Cl_2 \rightarrow 2HCl$

52

③ 화재폭발의 위험성이 타연료(고체연료, 연체연료)에 비하여 크다.

53

① Pa(파스칼)＝N/M²
② atm(기압)
③ bar(바)
④ N(뉴톤) : 힘의 단위

54

② 불완전연소에 의하여 매연발생이 심함 → 공기비가 크면 연소가 잘 되므로 완전연소가 되며 배기가스량이 많아져 열손실의 우려가 있다.

55

$C_2H_2 + 2.5O_2 → 2CO_2 + H_2O$에서 산소의 몰수는 2.5몰

56 NH₃ 특징

- 독성가스(TLV−TWA 25ppm)
- 가연성(15~28%의 폭발범위)
- 물 1에 NH_3 800배 녹음
- 금속에 접촉 시 질화, 수소취성을 일으킴
- 비등점 −33℃로서 액화가스

57

N_2는 불연성가스이므로 연료용으로 사용되지 않는다.

58

$T＝(27+273)K$　　P : 1atm
　　　　　　　　　　CH₄ 가스의 분자량 16g
　　　　　　　　　　W : 80g에서 부피 V

$$V=\frac{WRT}{PM}=\frac{80×0.082×300}{1×16}=123L$$

59

② 발화온도 올라간다 → 낮아진다
※ 산소농도 증가 시 ①, ③, ④ 이외에 연소범위 넓어진다, 인화온도 낮아진다.

60

HF(불화수소)는 유리병에 보관 시 부식을 초래하므로 폴리에틸렌 병에 보관하여야 한다.

기출문제 제9회 정답 및 해설

해설

01

② 노출 배관의 길이가 (10m 이상인 경우에 → 15m 이상인 경우에) 점검통로 및 조명시설을 하여야 한다.

03 LPG 용기집합시설의 저장능력에 따른 용기 보관

• 저장능력 100kg 이하 : 용기 등이 직사광선 및 빗물을 받지 않도록 조치
• 저장능력 100kg 초과 : 용기보관실 내에 용기를 보관

04 C_2H_2 용기제조 시 갖추어야 하는 설비

①, ②, ③ 및 단조성형설비, 아래부분 접합설비, 세척설비, 쇼트브라스팅 및 도장설비, 용접설비 등

05 연소한계

가연성이 공기와 혼합하였을 때 연소할 수 있는 최저값과 최고값 사이의 한계

06 가스누출검지 경보장치

• 공기보다 무거운 경우 : 지면에서 검지부 상단까지 30cm 이내
• 공기보다 가벼운 경우: 천정에서 검지부 하단까지 30cm 이내

07 도시가스 배관망의 전산화 항목

• 배관 정압기 설치도면
• 시방서
• 시공자
• 시공년월일

08 LP가스 동결 시 조치방법

40℃ 이하 온수 및 열습포로 동결된 부분을 녹인다.

09

• 저장탱크 : 저장능력 3t 이상의 탱크
• 소형저장탱크 : 저장능력 3t 미만의 탱크

10 차량고정탱크의 운반 내용적 한계 용량

• 가연성(LPG 제외) 산소 : 18000L 이상 운반금지
• 독성(암모니아 제외) : 12000L 이상 운반금지

11 굴착으로 배관 노출 시 경보기 설치기준

노출 배관 길이 20m 마다 경보기 1개 설치
65÷20=3.25=4개

12 방류둑의 용량(저장탱크에서 가스 누설 시 방류둑에서 차단할 수 있는 능력)

• 독성, 가연성 : 저장능력상당용적
　(누설가스 전량 방류둑에서 차단되어야 함)
• 산소 : 저장능력상당용적의 60% 이상
　(누설가스 60% 이상 방류둑에서 차단되어야 함)

16

• 방폭구조로 전기설비를 시공하여야 하는 가스 : NH_3, CH_3Br을 제외한 모든 가연성가스
• 방폭구조로 전기설비를 시공하지 않아도 되는 가스 : NH_3, CH_3Br을 포함한 가연성 이외의 가스

17 용기부속품의 기호

- AG : 아세틸렌가스를 충전하는 용기의 부속품
- PG : 압축가스를 충전하는 용기의 부속품
- LG : LPG 이외 액화가스를 충전하는 용기의 부속품
- LPG : 액화석유가스를 충전하는 용기의 부속품
- LT : 초저온·저온용기의 부속품

18

① 방호철관 두께 : 4mm 이상
② 철근콘크리트 방호구조물 두께 : 10cm 이상
④ 철근콘크리트 방호구조물 높이 : 1m 이상

19 물로 중화 가능한 독성가스의 종류

산화에틸렌, 암모니아, 염화메탄, 아황산

20 HCN(시안화수소) 안정제

황산, 아황산, 인산, 염화칼슘, 오산화인

22 공동주택의 압력조정기 설치기준

- 압력이 중압일 때 : 세대수 150세대 미만
- 압력이 저압일 때 : 세대수 250세대 미만

※ ①의 경우 중압 100세대이므로 압력조정기 설치 가능

23 동일차량에 적재하여 운반할 수 없는 경우

- 염소와 아세틸렌, 암모니아, 수소는 동일차량에 적재 운반할 수 없다.
- 가연성과 산소는 충전용기 밸브를 마주보지 않게 하며 동일차량에 적재하여 운반할 수 있다.
- 충전용기와 소방법이 정하는 위험물을 동일차량에 적재하여 운반할 수 없다.
- 독성가스 중 가연성, 조연성가스를 동일차량에 적재하여 운반할 수 있다.

24

③ 설치장소는 하상(하천의 바닥)에 설치하지 않는다.

26

④ D급화재 : 금속화재

27

② 화학섬유 : 흡수성이 낮아 정전기 대전이 쉽다.

28 각 가스의 분자량

프로판(44g), 염소(71g), 포스겐(99g)

32

① 가용전식으로 설치하는 안전밸브에 해당되는 가스
- 아세틸렌　　· 염소　　· 산화에틸렌
② 파열판식으로 설치하는 안전밸브에 해당되는 가스
- 수소, 산소 등의 압축가스
③ ①, ② 이외는 스프링식 사용

33 CH_4

비점 $-162℃$의 초저온가스를 액화하기 위하여 비점이 점차 낮은 냉매를 사용하여 저비점의 가스를 액화시키는 캐스케이드 액화장치를 사용하여야 한다.

34

① 단열재를 직접 통한 열전도 → 단열재를 충전한 공간에 남은 가스의 열전도

36

① SPPS(압력배관용 탄소강관)
② SPHT(고온배관용 탄소강관)
③ STS(스테인레스강관)
④ SPPH(고압배관용 탄소강관)

38 간섭계형 가연성가스 검출기

가스의 굴절률 차이를 이용하여 농도를 측정하는 방법으로 CH_4 등의 일반 가연성가스를 검출한다.

39 배관의 곡률반경(r)에 대한 90° 구부린 곡선길이(L)

$$L = 1.5 \times \frac{D}{2} + \frac{1.5 \times \frac{D}{2}}{20}$$

$$= 1.5 \times 50 + \frac{1.5 \times 50}{20}$$

$$= 78.75mm$$

40 프라이밍

펌프와 연결된 배관 등에 충분히 액을 채워 펌프를 기동하여 보는 예비운전 개념으로 원심펌프에는 반드시 필요한 작업

43 저온장치 사용재료 우수한 정도 순서

① 18-8STS
② 9% Ni
③ Al, Al 합금
④ Cu, Cu 합금

44 회전수 변경 시 변경된 동력값

$$L_{PS2} = L_{PS1} \times \left(\frac{N_2}{N_1} \right)^3$$

$$= L_{PS1} \times \left(\frac{1200}{1000} \right)^3$$

$$= 1.7 L_{PS1}$$

$$= 1.7 배$$

45

④ 왕복압축기는 체적에 의해 압축되는 용적식 압축기이며 용적식에는 (왕복, 회전) 압축기가 있다.

46

① 고온에서 금속과 화합한다.
② 무수상태에서는 부식성이 없으며 수분존재 시 염산생성으로 부식성이 현저하다.
③ O_2는 자신이 연소하지 않고 남을 연소시켜주는 조연성가스이다.

47

압력 P=액비중(s)×액면높이(H)=2.5[kg/L]×5m
1L=1000cm³(1m=100cm 이므로)
$\quad$ =2.5[kg/1000cm³]×500cm
$\quad$ =1.25[kg/cm²]

48

F=℃×1.8+32=100×1.8+32=212°F

49 밀도

단위체적당 질량으로 [kg/m³], [g/L], [g/cm³]의 단위를 가지며 가스밀도는 분자량/22.4L로 계산

51

1atm=760mmHg=14.7PSI=29.92inHg
$\quad$ =10332kg/m²

52

③ 액비중 0.5로서 물의 비중 1보다 가볍다.

53 연소반응식

① $H_2 + \frac{1}{2} O_2 \rightarrow H_2O$

② $CH_4 + 2O_2 \rightarrow CO_2 + 2H_2O$

③ $C_2H_2 + 2.5O_2 \rightarrow 2CO_2 + H_2O$

④ $C_2H_6 + 3.5O_2 \rightarrow 2CO_2 + 3H_2O$

※ 가장 산소가 적게 필요한 (수소)가 공기량도 적게 필요하다.

54

물의 비열 1, 공기는 0.24로서 물의 비열이 공기의 비열보다 크다.

55 O_3(오존)

TLV-TWA 0.1ppm인 독성가스인 동시에 조연성가스이며 특유한 냄새가 있다.

56

④ 불꽃의 온도 증대 시 연소가 원활하게 이루어져 완전연소가 된다.

58

기체(가스)의 밀도는 분자량/22.4L 이므로
① 프로판(44g/22.4L)
② 메탄(16g/22.4L)
③ 부탄(58g/22.4L)
④ 아세틸렌(26g/22.4L)
∴ 가장 밀도가 작은 것은 메탄이다.

59

③ 열전도율이 다른 가스에 비해 가장 빠르다.

60

LNG는 다른 지방족 탄화수소 C_3H_8, C_4H_{10}(LPG)에 비교하면 발화온도가 높아 최소발화에너지가 높다.

정답

01	①	02	④	03	③	04	②	05	②	06	②	07	③	08	②	09	④	10	④
11	②	12	③	13	①	14	①	15	④	16	④	17	④	18	①	19	④	20	①
21	④	22	③	23	①	24	②	25	②	26	②	27	④	28	③	29	④	30	④
31	①	32	②	33	①	34	②	35	②	36	②	37	①	38	①	39	④	40	④
41	③	42	④	43	①	44	③	45	③	46	③	47	①	48	①	49	②	50	②
51	④	52	③	53	③	54	②	55	①	56	①	57	②	58	②	59	①	60	②

해설

01

- 플레어스택 : 파일롯트버너를 항상 점화하여 두는 복사열 4000kcal/m²h 정도인 폐가스를 연소시켜 버리는 긴급이송설비이다.
- 벤트스택 : 연소시키지 않고 독성은 (TLV−TWA) 기준 농도 이하로, 가연성은 폭발하한계 미만으로 폐기처리하는 긴급이송설비이다.

02

도시가스 품질검사 기준에서 웨베지수가 51.50~56.52MJ/m³이므로 허용기준보다 낮아 불합격이다.

03

③ 아세틸렌은 흡열화합물이므로 압축하면 분해폭발의 우려가 있다.

$C_2H_2 \rightarrow 2C + H_2$

04

① 가스배관의 접합은 용접접합이 원칙이다.
③ 200m 이상인 경우 → 500m 이상인 경우
④ 허용응력을 초과하지 않도록

06

- C_3H_8의 연소반응식
  $C_3H_8 + 5O_2 \rightarrow 3CO_2 + 4H_2O$
- C_4H_{10}의 연소반응식
  $C_4H_{10} + 6.5O_2 \rightarrow 4CO_2 + 5H_2O$
  산소의 비가 6.5/5=1.3배이므로 공기의 비로 1.3배이다.

08

② 가스동결 시 40℃ 이하의 온수로 녹인다.

09

④ 유통 중 열영향을 받은 용기는 재검사를 받아야 한다.

10 독·가연성가스와 보호시설과 안전유지거리

저장능력	1종	2종
1만 이하	17m	12m
1만 초과 2만 이하	21m	14m
2만 초과 3만 이하	24m	16m
3만 초과 4만 이하	27m	18m
4만 초과 5만 이하	30m	20m

11 용기 1개당 충전량

$$G = \frac{V}{C} = \frac{50}{0.86} = 58.13kg$$

∴ 용기 수=300÷58.13=5.16=6개

12 KDS 3507(배관용탄소강관)

압력이 0.1MPa 이하에서 사용

13 배관의 색상

- 지상배관 : 황색
- 지하배관 ─┬─ 중압 이상 : 적색
            └─ 저압 : 황색

14

60cm 이상

저장탱크실

15 내압시험 합격 기준

① 용기의 신규검사 : 영구증가율 10% 이하가 합격
② 용기의 재검사
- 질량검사 95% 이상 시 영구증가율 10% 이하가 합격
- 질량검사 90% 이상 95% 미만 시 영구증가율 6% 이하가 합격

16

① AG : 아세틸렌 가스를 충전하는 용기의 부속품
② PG : 압축가스를 충전하는 용기의 부속품
③ LG : LPG 이외의 액화가스를 충전하는 용기의 부속품
④ LT : 초저온·저온용기의 부속품

18 가연성이면서 독성가스

암모니아, 브롬화메탄, 시안화수소, 일산화탄소, 염화메탄, 산화에틸렌, 황화수소, 이황화탄소

19

④ 최소점화에너지는 공기의 혼합, 점화원, 연료의 종류, 특성에 의하여 결정된다.

20 에어졸 시험온도

- 불꽃길이의 시험온도는 24℃ 이상 26℃ 이하
- 에어졸용기 제조 시 용기의 누출시험 온도 : 46℃ 이상 50℃ 미만

21 가스누출검지 경보장치의 검지부 설치 위치

- 공기보다 무거운 경우 : 지면에서 검지부 상단까지 30cm 이내
- 공기보다 가벼운 경우 : 천장에서 검지부 하단까지 30cm 이내

22

④ 산화에틸렌 : 물

24 공기 중 산소의 농도 증가 시

- 발화온도, 인화온도 낮아진다.
- 점화에너지 작아진다.
- 연소범위 넓어진다.
- 연소속도 빨라진다.
- 화염온도 높아진다.

25 LC_{50}의 농도(ppm)

① Cl_2 : 293ppm
② HCN : 140ppm
③ C_2H_4O : 2900ppm
④ F_2 : 185ppm

26 가스사고 시 통보내용

①, ③, ④ 및 사고내용 등이 포함되어야 한다.

27

- 폭굉의 연소속도 : 1000~3500m/s
- 가스의 정상연소속도 : 0.03~10m/s

28

위험도 $= \dfrac{\text{폭발상한} - \text{폭발하한}}{\text{폭발하한}}$ 이므로, 폭발범위가 가장 넓은 C_2H_2(2.5~81)이 가장 위험도가 크다.

$C_2H_2 = \dfrac{81 - 2.5}{2.5} = 31.4$

29

④ 에틸렌 : 자색

30

④ 경계책 안 당해설비 수리정비 등의 사유발생 시 안전관리책임자 감독 하에 발화인화물질의 휴대를 할 수 있다.

32

$L(kw) = \dfrac{\gamma \cdot Q \cdot H}{102 \times \eta} = \dfrac{1000 \times \dfrac{90}{3600} \times 90}{102 \times 0.6} = 36.8kw$

34

- 피로 : 재료에 반복적으로 인장·압축 등의 응력 작용 시 재료가 파괴되는 현상
- 에로션 : 금속배관 펌프회전자 등 유속이 큰 부분에 부식환경이 현저하게 일어나는 현상
- 탈탄 : 수소를 고온·고압에서 탄소강 사용 시 탄소가 탈락되어 강이 취약하게 되는 현상

35

저압배관의 유량식 $Q=K\sqrt{\dfrac{D^5H}{SL}}$ 에서, ② 유량은 가스비중의 평방근에 반비례한다.

38

①, ②, ④ : 간접식 유량계
③ : 벨로즈(탄성식 압력계)

39 가스의 연소방식

적화식, 세미분젠식, 분젠식, 전1차공기식

40 펌프의 분류

- 용적식 : 왕복(피스톤, 플런저, 다이어프램), 회전(왕복회전)
- 터보식 : 원심, 축류, 사류

41 강제기화방식의 특징

①, ②, ④ 및 설치면적이 적어진다.

43

① 온수가열방식은 온수의 온도가 80℃ 이하일 것

45

① 액화염소용기 - 탄소강
② 압축기의 베어링 - 스테인리스강
④ 고온·고압 수소 반응탑 - Cr강에 W, Mo 등을 첨가

46

$-40℃=-40°F$

49 보일의 법칙

이상기체의 온도가 일정할 때 절대압력은 부피에 반비례한다.

50 산소

조연성가스

51 폭발범위

① 암모니아(15~28%)
② 메탄(5~15%)
③ 황화수소(4.3~45%)
④ 일산화탄소(12.5%~74%)

55

① $1.5[\text{kg/cm}^2]$

② $10\text{mH}_2\text{O} : \dfrac{10}{10.332}\times1.0332=1[\text{kg/cm}^2]$

③ $745\text{mmHg} : \dfrac{745}{760}\times1.0332=1.012[\text{kg/cm}^2]$

④ $0.6\text{atm} : 0.6\times1.0332=0.62[\text{kg/cm}^2]$

57 나프타

파라핀계 탄화수소의 함유량이 많을수록 효율이 좋다.

58

$P_1V_1=P_2V_2$에서,

$P_2=\dfrac{P_1V_1}{V_2}=\dfrac{10\times10}{20}=5\text{MPa}$

59

- 1kcal : 물 1kg을 1℃만큼 높이는 데 필요한 열량
- 1BTU : 물 1Lb를 1°F만큼 높이는 데 필요한 열량
- 1CHU : 물 1Lb를 1℃만큼 높이는 데 필요한 열량

60 가스의 비등점

① $H_2(-252℃)$　　② $NH_3(-33℃)$
③ 아세틸렌$(-84℃)$ ④ $Ne(-269℃)$
※ 비점이 가장 높을수록 액화하기 쉽다.

기출문제 제11회 정답 및 해설

정답

01	①	02	④	03	③	04	①	05	①	06	③	07	②	08	③	09	①	10	④
11	②	12	④	13	④	14	②	15	④	16	②	17	③	18	①	19	③	20	①
21	②	22	②	23	④	24	④	25	②	26	②	27	①	28	④	29	①	30	④
31	④	32	①	33	①	34	①	35	③	36	③	37	①	38	③	39	④	40	③
41	④	42	①	43	①	44	②	45	①	46	②	47	③	48	④	49	①	50	①
51	①	52	②	53	②	54	①	55	④	56	①	57	②	58	④	59	①	60	①

해설

01 가연성이면서 독성가스

암모니아, 브롬화메탄, 산화에틸렌, 시안화수소, 황화수소, 일산화탄소

02

HCN은 독성으로 피부에 접촉 시 피부화상의 우려가 있다.

03 도시가스 배관 매설 시 재료의 종류

배관에 작용하는 하중을 수직방향 및 횡방향에서 지지하고 하중을 기초 아래로 분산시키기 위하여 배관 하단에서 배관 상단 30cm(PE배관의 경우에는 10cm)까지에는 모래 또는 흙(이하 "침상재료"라 한다)을 포설한다.

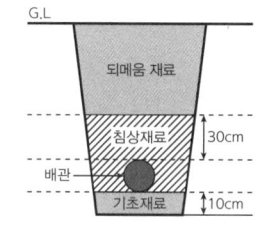

04

① 이동충전차량과 가스배관구를 연결하는 호스는 8m 이상
② 철근콘크리트 구조물은 높이 30cm 이상 두께 12cm 이상
③ 이동충전차량과 충전설비 사이거리 8m 이상
④ 수동긴급차단장치 이격거리 5m 이상

05

① 긴급차단장치와 경계책 설치는 관계없음

09

도시가스 배관길이 100m 이상 굴착공사 시 협의서를 작성

10

가연성가스의 제조설비 내 설치하는 가스누출경보 및 자동차단장치는 접촉연소식을 사용

11 강관

지하매설 시 부식의 우려가 현저하므로 지하매설 시는 관의 표면을 피복하여야 한다.

13 공사계획의 승인 및 신고대상

• 공사계획의 승인대상 : 제조소의 신규 설치공사와 다음의 어느 하나에 해당하는 설비의 설치공사
  – 가스발생설비 또는 가스정제설비
  – 가스홀더
  – 배송기 또는 압송기
  – 저장탱크 또는 액화가스용 펌프
  – 최고사용압력이 고압인 열교환기
  – 가스압축기, 공기압축기 또는 송풍기
  – 냉동설비(유분리기, 응축기 및 수액기만을 말한다)

- 배관(최고사용압력이 중압 또는 고압인 배관으로서 호칭지름이 150mm 이상이고 그 길이가 20m 이상인 것만을 말한다)
- 공사계획의 신고대상 : 사용자공급관을 제외한 공급관 중 최고사용압력이 저압인 공급관을 20m 이상 설치하거나 변경하는 공사. 다만, 다음의 어느 하나에 해당하는 공사를 제외한다.
  - 호칭지름이 50mm 이하인 공급관을 설치하거나 변경하는 공사
  - 공사계획의 신고를 한 공사로서 해당 공사구간 안에서 배관의 길이를 줄이거나 배관의 길이를 10분의 1 이내 또는 20m 미만으로 증설하는 공사

14
② HPS(고압차단장치) 작동은 자동, 복귀는 수동

15 염소의 중화제
가성소다, 탄산소다 수용액, 소석회

※ 염소에 물을 사용 시 염산 생성으로 장치를 급격히 부식시킨다.

16 중합폭발
수분함유 시 일어나는 폭발로 HCN, C_2H_4O 등에서 일어나는 폭발이다.

18
① 도시가스 공급 전 연소기 열량 변경 사실을 확인하여야 한다.

22 정압기 분해점검
- 공급시설 : 2년 1회 이상
- 사용시설 : 3년 1회 이상, 그 이후는 4년 1회 이상

23
$$위험도 = \frac{폭발상한 - 폭발하한}{폭발하한}$$

① $NH_3 = \dfrac{28-15}{15} = 0.86$

② $H_2S = \dfrac{45-4.3}{4.3} = 9.45$

③ 석탄가스 $= \dfrac{31-5.3}{5.3} = 4.85$

④ $CS_2 = \dfrac{44-1.2}{1.2} = 35.67$

24 폭발범위
① HCN(6~41%)
② NH_3(15~28%)
③ C_2H_4(2.7~36%)
④ C_4H_{10}(1.8~8.4%)

25 안전간격에 따른 폭발등급
- 폭발등급 1등급
  - 안전간격 : 0.6mm 초과
  - 해당가스 : 메탄, 에탄, 프로판, 암모니아
- 폭발등급 2등급
  - 안전간격 : 0.4mm 초과 0.6mm 이하
  - 해당가스 : 에틸렌, 석탄가스
- 폭발등급 3등급
  - 안전간격 : 0.4mm 이하
  - 해당가스 : 이황화탄소, 수소, 아세틸렌, 수성가스

27
① 압축가스의 경우, 차량적재함 이하로 눕혀 운반 가능

28 자연배기식 반밀폐형 보일러
배기톱의 옥상돌출부는 지면에서 1m(100cm) 이상

29 처리능력(V)
$$V = \frac{\pi \cdot D^2}{4} \times L \times N \times 60 \times 10^{-9}$$
$$= \frac{\pi \times (100)^2}{4} \times 200 \times 100 \times 60 \times 10^{-9}$$
$$= 9.42 m^3/h$$

30 위험성 평가기법
① 위험과 운전분석 : 공정에 존재하는 위험요소들과 공정효율을 떨어뜨릴 수 있는 운전 상 문제점을 찾아내 그 원인을 제거하는 기법
② 예비위험분석 : 공정설비 등에 관한 상세한 정보를 얻을 수 없는 상황에서 위험물질과 공정요소에 초점을 맞추어 초기위험을 확인하는 방법
③ 결함물분석 : 사고를 일으키는 장치의 이상이나 운전자 실수의 조합을 연역적으로 분석하는 안전성 평가 기법
④ 이상위험도분석 : 공정과 설비의 고장형태 및 영향 고장형태별 위험도 순위 등을 설정하는 기법

31 4단 압축기

$P_1=?$, $a=2$, $P_{03}=2MPa$

① $a=\dfrac{P_{03}}{P_{02}}$ $\therefore P_{02}=\dfrac{P_{03}}{a}=\dfrac{(2+0.1)}{2}=1.05$

② $a=\dfrac{P_{02}}{P_{01}}$ $\therefore P_{01}=\dfrac{P_{02}}{a}=\dfrac{1.05}{2}=0.525$

② $a=\dfrac{P_{01}}{P_1}$ $\therefore P_1=\dfrac{P_{01}}{a}=\dfrac{0.525}{2}=0.2625MPa$

$\therefore 0.2625-0.1=0.162Mpa$

※ 난이도 관계로 생략하시길 권합니다.

34

- SPP(배관용탄소강관) : 1MPa 미만에 사용
- SPPH(고압배관용탄소강관) : 10MPa 이상에 사용
- SPPW(수도용아연도금강관)
- SPPS(압력배관용탄소강관) : 1~10MPa에 사용

35

① 교축 : 금속재료가 저온이 될수록 저온에 의하여 수축되는 현상

② 크리프 : 금속재료가 350℃ 이상에서 시간과 더불어 변형이 증대되는 현상

④ 응력 : $a=\dfrac{W(하중)}{A(단면적)}$ 으로서 외부저항에 대응하는 내력을 말한다.

36 용적식 펌프

- 왕복 : 피스톤, 플런저, 다이어프램
- 회전 : 기어, 베인, 나사

37 자연기화방식

대기의 기온에 의하여 기화하는 방식으로서 기화량에 한계가 있어 소량소비처에 주로 사용된다.

38 충전작업 중 작업을 중단하여야 하는 경우

①, ③, ④ 및 베이퍼록 및 액압축 발생 시, 안전관리책임자 부재 시 등이 있다.

39

③ (내면 → 외면)에 의한 열전도

41 펌프의 체적효율

$$=\dfrac{실제송출유량}{실제송출유량+누설유량}$$

$$=\dfrac{Q}{Q+0.6Q}\times100$$

$$=62.5\%$$

46 고압가스

- 성질(연소성)에 따른 분류 : 가연성, 조연성, 불연성
- 상태의 의한 분류 : 압축, 액화, 용해

47 가스의 분자량

① O_2 : 32g   ② N_2 : 28g

③ CH_4 : 16g   ④ CO_2 : 44g

※ 분자량이 적을수록 확산속도가 빠르다.

48

④ $0K=-273℃$

$°R=K\times1.8=0\times1.8=0°R$

50

$$\dfrac{V_1}{T_1}=\dfrac{V_2}{T_2}$$

압력이 일정할 때 절대온도는 체적에 비례한다.
(샤를의 법칙)

53

① 열분해 프로세스 : 분자량이 큰 탄화수소를 800~900℃에서 분해하는 공정

② 접촉분해 프로세스 : 탄화수소와 수증기를 사용온도 400~800℃에서 반응시킨 수소 CO, CO_2 등의 저급 탄화수소를 변화시키는 공정

③ 부분연소 프로세스 : 메탄에서 원유까지 탄화수소를 가스화재로서 산소, 공기 등을 이용하여 CH_4, H_2, CO, CO_2로 변화하는 공정

④ 수소화분해 프로세스 : 고온·고압에서 탄소수소비가 큰 탄화수소를 수증기 흐름 중 수소화촉매를 사용하여 탄소수소비가 낮은 탄화수소를 메탄으로 변화시키는 공정

54

$$\dfrac{44g}{22.4L}=1.96g/L$$

55

공기보다 무거운 C_4H_{10}(분자량 58g)은 바닥의 환기에 유의하여야 한다.

56 H_2, CO

환원성이 강한 가스이다.

57

760mmHg=10.332mH₂O

58

- NH_3 : 수소취성, 질화
- CO : 카보닐 생성

59

1J=0.24cal이므로, 100J=100×0.24×24cal

60

- $K(비열비)=\dfrac{C_P}{C_V}$
- $C_P - C_V = AR$
- $C_P \rangle C_V$ 보다 크므로, $K \rangle 1$ 이다.

정답

01	③	02	①	03	③	04	③	05	④	06	②	07	②	08	③	09	④	10	③
11	①	12	①	13	②	14	④	15	②	16	④	17	②	18	②	19	④	20	②
21	④	22	③	23	①	24	②	25	④	26	④	27	①	28	②	29	①	30	④
31	②	32	④	33	①	34	②	35	①	36	②	37	③	38	②	39	②	40	④
41	④	42	③	43	④	44	②	45	④	46	②	47	②	48	②	49	③	50	③
51	③	52	①	53	④	54	④	55	③	56	①	57	②	58	①	59	④	60	④

해설

01

③ 독성가스 : 인체에 유해한 독성을 가진 가스로서 허용 농도가 100만 분의 5000 이하인 것을 말한다.

02

① LT : 저온 및 초저온용기의 부속품
② PT : 침투 탐상시험
③ MT : 자분 탐상시험
④ UT : 초음파 탐상시험

03

• 압력용기 : 재검사 3년마다
• 기화장치
 – 저장탱크가 없는 곳에 설치된 것 : 3년마다
 – 저장탱크가 없는 곳에 설치되지 않는 것 : 2년마다
• 용접용기 15년 이상 20년 미만 용기재검사 : 2년마다

04 가스 사용시설 급배기방식에 따른 분류

①, ②, ④ 및 밀폐식 자연급배기식(BF)

07

내압시험 시 처음 50%까지만 승압 후 그 이후는 상용압력의 10%씩 단계적 승압

09 역류방지밸브 설치위치

• 가연성가스를 압축하는 압축기와 충전용 주관 사이
• C_2H_2을 압축하는 압축기의 유분리기와 고압건조기 사이
• 암모니아 또는 메탄올 합성정제탑 및 정제탑과 압축기 사이 배관
• 특정고압가스 사용시설의 독성가스 감압설비와 그 반응 설비 간의 배관

10

• 과압안전장치의 종류 : 고압차단장치, 안전밸브, 과열판, 용전압력릴리프장치
• 용전의 용융온도 : 75℃ 이하(저압부에 사용하는 것은 제외)
• 저압부에 사용하는 용전의 용융온도는 해당용전을 부착하는 부분의 내압시험압력에 대응하는 포화온도 이하의 온도로 한다.

11 차량에 고정된 탱크의 내용적 한계 규정

• 가연성(LPG 제외)산소 : 18000L 이상
• 독성(NH_3 제외) : 12000L 이상

12 이중관 설치 독성가스

②, ③, ④ 및 아황산, 산화에틸렌, 시안화수소, 포스겐, 황화수소

18

1개당 충전량 $G=\dfrac{V}{C}=\dfrac{50}{0.8}=62.5\text{kg}$

$\therefore\ 1375\div62.5=22$개

19

④ 수소의 순도 98.5% 이상

20 방류둑의 용량

- 액화가스 누설 시 방류둑에서의 차단능력
- 독성·가연성 : 저장능력의 상당용적
- 산소 : 저장능력 상당용적의 60% 이상

21 배관의 색상

- 지상배관 : 황색
- 지하배관 : 저압=황색, 중압=적색

22 가연성 취급공장에서 사용되는 불꽃이 발생되지 않는 안전용 공구의 종류

나무, 고무, 가죽, 플라스틱, 베릴륨 및 베아론합금제 공구

23 저장능력 계산식

- 액화가스저장탱크 : $W=0.9dV$
- 소형저장탱크 : $W=0.85dV$
- 액화가스용기 : $W=\dfrac{V}{C}$
- 압축가스 : $Q=(10P+1)V$

25 특정가스 사용시설에서 제외되는 경우

- 전기사업법의 전기설비 중 도시가스를 사용하여 전기를 발생시키는 발전설비 안의 가스사용시설
- 에너지사용 합리화법에 따른 검사대상 기기에 해당하는 가스사용시설

26 가스누출경보 및 자동차단장치의 경보농도 설정치

- 가연성 : ±25% 이하
- 독성 : ±30% 이하

29 정압기실

- 흡입구 관경 : 100mm 이상
- 배기구 관경 : 100mm 이상

30

④ 출입구는 2곳 이상 설치, 출입문은 내화성으로 한다.

32

④ 온도변화에 의한 밀도변화가 적어야 한다.

34

$SCH(\text{스케줄번호})=100\times\dfrac{P}{S}=100\times\dfrac{2}{20\times\frac{1}{4}}=40$

P : 사용압력[MPa]

S : 허용응력 $\left(\text{인장강도}\times\dfrac{1}{4}\right)$ [kg/mm²]

37 입상관의 밸브

바닥에서 1.6m 이상 2m 이내에 설치

38

① 캐비테이션 : 물펌프에서 증기압보다 낮을 때 물이 증발을 일으키고 기포를 발생하는 현상
② 워터해머링현상 : 액의 속도가 급변 시 심한 압력변화가 생기는 현상
③ 서징현상 : 운전 중 주기적으로 양정 토출량이 규칙 바르게 변동을 일으키는 현상
④ 맥동현상＝서징현상

39 연소기 종류에 따른 설치기구

- 개방형 연소기 : 환풍기, 환기구
- 반밀폐형 연소기 : 급기구, 배기통

40 오리피스

압력손실이 가장 크다.

41

④ 자동절체식 일체형 저압조정기 조정압력 : 2.55~3.30KPa

42

$G=\dfrac{V}{C}=\dfrac{105}{1.86}=56.5\text{kg}$

44

① 질량변화율 : −8~53%

③ 기밀시험 : 최고사용압력의 1.1배 이상 공기압력 사용

④ 내압시험 : 최고사용압력의 1.5배 수압으로 실시

46 불활성가스

다른 원소와 화합하지 않는다.

47

- 10[kg]을 [L]단위로 변경

  $10[kg] \div 0.5[kg/L] = 20L$

  ※ 액비중의 단위는 kg/L을 기억

- 액 1[L]이 기체 250[L] 이므로 $20 \times 250 = 5000L = 5m^3$

48 입상에 의한 압력손실

$h = 1.293(1-S)H$

$= 1.293(1-0.6) \times 45$

$= 23.3mmH_2O$

49

③ 충전 후 60일이 경과되기 전 다른 용기에 옮겨 충전하여야 한다.

50

- 게이지압력 : 대기압력을 기준으로 하여 측정한 압력
- 진공압력 : 대기압력보다 낮은 압력으로 절대압력의 측정 기준이 되는 압력

51 일산화탄소 전화법

$CO + H_2O \rightarrow CO_2 + H_2$

H_2, CO_2가 얻어짐

52

부취제의 혼합비율이 $\dfrac{1}{1000}$ 이므로,

$\dfrac{1}{1000} \times 100 = 0.1\%$

53

$0K = -273.15℃ = 0°R$

54

④ 건조상태의 염소는 부식성이 없다.

55

① 열역학 0법칙 : 열평형의 법칙

② 열역학 제1법칙 : 에너지보존의 법칙

③ 열역학 제2법칙 : 100% 효율의 열기관은 없다.

④ 열역학 제3법칙 : 절대온도 0K에 도달하는 것은 불가능하다.

57

1520mmHg 게이지 이므로

1520 + 750 = 2280mmHg 절대 이므로

$\dfrac{2280}{760} \times 1 = 3atm$ 절대

59

확산속도는 분자량의 제곱근에 반비례하므로,

$\dfrac{u_A}{u_B} = \sqrt{\dfrac{1}{2}} = \dfrac{1}{\sqrt{2}}$

$u_A : u_B = 1 : \sqrt{2}$

60

C_4H_{10} 분자량 : 58g

비중 : $\dfrac{58}{29} = 2$

정답

01	③	02	③	03	①	04	②	05	④	06	③	07	①	08	④	09	②	10	④
11	①	12	③	13	②	14	③	15	②	16	②	17	④	18	④	19	①	20	④
21	①	22	②	23	④	24	②	25	②	26	②	27	③	28	③	29	③	30	③
31	②	32	①	33	②	34	①	35	④	36	②	37	③	38	①	39	③	40	④
41	④	42	③	43	①	44	①	45	④	46	③	47	①	48	③	49	③	50	①
51	④	52	③	53	④	54	③	55	①	56	①	57	①	58	②	59	④	60	②

해설

01 보호판

- 두께 : 고압용 6mm 이상, 중압 이하 4mm 이하
- 직경 30mm 이상 50mm 이하 구멍을 3m 간격으로 뚫어 누출가스가 지면에 확산되도록 한다.

02 산소가스 저장 시 1·2종 보호시설과 안전거리 (병원 : 1종 보호시설에 해당)

처리 저장능력	1종 보호시설	2종 보호시설
1만 이하	12m	8m
1만 초과 2만 이하	14m	9m
2만 초과 3만 이하	16m	11m
3만 초과 4만 이하	18m	13m
4만 초과	20m	14m

04 폭발범위

① CH_4(5~15%) ② C_3H_8(2.1~9.5%)
③ H_2(4~75%) ④ C_2H_2(2.5~81%)

06

③ 철강공업시설의 경우 처리능력 10만 세제곱 이상

07 방폭구조가 필요없는 가스

NH_3, CH_3Br과 가연성이 아닌 모든 가스

08

④ 상용압력 4MPa 이상 시 0.2MPa를 더한 압력이므로 5+0.2=5.2MPa 초과 시 경보하여야 한다.

09

- 액화가스 : 비점이 높아 비점 이하로 낮추어 쉽게 액화 가능, C_3H_8(−42℃), Cl_2(−34℃), CO_2(−81℃)
- 압축가스 : 비점이 낮다, 액화하기 어려워 기체로 충전 압축가스로 사용, CH_4(−162℃)

10 배관의 색상

- 지상배관 : 황색
- 지하배관 : 저압=황색, 중압 이상=적색

11

① 수평거리로 건축물까지 1.5m 이상을 유지

13 수소

① 가연성가스이다.
② 폭발범위 4~75%로 넓다.
③ 확산속도가 가장 빠르다.
④ 고온·고압 하에서 수소취성을 일으킨다.

14

③ 공연장 : 수용능력 300인 이상인 1종 보호시설임

16

1kcal=4.2KJ=4.2×10^{-3}MJ 이므로

$10400\times4.2\times10^{-3}$MJ/$Sm^3$=43.68MJ/$Sm^3$

18

④ 정압기용 필터는 가스용품에 해당(단, 내장필터는 제외)

22

② 가볍고 충분한 강도를 가질 것

23 LPG 충전소의 표지판의 종류

• 화기엄금 : 백색바탕에 적색글씨
• 충전 중 엔진정지 : 황색바탕에 흑색글씨

24 배관고정장치에 설치간격

• 관경 13mm 미만 : 1m 마다
• 관경 13mm 이상 33mm 미만 : 2m 마다
• 관경 33mm 이상 : 3m 마다

26

② 용기의 재검사 도래여부를 확인

28

NH_3 : 17g이 22.4L이므로

10kg : $x$$m^3$

17 : 22.4 이면

$x=\dfrac{10\times22.4}{17}=13.18m^3$

※ 질량단위로 g이면 체적단위로 L이고, 질량단위로 kg이면
체적단위로 m^3이 된다.

29

• 독성가스 용기의 저장실은 밀폐구조로 하고 강제통풍
장치를 설치한다.
• 가연성가스 용기의 저장실은 통풍이 양호한 구조로
하고 자연통풍이 불가능 시 강제통풍장치를 설치하여
야 한다.

30 사용자공급관

가스 사용자가 소유·점유 토지경계에서 가스사용자가
구분하여 소유·점유하는 건축물의 벽에 설치된 계량기
전단밸브까지 이르는 배관

32 1단감압식 저압조정기

• 입구압력 : 0.07~1.56MPa
• 조정압력 : 2.3~3.3KPa

35 다단압축의 목적

①, ②, ③ 및 가스의 온도상승을 방지한다.

36

12hr 방치에 4.8kg이 증발하였으므로, 1hr 방치에 $x$kg 증발

$x=\dfrac{1\times48}{12}=0.4kg$

∴ 0.4×60kcal/kg=24kcal

37

① 설정압력의 ±20% 이내
③ 50A 이하 배관에 연결되어 사용되는 조정기
④ 최대표시유량 300Nm^3/hr 이하에 사용

38 차압식유량계

오리피스, 플로노즐, 벤투리

40

④ 수소원자에 의한 강의 탈탄(수소취성)

41

C_2H_2은 Cu, Ag, Hg 등과 화합 폭발성물질인 아세틸라이
트를 생성한다.

43

속도수두(H)=$\dfrac{V^2}{2g}=\dfrac{5^2}{2\times9.8}=1.28m$

44

① SPLT(저온배관용 탄소강관) : 빙점 이하에 사용
② SPHT(고온배관용 탄소강관)
③ SPPH(고압배관용 탄소강관)
④ SPPS(압력배관용 탄소강관)

46

상승온도 5℃, 상승한 ℉는 ℃×1.8배이므로 5×1.8=9℃

47

- 질량(kg) : 물체가 가지는 고유의 양, 장소에 따른 변동이 없다.
- 중량(kgf) : 물체가 가지는 고유의 무게에 중력 가속도가 가해진 무게로 장소에 따른 변동이 있다.

48

- 암모니아 제조반응식(하버보시법)

  $N_2 + 3H_2 \rightarrow 2NH_3$

  $3 \times 22.4L : 2 \times 17g$에서
- NH_3 44g 제조시 수소체적(L)은 비례식으로

  $3 \times 22.4L : 2 \times 17g$

  $xL : 44g$

  $\therefore x = \dfrac{3 \times 22.4}{2 \times 17} \times 44 = 87L$

50

액비중×액의 높이가 서로 같은 값이므로

$13.6 \times 76 = 0.5 \times x$

$x = \dfrac{13.6 \times 76}{0.5} = 2067.2cm = 20.67m$

51 가스의 용어

① LPG(액화석유가스)

② LNG(액화천연가스)

③ Off GAS(정유가스)

④ SNG(대체천연가스)

53

① 중량(kgf)

② 비열(kcal/kg℃) : 단위 중량당 체적을 섭씨온도로 나눈 값

③ 비체적(m^3/kg) : 단위 중량 또는 질량당 체적

④ 밀도(kg/m^3) : 단위 체적당 질량

55

- C_3H_8의 연소식

  $C_3H_8 + 5O_2 \rightarrow 3CO_2 + 4H_2O$
- CH_4의 연소식

  $CH_4 + 2O_2 \rightarrow CO_2 + 2H_2O$

※ C_3H_8이 산소량을 많이 필요로 한다.

56

NH_3 분자량 17g으로 공기보다(분자량 29g) 가볍다.

57 수소

무색·무취의 가연성가스이며 공기보다 가볍다.

58

분자량이 가장 적고, 비등점이 가장 낮은 메탄이 가장 점도가 높은 가스이다.(분자량 : 16g, 비등점 : −162℃)

59

$CH_4 + 2O_2 \rightarrow CO_2 + 2H_2O$의 연소식에서 생성물질은 CO_2, H_2O이다.

60 1kcal

표준대기압, 물 1kg의 온도를 1℃ 만큼 (14.5℃에서 15.5℃까지) 올리는 데 필요한 열량

정답

01	④	02	④	03	③	04	①	05	②	06	④	07	④	08	④	09	③	10	②
11	②	12	③	13	①	14	①	15	③	16	②	17	④	18	④	19	③	20	①
21	②	22	②	23	④	24	④	25	③	26	②	27	③	28	①	29	④	30	②
31	②	32	①	33	④	34	④	35	③	36	③	37	③	38	③	39	②	40	①
41	①	42	③	43	①	44	②	45	③	46	③	47	③	48	①	49	③	50	④
51	①	52	①	53	④	54	①	55	②	56	③	57	②	58	①	59	④	60	③

해설

01

④ 충전용기 : 충전질량의 50% 이상 충전되어있는 용기

※ 잔가스용기 : 충전질량 50% 미만이 충전되어있는 용기

02 방호벽 설치기준

①, ②, ③ 및

- 저장탱크의 경우 사업소 내 보호시설
- 충전시설의 경우 저장탱크와 가스충전장소
- 특정고압가스의 경우
- 압축가스는 60m³ 이상, 액화가스는 300kg 이상, 사용시설 용기보관실의 벽

03 CO

압력이 높아지면 폭발범위가 오히려 좁아지는 가스

04 배관 및 내부가스 치환 시 사용되는 가스

N_2, CO_2, 공기

05 가스별 윤활제의 종류

- (H_2, C_2H_2, 공기)압축기 : 양질의 광유
- LP가스 압축기 : 식물성유
- Cl_2가스 압축기 : 진한 황산

06

④ 관대지전위 : 1년 1회 이상 점검

09

③ 촉매폭발 : 수소와 염소가 결합 시 직사광선의 촉매제로 인한 폭발

$$H_2 + Cl_2 \xrightarrow{\text{직사광선}} 2HCl$$

10

- 정압기실 배기관 설치 위치
  - 공기보다 가벼운 경우 : 지면에서 3m 이상
  - 공기보다 무거운 경우 : 지면에서 5m 이상
- 정압기 안전밸브의 가스방출관 설치 위치 : 지면에서 5m 이상(단, 전기시설물의 접촉우려가 있을 때는 3m 이상으로 할 수 있다)

11

② C_2H_2은 분자량 26g으로 공기 29g보다 가볍고, 무색의 가스이다.

13

① 액화조연성 6000kg 이상 운반 시 운반책임자 동승
② 허용농도 200ppm 이하 액화독성 100kg 이상 운반 시 운반책임자 동승(단, 200ppm 초과 5000ppm 이하는 1000kg 이상 운반시 운반책임자 동승이므로 500ppm의 경우 1000kg 이상이 운반책임자 동승 기준이다)

15 용접용기 재검사 기간

용기내용적	제조 후 경과년수		
	15년 미만	15년 이상 20년 미만	20년 이상
500L 이상	5년	2년	1년
500L 미만	3년	2년	1년
LPG용기 500L 미만	5년	5년	2년

17

$$(6m + 6m) \times \frac{1}{4} = 3m$$

만약 계산값이 1m 보다 작을 때는 1m를 유지한다.

18

• 분해연소 : 종이, 목재 등의 고체 연소
• 확산연소 : 아세틸렌, 수소 등의 기체 연소
• 증발연소 : 알콜 등의 액체 연소

19

③ 8m 이상의 우회거리 유지

20

① 가스 누출 시 누출가스가 체류하기 쉬운 장소에 설치한다.

21

② 40℃ 이하의 온수를 사용

22

① AG : 아세틸렌가스를 충전하는 용기의 부속품
② PG : 압축가스를 충전하는 용기의 부속품
③ LG : 액화석유가스 이외의 액화가스를 충전하는 용기의 부속품
④ LT : 초저온, 저온 용기의 부속품

23 압력조정기 표시사항

①, ②, ③ 및 출구압력, 기준차압, 용량, 가스흐름방향, 권장사용기간

26 방폭구조

• 0종 : 본질안전
• 1종 : 본질안전, 유입, 압력, 내압
• 2종 : 본질안전, 유입, 압력, 내압, 안전증

27 PE(가스용 폴리에틸렌)관 설치장소 제한

온도 40℃ 이상의 장소에 설치를 금지한다. 단, 파이프 슬리브 등으로 단열조치 시 40℃ 이상의 장소에 설치가 가능하다.

30

① CO : 독성가스, 가연성가스
③ N_2 : 불연성가스
④ Ar : 불연성가스

32

① 외부전원법 : 과방식의 우려가 있다.

33

• SPP(배관용 탄소강관) : 1MPa 미만 사용
• SPPS(압력배관용 탄소강관) : 1MPa 이상 10MPa 미만에 사용
• SPPH(고압배관용 탄소강관) : 10MPa 이상에 사용

35

③ 축냉기는 저압식 공기액화분리장치의 공정

36 예비정압기를 설치하여야 하는 경우

캐비닛형 구조, 바이패스관, 공동사용자

37

$$오차값 = \frac{P_1 - P_2}{게이지압력} \times 100(\%) \quad (P_1 : 큰 압력, P_2 : 작은 압력)$$

$$게이지압력 = \frac{20kg}{\frac{\pi}{4} \times (2cm)^2} = 6.36kg/cm^2$$

$$\therefore 오차값 = \frac{7 - 6.36}{6.36} \times 100(\%) = 10\%$$

38

③ 펌프는 저장탱크부터로 가까이 설치하여야 액가스가 기화되는 것을 예방할 수 있다.

39

② 탄소강은 저온도가 될수록 인장강도는 증가하고, 충격치, 신율(늘어나는 정도)은 감소한다.

40 배관의 두께(t)

(외경, 내경의 비 : 1.2 미만)

$$t=\frac{PD}{2\times\dfrac{f}{S}-P}+C$$

$$=\frac{15\times15}{2\times\left(\dfrac{480}{4}\right)-15}+1$$

$$=2mm$$

P : 사용압력(MPa)   D : 내경

f : 인장강도   S : 안전율

41

· FID : 수소포획이온화검출기
· OMD : 광학식메탄가스검출기

42

③ 점도가 적당하고 항유화성이 클 것

※ 상기항목 이외에 불순물이 적을 것, 경제적일 것

43

· 고진공 : 공기압력이 내려가면 온도가 저하하는 성질을 이용하여 단열시키는 방법
· 분말진공 : 규조토 등의 분말을 이용하여 열전도를 방지하는 단열법
· 다층진공 : 단열공간을 글라스울 등의 여러가지 단열층을 만들어 열전도를 방지하는 단열법

45

· PR(백금－백금로듐) : 0~1600(1700)℃
· CA(크로멜－알루멜) : −20~1200℃
· IC(철－콘스탄탄) : −20~800℃
· CC(동－콘스탄탄) : −200~400℃

46

C_P(정압비열) 〉 C_V(정적비열)

$$K=\frac{C_P}{C_V}\rangle1$$

※ 정압비열이 정적비열보다 커 K(비열비)는 1보다 크다.

47

탄소의 함유율＝$\dfrac{탄소량}{분자량}\times100(\%)$이므로

① $CO_2=\dfrac{12}{44}\times100=27\%$

② $CH_4=\dfrac{12}{16}\times100=75\%$

③ $C_2H_4=\dfrac{24}{28}\times100=85\%$

④ $CO=\dfrac{12}{28}\times100=42.8\%$

48

② 수소의 밀도 : $\dfrac{2g}{22.4L}=0.089g/L$

　모든 가스 중 가장 밀도가 작다.

③ 수소는 고온·고압 하에서 강재중 탄소와 반응수소를 취하시키는 수소 취성을 일으킨다.

④ 수소는 모든 가스 중 열전달율이 높다.

49 샤를의 법칙

압력 일정 시 이상기체의 부피는 1℃ 상승에 따라 0℃의 부피 $\dfrac{1}{273}$ 씩 증가한다.

50

모든 단위를 [℃]로 통일한다.

① −35[℃]

② $-45°F=\dfrac{1}{1.8}(-45-32)=-42℃$

③ 213K=213−273=−60℃

④ 450°R=−23℃

　　(K로 환산하면 $\dfrac{1}{1.8}\times450K$이고,

　　C로 환산하면 $\dfrac{1}{1.8}\times450-273$)

∴ 450°R=−23℃로 가장 높은 온도이다.

51

$CO+Cl_2\xrightarrow{활성탄}COCl_2(포스겐)$

52

- 현열(감열) : 상태변화없이 온도가 변화 시 필요한 열량
- 잠열 : 온도변화없이 상태변화 시 필요한 열량

53

[atm]으로 모두 환산한다.

㉠ 100atm

㉡ $2kg/mm^2 \rightarrow 2 \times 10^2 kg/cm^2$에서

$$\frac{2 \times 10^2}{1.033} = 193.79atm$$

㉢ $15mHg \rightarrow \frac{15}{0.76} = 19.73atm$

∴ $2kg/mm^2(193.79atm) \rangle 100atm \rangle 15mHg(19.73atm)$

54

② 산소는 무이음용기

③ 의료용 용기는 백색

④ 윤활유는 물, 10% 이하 글리세린수

55 분자량

① 메탄(16g)　　　② 프로판(44g)

③ 암모니아(17g)　④ 헬륨(4g)

56

$$\frac{V_1}{T_1} = \frac{V_2}{T_2}$$

$$T_2 = \frac{T_1 V_2}{V_1} = \frac{273 \times (2 \times 500)}{500} = 546K$$

∴ $546 - 273 = 273℃$

58

②, ③, ④ : 가연성

기출문제 제15회 정답 및 해설

정답

01	②	02	④	03	③	04	④	05	①	06	③	07	④	08	②	09	①	10	④
11	③	12	②	13	②	14	③	15	③	16	④	17	②	18	③	19	②	20	④
21	④	22	③	23	③	24	②	25	②	26	③	27	①	28	②	29	①	30	④
31	②	32	①	33	②	34	②	35	④	36	③	37	①	38	③	39	④	40	②
41	①	42	②	43	①	44	④	45	③	46	①	47	①	48	②	49	①	50	②
51	④	52	③	53	④	54	①	55	②	56	③	57	①	58	③	59	④	60	④

해설

03

$$200kg \div \frac{50}{1.86}(kg) = 7.44 = 8개$$

04

④ 배관은 원칙적으로 다른 배관과 수평거리를 30m 이상 유지한다.

05

① 플레어스택은 가스를 연소시켜 폐기하는 탑이므로 폭발한계값과 무관하다.

07

① 염소 – 가성소다수용액, 탄산소다수용액, 소석회
② 포스겐 – 가성소다수용액, 소석회
③ 황화수소 – 가성소다수용액, 탄산소다수용액

09 C_2H_2가스의 방호벽 설치

• 압축기와 그 충전장소 사이
• 압축기와 그 충전장소와 용기보관장소 사이
• 충전장소와 그 충전용기보관장소 사이
• 충전장소와 충전용 주관밸브와 조작밸브 사이

10

④ 안전밸브 작동 시 용기의 압력이 정상압력이므로 파열을 방지한다.

11 방류의 용량

• 독성·가연성의 경우 : 저장능력 상당용적
• 산소의 경우 : 저장능력 상당용적의 60% 이상

12 과압안전장치의 종류

안전밸브, 파열판, 릴리프밸브, 안전제어장치

13 도시가스배관의 표지판 설치간격

• 일반도시가스의 경우
  – 제조소공급소 밖 : 200m 마다
  – 제조소공급소 내 : 500m 마다
• 가스도매사업의 경우 : 제조소공급소 안·밖의 구분없이 500m 마다

14 전용 보일러실에 설치하지 않아도 되는 경우

• 밀폐식 보일러
• 보일러를 옥외에 설치 시
• 전용급기통을 부착시키는 구조로서 검사에 합격한 강제식 보일러

15 산소의 윤활제

물 또는 10% 이하 글리세린수

16

① 용접용기 동관의 최대 두께와 최소 두께의 차이는 평균 두께와 10% 이하로 한다.

② 초저온용기는 18-8ST 또는 9% Ni 등 적합한 재료를 사용하여야 한다.

③ 다공도 75% 이상 92% 미만으로 하여야 한다.

17 도시가스 배관이음매(용접이음매)와의 유지거리

- 전기계량기, 전기개폐기 : 60cm 이상
- 전기점멸기, 전기접속기
  - 공급시설 : 30cm 이상
  - 사용시설 : 15cm 이상

18

③ LG : 액화석유가스이외의 액화가스를 충전하는 용기의 부속품

20

④ 수소-주황색

21

④ 가스설비 : 저장설비 외의 설비로서 액화석유가스가 통하는 설비(배관은 제외)와 그 부속설비를 말한다.

22

$$1\% = \frac{1}{100} \qquad 1ppm = \frac{1}{1000000}$$

$$\therefore 1\% = 10000ppm$$

24 차량고정탱크 초과금지 운반내용적

- 독성(암모니아 제외) : 12000L
- 가연성(LPG), 산소 : 18000L

26 도시가스배관 지하매설

- 공동주택 내 : 0.6m 이상
- 폭 8m 이상 : 1.2m 이상(단, 최고사용압력이 저압으로 횡으로 분기 수요자에게 직접 연결된 경우 : 1m 이상)
- 폭 4m 이상 8m 미만 : 1m 이상(단, 최고사용압력 저압으로 횡으로 분기 수요자에게 직접 연결된 배관 및 호칭경 300mm 이하 저압배관 : 0.8m 이상)
- 폭 4m 미만 : 0.6m 이상

27 주요공정 시공 감리대상

- 일반도시가스사업자 및 도시가스사업자 외의 가스공급시설
- 나프타 부생가스 바이오가스 제조사업 및 합성천연가스 사업자의 배관

29 통풍능력

- 강제통풍장치 : 바닥면적 $1m^2$당 $0.5m^3$/min
- 자연통풍장치 : 바닥면적 $1m^2$당 $300cm^2$ 이상

31 캐비테이션

- 물펌프에서 펌프를 운전 중 그 수온의 증기압보다 낮을 때 물이 증발을 일으키고 기포를 발생하는 현상
- 방지법 : ①, ③, ④ 및 펌프의 회전수를 낮춘다.

32

- 로터미터 : 면적식유량계
- 마노미터 : 액주식유량계
- 습식가스미터 : 직접식유량계

※ 차압식유량계 : 오리피스, 플로노즐, 벤투리미터

33

$2NaOH + CO_2 \rightarrow Na_2CO_3 + H_2O$에서

가성소다와 CO_2가 2:1로 반응하므로

$2 \times 40 : 44 = x : 1$

$$\therefore x = \frac{2 \times 40 \times 1}{44} = 1.82kg$$

34 단계적 용량 조정방법

- 흡입밸브강제개방법
- 클리어런스밸브에 의해 용적의 효율을 낮추는 방법

※ 연속적으로 용량조정하는 방법

- 흡입밸브폐쇄법
- 회전수변경법
- 바이패스밸브에 의한 방법
- 타임드밸브제어에 의한 방법

35 공기희석의 목적

①, ②, ③ 및 재액화방지

36 정압기

필터　긴급차단장치　조정기　자기압력기록계

37 저온용 재료

②, ③, ④ 및 알루미늄

38

①, ②, ④ : 펌프에서 발생하는 현상

42 암모니아

동 및 동합금은 착이온 생성으로 부식을 일으키므로 동합금 사용 시 62% 미만의 동합금을 사용한다.

46

$C_4H_{10} = 58g = 22.4L$ 이므로

$58g : 22.4L = xg : 1000L$

$$x = \frac{58 \times 1000}{22.4} = 2589g = 2.589kg = 2.6kg$$

48

② 열은 고온에서 저온으로 흐른다 (제2법칙)

49 연소반응식

• 메탄

$CH_4 + 2O_2 \rightarrow CO_2 + 2H_2O$에서 메탄과 산소의 비는 1 : 2

공기량은 산소$\times \dfrac{100}{21}$ 이므로 $2 \times \dfrac{100}{21} = 9.52$

• 프로판

$C_3H_8 + 5O_2 \rightarrow 3CO_2 + 4H_2O$

산소량이 5이므로 공기량은 $5 \times \dfrac{100}{21} \fallingdotseq 24$

50 비등점

① $H_2 : -252℃$　　② $He : -269℃$

③ $N_2 : -196℃$　　④ $CH_4 : -162℃$

※ 비등점이 낮을수록 액화하기 어려우므로 가장 낮은 He (−269℃)이다.

53

$1kw = 102kg \cdot m/s$ 이므로 $102 \times \dfrac{1}{427} \times 3600 = 860kcal/hr$

$1ps = 75kg \cdot m/s = 632kcal/hr$

54 −40℃를 °F로 환산 시

$°F = 1.8 \times ℃ + 32 = 1.8 \times (-40) + 32 = -40$

∴ $-40°F$

55

$1atm = 1.01325bar$

56

$\dfrac{P_1V_1}{T_1} = \dfrac{P_2V_2}{T_2}$ 에서,

나중의 부피$(V_2) = \dfrac{P_1V_1T_2}{T_1P_2}$

$$= \frac{1 \times 10000 \times (273-20)}{(273+30) \times 0.6}$$

$$\fallingdotseq 14000L$$

59

④ 조연성가스는 자신은 연소하지 않고 다른 가스를 연소시킨다.

기출문제 제16회 정답 및 해설

정답

01	④	02	④	03	③	04	②	05	②	06	②	07	②	08	③	09	④	10	②
11	①	12	③	13	①	14	②	15	④	16	①	17	④	18	②	19	①	20	④
21	②	22	③	23	①	24	①	25	③	26	②	27	③	28	④	29	②	30	②
31	②	32	③	33	④	34	③	35	②	36	④	37	②	38	④	39	③	40	④
41	①	42	①	43	①	44	④	45	③	46	④	47	①	48	①	49	②	50	①
51	③	52	②	53	②	54	④	55	②	56	④	57	①	58	③	59	①	60	①

해설

03 압력용기의 재질이 주철인 경우

Tp(내압시험압력)=설계압력×2배

04

① 산과 들 이외의 지역 : 1.2m 이상
③ 건축물까지 수평거리 : 1.5m 이상
④ 다른 시설물 : 0.3m 이상

05 도시가스배관의 철도부지 밑 매설

• 궤도중심 : 4m 이상
• 철도의 부지경계 : 1m 이상
• 지표면과 배관의 외면 : 1.2m 이상
• 다른 시설물 : 0.3m 이상

06 보호판의 두께

• 중압 이하 : 4mm 이상
• 고압 : 6mm 이상

12

$$WI=\frac{H}{\sqrt{d}}=\frac{9500}{\sqrt{0.65}}=11783$$

15 블레비

비등액체증기 폭발로서 액화가스(LNG, LPG) 저장탱크 및 탱크로리에서 발생

16 가스누설 자동차단장치의 3대요소

검지부, 차단부, 제어부

17

공기보다 무거운 가연성가스(④ 부탄 C_4H_{10}＝58g) 저장실에는 누출가스가 체류하지 않도록 통풍구를 갖추고 통풍이 잘되지 않는 곳은 강제환기시설을 갖춘다.

18

② 15℃의 온도에서 압력이 0Pa을 초과하는 아세틸렌가스

19

① 저장탱크실 상부 윗면으로부터 저장탱크실 상부깊이까지 60cm 이상으로 한다.

20 신고특정고압가스

①, ②, ③ 및 수소, 산소, 액화암모니아, 액화염소, 아세틸렌, 천연가스, 압축모노실란, 압축디보레인, 액화알진, 포스핀, 셀렌화수소, 디실란, 오불화비소, 오불화인, 삼불화인, 삼불화붕소, 사불화유황

22 용기설계단계 검사항목

①, ②, ④ 및 재료의 기계화학적성능, 기밀성능

24

① 지하배관 → 지상배관

25

④ 용기 사용 후 밸브를 닫아둔다.

27 용기의 부식여유치(NH₃, Cl₂ 용기에 한함)

가스 \ 내용적	1000L 이하	1000L 초과
NH₃	1mm	2mm
Cl₂	3mm	5mm

29

② 가능한 인체에서 20cm 이상 떨어져서 사용

31 연소방식에 의한 분류

① 분젠식 : 1차, 2차 공기로 연소
② 세미분젠식 : 1차 공기 40% 이하, 2차 공기 60% 이하
③ 적화식 : 2차 공기만으로 연소
④ 전1차 공기식 : 1차 공기만으로 연소

32 압력계의 눈금범위

설계압력의 1.5배 이상 2배 이하이므로
25×1.5~25×2=37.5~50MPa
∴ 최소눈금은 37.5MPa

33

④ 액화석유가스는 공기보다 무겁다.

39

액화산소, LNG는 저온용 재료를 사용한다.
18-8STS, 9% Ni, Cu 및 그 합금, Al 및 그 합금

42

① 내면에서의 열전도 → 외면에서의 열전도

43

① 단독접지 : 탑류, 저장탱크, 열교환기, 회전기계, 벤트 스택
② 단선 제외
③ 기계장치에는 절연재료를 사용하지 않는다.
④ 총합 100Ω 이하, 피뢰설비가 있는 것 10Ω

44 부압파괴방지조치 설비종류

압력계, 압력경보설비, 진공안전밸브, 균압관, 압력과 연동하는 긴급차단장치를 설치한 냉동제어설비 및 송액설비

45

$$V = \frac{\pi}{4} D^2 \times L$$

$$= \frac{\pi}{4} \times (0.025m)^2 \times 30 = 0.0147m^3$$

∴ 0.0147×1000=14.7L

46

④ 정압비열 $C_P = \dfrac{K}{K-1} R$

49

H₂=수소=2g
He=헬륨=4g
분자량이 거의 유사하다.

52

가스의 밀도$= \dfrac{M(분자량)}{22.4L}$

산소 밀도$= \dfrac{32g}{22.4L} = 1.43g/L$

53

① 1atm=1.033[kg/cm²]
② 1[kg/cm²]
③ 10.33mH₂O=1.033[kg/cm²]
④ $\dfrac{1MPa}{0.101325} \times 1.033 = 10.18[kg/cm^2]$

56 각 가스의 분자량

① CO : 28g　　② C₃H₈=44g
③ Cl₂ : 71g　　④ NH₃=17g
※ 분자량이 가장 작을수록 비중이 가장 적다.

58 부탄가스의 비중

$\dfrac{58}{29} = 2$

59 헨리의 법칙

기체 용해도의 법칙으로 물에 약간 녹는 기체에만 적용(H₂, O₂, CO₂ 등)하며 물에 많이 녹는 NH₃는 적용되지 않는다.

60

① 아세틸렌은 분자량 26g으로 공기보다 가볍다.

정답

01	①	02	①	03	③	04	④	05	④	06	③	07	④	08	③	09	③	10	②
11	②	12	①	13	②	14	④	15	①	16	②	17	②	18	①	19	③	20	②
21	②	22	④	23	②	24	④	25	②	26	①	27	④	28	②	29	③	30	④
31	①	32	①	33	③	34	③	35	③	36	③	37	③	38	③	39	②	40	①
41	④	42	①	43	②	44	③	45	③	46	④	47	②	48	④	49	②	50	②
51	④	52	④	53	②	54	③	55	①	56	①	57	④	58	④	59	②	60	③

해설

01 기밀시험용가스

공기, N_2, CO_2 등

03 게시판 색상

화기엄금	(바탕색 : 백색, 글자색 : 적색)

충전 중 엔진정지	(바탕색 : 황색, 글자색 : 흑색)

04

산소의 윤활제 : 물, 10% 이하 글리세린수

※ 산소는 유지류, 석유류 접촉 시 폭발 발생

05 가연성·독성가스

NH_3, CH_3Br, C_2H_4O, HCN, CO, CH_3Cl, H_2S

06

Tp = 상용압력×1.5배 = 1×1.5 = 1.5MPa

07 방호벽 설치장소

①, ②, ③ 및 당해충전장소와 당해충전용보관장소 사이 당해충전용 주관밸브 사이

08 방호철판의 두께

- 지상 노출배관 : 4mm 이상
- 지하 설치배관
  - 고압배관 : 6mm 이상
  - 고압 이외의 배관 : 4mm 이상

09 방호벽의 규격

- 높이 : 2m 이상
- 두께
  - 철근콘크리트 : 12cm 이상
  - 콘크리트블록 : 15cm 이상
  - 박강판 : 3.2mm 이상
  - 후강판 : 6mm 이상

10

② 15℃, 0Pa 초과, 아세틸렌가스 : 적용고압가스 대상

11 전위측정용 터미널 설치간격

- 희생양극법, 배류법 : 300m 마다
- 외부전원법 : 500m 마다

12

② 40℃ 이하 유지

③ 직사광선을 피할 것

④ 2m 이내 인화·화기성물질을 두지 않는다.

13

독성가스 100만 분의 5000 이하

14

도시가스는 공기와 혼합 시 폭발범위 이내에서 폭발한다.

15

② 저압배관 : 황색, ③ 중압 이상 배관 : 적색
④ 황색띠를 2중으로 표시한 경우 배관을 황색으로 표시
　하지 않아도 된다.

17 정압기의 분해점검주기

- 공급시설 : 2년 1회 이상
- 사용시설 : 처음은 3년 1회 이상, 그 이후는 4년 1회
　이상

18 방폭구조의 기호

- 내압(d)
- 안전증(e)
- 압력(p)
- 유입(o)
- 본질안전(ia)(ib)

19

자연통풍구의 크기는 바닥면적의 3% 이상이므로
$3m^2 = 30000cm^2$
$30000 \times 0.03 = 900cm^2$ 이상

20

- 소형저장탱크를 설치하여야 할 저장능력 500kg 이상
- 소형저장탱크의 크기는 3t 미만

21

저장설비는 용기집합식으로 설치하지 아니한다.

22

④ 금속 : 불연성물질이 아님

23

안전밸브 작동압력 $= Tp \times \dfrac{8}{10}$ 이므로

$$= 상용압력 \times 1.5 \times \frac{8}{10}$$

$$= 10 \times 1.5 \times \frac{8}{10}$$

$$= 12MPa$$

24 LC$_{50}$의 농도

① 암모니아 : 7338ppm
② 디메틸아민 : 11100ppm
③ 브롬화메탄 : 850ppm
④ 아크릴로니트릴 : 20ppm

25

③ 사용 후에는 밸브를 잠가둔다.

27

④ 충전용기는 2단으로 쌓지 않는다.

28 허용농도 100만 분 200 이하 독성가스 운반 시

- 내용적 1000L 미만 : 밀폐구조로 한다.
- 내용적 1000L 이상 : 밀폐구조로 하지 않아도 된다.

30 차량고정탱크운반 시 휴대서류

①, ②, ③ 및 고압가스 관련 자격증, 운전면허증, 차량운
행일지

31

① 압축비 감소 : 토출 온도 저하

32 장점

도관의 압력손실을 크게 해도 된다.

33

$$P_2 = P_1 + Sh$$
$$= 1kg/cm^2 + 13.6 \times 10^3 kg/m^3 \times 0.6m$$
$$= 1kg/cm^2 + 8160kg/m^2$$
$$= 1kg/cm^2 + 8160 \times \frac{1}{10^4} (kg/cm^2)$$
$$= 1.82kg/cm^2$$

36

$$Q = K \sqrt{\frac{D^5 H}{SL}}$$
$$= \left(\frac{2.03kg/hr}{2.04kg/m^3} \right) = 0.995(m^3/hr)$$
$$H = \frac{Q^2 \cdot S \cdot L}{K^2 \cdot D^5} = \frac{0.995^2 \times 1.58 \times 20}{0.436^2 \times 1.61^5} = 15.21mmH_2O$$

40

불활성가스는 원자가가 영(0)이다.

41

- 차압식유량계 : 오리피스, 플로노즐, 벤투리
- 추량식유량계 : 터빈, 와류, 선근차
- 면적식 : 로터미터

42

용기밸브는 서서히 열 것

43

$$유량(Q_2)=Q_1\times\left(\frac{N_2}{N_1}\right)^1$$

$$양정(H_2)=H_1\times\left(\frac{N_2}{N_1}\right)^2$$

$$동력(Lps_2)=Lps_1\times\left(\frac{N_2}{N_1}\right)^3$$

44 조정압력이 3.3KPa 이하인 조정기의 안전장치 작동압력

- 작동표준압력 : 7KPa
- 작동개시압력 : 5.6~8.4KPa
- 작동정지압력 : 5.08~8.4KPa

46

- 임계온도 : 기체를 액화시킬 수 있는 최고의 온도
- 임계압력 : 기체를 액화시킬 수 있는 최저의 압력

48

LNG에서 기화한 가스는 CH_4이 주성분이다.

49

적황색(옐로우팁)

50

$420\times\dfrac{1}{1.8}=233.33K$ 이므로

$℃=233.33-273 ≒ -40℃$

51 도시가스 제조공정

①, ②, ③ 및 부분연소공정

53

$Pa=N/m^2=N/10000cm^2$ 이므로

$1MPa=1\times10^6Pa=1\times10^6N/10000cm^2=100N/cm^2$

54

10000kcal/kg은 1kg의 열량 $10000kcal\times0.5$ 이므로

$1kg : 10000\times0.5kcal$

$xkg : 50\times1\times(90-20)kcal$

$$\therefore x=\frac{1\times50\times1\times70}{10000\times0.5}=0.7kg$$

55 압축가스

H_2, O_2, N_2, He, CH_4, CO 등

56

절대압력=대기압력−진공압력

$=760-200=560mmHg$

$\therefore \dfrac{560}{760}\times1.033=0.76kg/cm^2\cdot abs$

57

④ kg/m^3은 밀도의 단위이다.

58 엔트로피

시간당 열량을 절대온도로 나눈 값($kcal/kg\cdot K$)

59

CO는 무색·무취의 가스로서 TLV−TWA 50ppm

60

- 물의 동결점 : $0℃=-273K=32°F$
- 질소의 비등점 : $-196℃$
- 산소의 비등점 : $-183℃$

기출문제 제18회 정답 및 해설

해설

01 방폭구조의 종류

유입(o), 압력(p), 안전증(e) 및 내압(p), 본질안전(ia)(ib)

02 특정고압가스

②, ③, ④ 및 액화암모니아, 액화염소, 아세틸렌, 압축모노실란, 압축디보레인, 액화알진

03

$W = 0.9dV = 0.9 \times 1.14 \times 25000 = 25650kg$

07

• 독성가스 운반 시 경계표시

위험 고압가스
독성가스   (황색바탕, 적색글자)

• 독성가스 이외의 가스 운반 시 경계표시

위험 고압가스   (백색바탕, 적색글자)

09

④ 배관은 그 외면으로부터 도로 밑의 다른 시설물과 30cm 이상을 유지한다.

10

③ 흡입구, 배기구의 관경은 100mm 이상으로 하되, 통풍이 양호하도록 한다.

11 폭발범위

① 프로판(2.1~9.5%) ② 암모니아(15~28%)
③ 수소(4~75%) ④ 아세틸렌(2.5~81%)

15 저장탱크의 부압파괴 방지조치

①, ②, ④ 및 균압관과 연동하는 긴급차단장치를 설치한 냉동제어설비 및 송액설비

16 도시가스배관의 이격거리

① 중압 이하 배관과 고압배관 매설 시의 간격 2m 이상
② ①에서 철근콘크리트 방호구조물 내 설치 시 1m 이상
  (배관의 주체가 같은 경우는 3m 이상)

18

③ 용기보관실, 사무실은 동일부지에 설치한다.

20

④ 인수시한까지 인수하지 않을 시 검사기관이 임의로 매각 처분할 수 있다.

22 중합방지안정제

황산, 아황산, 동, 동망, 염화칼슘, 오산화인

23

$$t=\frac{PD}{2Sn-1.2p}+C$$

$$D=\frac{t(2Sn-1.2p)}{P}=\frac{2\times(2\times480\times\frac{1}{4}\times1-1.2\times2.5)}{2.5}$$

$$=189.6\fallingdotseq190$$

※ 난이도 관계로 생략하시길 권합니다.

24

② 허용농도 100만 분의 5000 이하

25 압축작업을 즉시 중단하여야 하는 경우

- 가연성(C_2H_2, C_2H_4 제외) 중의 산소 4% 이상
- 산소 중 가연성(C_2H_2, C_2H_4 제외) 4% 이상
- C_2H_2, C_2H_4 중 산소 2% 이상
- 산소 중 C_2H_2, C_2H_4 2% 이상 시

28 안전밸브의 종류

- 가용전식 : Cl_2, C_2H_2
- 스프링식 : LPG
- 파열판식 : 압축가스(H_2, O_2, N_2)

29 동일차량에 적재금지 가스

- Cl_2와 C_2H_2, NH_3, H_2
- 가연성과 산소는 충전용기밸브를 마주보지 않게 하여 혼합적재 가능
- 충전용기와 소방법이 정하는 위험물

31

액비중(kg/L)이므로

0.5kg/L×1000000L=50000kg=50ton

∴ 50t÷5t=10개

32 퍼지용 가스

N_2, CO_2, 공기

35 도시가스의 압력

- 고압 : 1MPa 이상
- 중압 : 0.1MPa 이상 1MPa 미만(단, 액화가스가 기화되고 다른 물질과 혼합되지 않은 경우 0.01MPa 이상 0.2MPa 미만)
- 저압 : 0.1MPa 미만(단, 액화가스가 기화되고 다른 물질과 혼합되지 않은 경우 0.01MPa 미만)

36 경보농도

- 가연성 : 폭발하한계의 $\frac{1}{4}$ 이하
- 독성 : TLV−TWA 기준농도 이하

37

$$W=\frac{V}{C}=\frac{47}{2.35}=20kg$$

39

- 압축기 이송 시 장점
  - ①, ②, ③
- 압축기 이송 시 단점
  - 재액화 현상이 있다.
  - 드레인 현상의 우려가 있다.
- 펌프 이송 시 장점
  - 재액화 현상이 없다.
  - 드레인 우려가 없다.
- 펌프 이송 시 단점
  - 충전시간이 길다.
  - 잔가스 회수가 불가능하다.
  - 베이퍼록 현상이 있다.

41

① 사용자가 쉽게 조작할 수 없어야 한다.

43 두압(피스톤 상부의 압력)

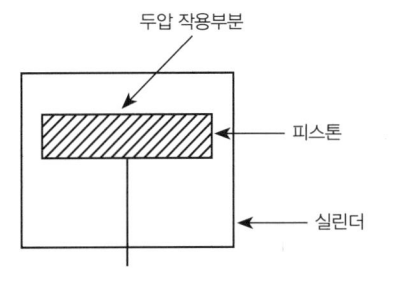

44

② 배기통의 굴곡수는 4개 이하

45

$$a=\sqrt[4]{\frac{P_2}{P_1}}=\sqrt[4]{\frac{(15+1)}{1}}=2$$

47 비점

① $H_2(-252℃)$　　② $O_2(-183℃)$

③ $C_2H_2(-75℃)$　④ $C_3H_8(-42℃)$

49

④ 액체상태에서 물보다 가볍다.

　(물의 비중 : 1, CH_4 액비중 : 0.42)

50

· 절대압력＝대기압＋게이지압력

· 게이지압력＝절대압력－대기압력

51

$$C_3H_8 + 5O_2 \rightarrow 3CO_2 + 4H_2O$$

52

$$2NH_3 + CO_2 \rightarrow \underset{(요소)}{(NH_2)_2CO} + H_2O$$

53 수분 존재 시 부식을 일으키는 가스

· Cl_2(염소) → 염산 생성으로 부식

· H_2S(황화수소) → 황산 생성으로 부식

· CO_2(이산화탄소) → 탄산 생성으로 부식

· SO_2(이산화황) → 황산 생성으로 부식

· $COCl_2$(포스겐) → 염산 생성으로 부식

55

· 융해 : 고체가 액체로 변화하는 데 필요한 열량

· 승화 : 고체가 기체, 기체가 고체로 변화하는 데 필요한 열량

· 기화 : 액체가 기체로 변화하는 데 필요한 열량

56

$$C_4H_{10} + 6.5O_2 \rightarrow 4CO_2 + 5H_2O$$

$1Nm^3$, $6.5Nm^3$에서 공기량 $6.5 \times \dfrac{100}{21} = 31Nm^3$

57

$℉ = ℃ \times 1.8 + 32$에서

$℃ = (F-32) \times \dfrac{1}{1.8} = (410-32) \times \dfrac{1}{1.8} = 210℃$

∴ $K = 210 + 273 = 483K$

58 부취제의 냄새

· THT : 석탄가스 냄새

· TBM : 양파 썩는 냄새

· DMS : 마늘 냄새

60

15kg을 용적 L로 변화 시 15kg÷0.5[kg/L]＝30L

V : 47L 이므로 공간은 47－30＝17L이고

$\% = \dfrac{17}{47} \times 100 = 36.1\%$

기출문제 제19회 정답 및 해설

정답

01	①	02	②	03	④	04	③	05	②	06	②	07	④	08	③	09	④	10	②
11	④	12	①	13	③	14	②	15	①	16	④	17	④	18	④	19	②	20	②
21	①	22	①	23	③	24	②	25	①	26	①	27	②	28	①	29	③	30	②
31	②	32	②	33	①	34	②	35	③	36	④	37	①	38	②	39	①	40	③
41	①	42	④	43	①	44	②	45	②	46	①	47	④	48	③	49	③	50	②
51	④	52	③	53	③	54	③	55	①	56	①	57	③	58	②	59	③	60	③

해설

02 LC50의 허용농도

- 염화수소 : 3120ppm
- 암모니아 : 7338ppm
- 황화수소 : 444ppm
- 일산화탄소 : 3760ppm

03

④ 화학적으로 발열량이 높을수록

04

- H_2 : 98.5% 이상
- O_2 : 99.5% 이상
- C_2H_2 : 98% 이상

05

① 0℃, 10L, 32g의 압력 P(atm)

$$P = \frac{WRT}{VM} = \frac{32 \times 0.082 \times 273}{10 \times 32} = 2.238 atm$$

② P_1 : 2.238atm T_1 : 0℃ = 273K

   P_2 : ? T_2 : (273 + 150)K

$$P_2 = \frac{P_1 T_2}{T_1} = \frac{2.238 \times (273 + 150)}{273} = 3.47 atm$$

※ 2중 계산인 고난이도 문제이므로 힘드신 분들은 생략하십시오.

06

염소는 조연성이므로 혼합시 가연성이 위험하다. 따라서, CO(12.5~74%), H_2(4~75%) 중 수소가 더 위험하다.

07

④ 배관의 입상부에는 방호시설물을 설치한다.

08 내진설계 적용대상 보유능력

- 비독성 · 비가연성 : 10t 이상 1000m³ 이상
- 독성 · 가연성 : 5t 이상 500m³ 이상

09 경보장치 설치위치

①, ②, ③ 및 개별충전시설 본체 내부

11

① 폭발범위는 산소 중이 더 넓다.
② C_2H_2 폭발범위는 2.5~81% 이다.
③ 산소 한계농도치 이하에서는 폭발성 혼합가스가 생성되지 않는다.

13 안전밸브 작동압력조정기

- 압축기 최종단 : 1년 1회 이상
- 그 밖의 안전밸브 : 2년 1회 이상

14

② 긴급이송설비로 이송되는 가스를 (대기중으로 방출 → 안전하게 연소시킬 수) 있는 것으로 한다.

15

① 일체형 가스누출경보기 → 분리형 가스누출경보기

16

$$W=\frac{V}{C}$$

$$V=W \cdot C=20 \times 2.35=47L$$

19

② 매설심도배관 외면으로부터 2.5m 이상 유지

22 운반 독성가스에 따른 보유 소석회의 양

- 1000kg 미만 : 20kg 이상
- 1000kg 이상 : 40kg

24

① 안전구역의 면적은 2만m² 미만
② 고압인 가스공급시설의 외면까지 30m 이상 거리유지
④ 제조소 경계와 20m 이상 유지

26

① 수소는 모든 가스 중 열전도도가 가장 크다.

27

③ 초저온 저온용기의 부속품 : LT

28

① 액체공기 중 (아르곤 → 오존)의 혼입

29

② 조연성 액화가스 − 6000kg 이상

30

② 열전도율이 크다.

31 폭발범위

① 암모니아(15~28%)
② 프로판(2.1~9.5%)
③ 메탄(5~15%)
④ 일산화탄소(12.5~74%)

37 원심압축기의 날개각도

- 터보형 : 90°보다 작을 때
- 레이디얼형 : 90°
- 다익형 : 90°보다 클 때

38

① 플로트식 : 액면계

40

$$Q=Cv \times D^2 \times L \times N$$

$$=0.476 \times (0.15m)^2 \times 0.1m \times 350=0.37m^3/min$$

41 품질검사 시약

- O_2 : 동암모니아시약
- H_2 : 하이드로썰파이드시약, 피로카롤시약
- C_2H_2 : 정성시험(질산은시약), 뷰렛법(브롬시약)

43 소형저장탱크 자연기화능력

$$PVC=\frac{DLKT(kcal/hr)}{12000(kcal/kg)}$$

$$=\frac{1000 \times 2000 \times 0.03125 \times 2.15}{12000}$$

$$=11.19=11.2(kg/hr)$$

D : 외경(mm)　　　L : 길이(mm)

K : 상수　　　　　T : 온도보정계수

46

$$h=1.293(S-1)H=1.293(1.5-1) \times 20=12.9mmH_2O$$

47

- 실제기체가 이상기체를 만족하는 온도·압력의 조건 : 고온, 저압
- 이상기체가 실제기체를 만족하는 온도·압력의 조건 : 저온, 고압

51

④ A : 방향족 탄화수소

52

$25℃$ 물 $\xrightarrow{Q_1}$ $100℃$ 물 $\xrightarrow{Q_2}$ $100℃$ 수증기

$Q=Q_1+Q_2=10×1×(100-25)+10×539=6150kcal$

53

① 돌턴의 법칙 : 이상기체의 전압은 각각 성분기체가 가지는 분압의 합과 같다.

② 헨리의 법칙(기체용해도의 법칙) : 기체가 용해하는 질량은 압력에 비례, 용해하는 부피는 압력에 관계없이 일정하다.

③ 아보가르도의 법칙 : 모든 이상 기체는 같은 온도, 같은 압력에서 같은 수의 분자수를 가진다.

④ 헤스의 법칙 : 총 열량 불변의 법칙

55

• 점화원이 없이 연소하는 최저온도 : 발화점
• 점화원을 가지고 연소하는 최저온도 : 인화점

57 부취제의 냄새

• 마늘 냄새 : DMS
• 양파 썩는 냄새 : TBM
• 석탄가스 냄새 : THT

58

② $1kg/cm^2 \rightarrow \dfrac{1kg/cm^2}{1.033kg/cm^2}×760=735.57mmHg$

60

① $-40℉$
② $430-460=-30℉$
③ $-50℃=-50×1.8+32=-58℉$
④ $240K=240×1.8-460=-28℉$